“十二五”职业教育国家规划教材
经全国职业教育教材审定委员会审定

21世纪高职高专电子信息类规划教材

# 接入网技术

孙青华 主编
黄红艳 孙群中 杨斐 张冰玉 李杰 副主编

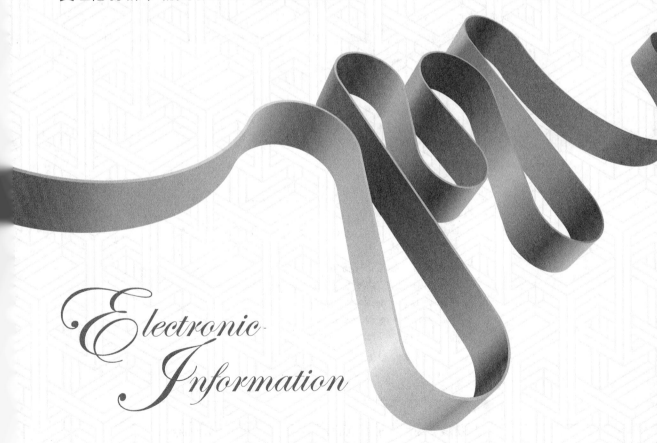

Electronic Information

人 民 邮 电 出 版 社
北 京

**图书在版编目（CIP）数据**

接入网技术 / 孙青华主编. -- 北京 : 人民邮电出版社, 2014.9（2022.8重印）
21世纪高职高专电子信息类规划教材
ISBN 978-7-115-35925-4

Ⅰ. ①接… Ⅱ. ①孙… Ⅲ. ①接入网－高等职业教育－教材 Ⅳ. ①TN915.6

中国版本图书馆CIP数据核字(2014)第143781号

## 内容提要

本书将接入网基本原理与接入网设备应用相结合，以接入网技术的应用与发展为导向，强调主流技术，紧跟网络融合。

本书共分基础篇、原理篇、应用篇，全面地介绍各类有线与无线的接入网理论及实务。基础篇简要地介绍了通信网、接入网的基本理论方法；原理篇系统地介绍了 xDSL、以太网接入、EPON 技术、GPON 接入、无线接入技术以及其他有线接入技术的原理；应用篇从接入网典型工作任务入手，详细介绍了各主流接入设备的运行维护实例。全书教学内容与岗位实际对接，实用性强。

本书可作为通信类核心专业能力课程的配套教材，包括了大量情境教学实例；也可作为通信工程、光纤通信、移动通信、数据通信、通信工程设计与监理等专业的高职高专或本科教材，还可作为通信系统、网络工程、接入工程技术人员的参考书。

◆ 主　　编　孙青华
副 主 编　黄红艳　孙群中　杨　斐　张冰玉　李　杰
责任编辑　滑　玉
责任印制　彭志环　杨林杰

◆ 人民邮电出版社出版发行　　北京市丰台区成寿寺路 11 号
邮编　100164　　电子邮件　315@ptpress.com.cn
网址　http://www.ptpress.com.cn
固安县铭成印刷有限公司印刷

◆ 开本：787×1092　1/16
印张：15.5　　2014 年 9 月第 1 版
字数：387 千字　　2022 年 8 月河北第 11 次印刷

定价：39.80 元

**读者服务热线：(010)81055256　印装质量热线：(010)81055316**
**反盗版热线：(010)81055315**

# 前　言

本书从认识通信网的角度入手，切入各类接入网结构、原理、运行维护的主题，首先为读者建立起通信接入网的一般性概念，然后分别介绍接入网的技术，配合典型工作任务融合接入网的运行维护技能，由易到难，逐步深入。本书以通信接入网技术原理为基础，以典型工作任务为主线，系统地介绍 xDSL、以太网接入、EPON 技术、GPON 接入、无线接入技术及其他有线接入技术的原理、应用及维护方法。由于通信工程发展很快，因此本书在内容广泛、实用和讲解通俗的基础上，尽量选用最新的资料。

**学习本书的准备工作**

学习本书需要具备现代通信技术的基础知识。对各类通信网络有一定了解的读者会在本书中得到有益的知识。

**本书的风格与结构**

作为通信工程专业核心技能培养的配套教材，本书选取了大量的情境教学实例，以期达到理论与实践一体化的教学效果。本书基础篇力图编排成为一本通信网接入工程的学习指南。通信接入工程涉及内容比较复杂，而且与现代通信技术的关联较密切，因此本书尽可能用形象的图表及实例来解释和描述，为读者建立清晰而完整的体系框架。本书各章节关系图如下图。

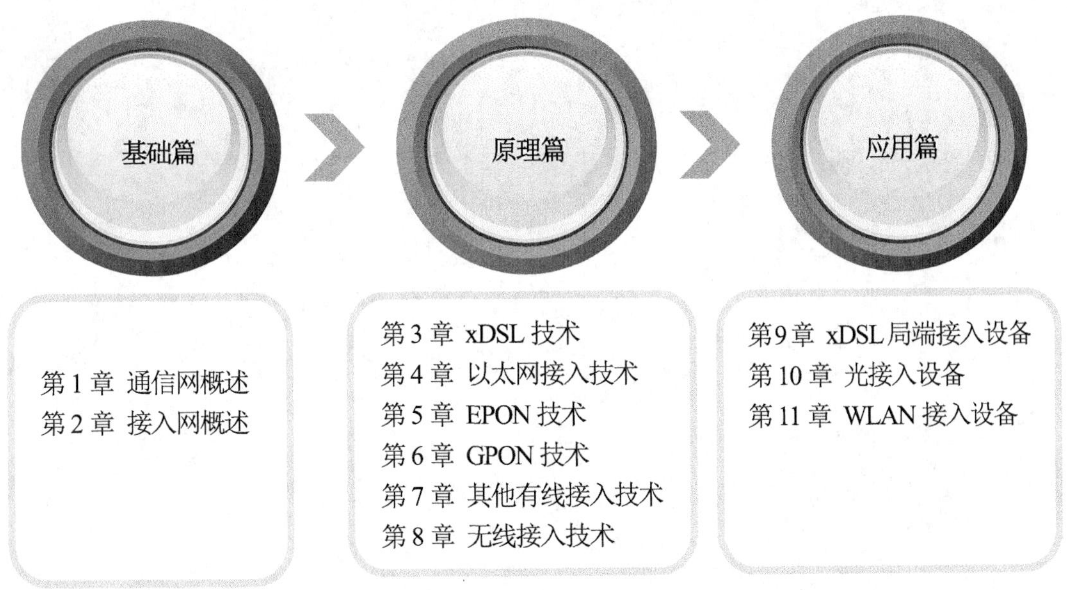


本书在每章的开始处，明确本章的学习重点、难点及学习方法建议，引导读者深入学习。

为配合教学做一体的教学形式，本书结合每章教学内容，设计了实做项目与教学情境，使教学与实践有机结合在一起。

在本书的编写过程中，非常感谢我的同事和朋友给我的帮助。特别是石家庄邮电职业技术学院杨延广、赵亮、李辉老师的支持与建议，石家庄惠远邮电设计咨询有限公司顾长青、牛建彬、魏金生、杨晓萍、马晓峰、王岩峰设计师提供的宝贵建议，以及本书的合作院校北京方正软件职业技术学院的教师与领导的有力支持。

本书第 1 章由石家庄邮电职业技术学院孙青华编写；第 2 章、第 4 章、第 7 章由石家庄邮电职业技术学院张冰玉编写；第 3 章、第 8 章、第 11 章由石家庄邮电职业技术学院孙群中编写；第 9 章、第 10 章由石家庄邮电职业技术学院杨斐编写；第 5 章与第 6 章由石家庄邮电职业技术学院黄红艳编写；其中第 10 章的中兴设备内容由北京方正软件职业技术学院李杰编写。全书由孙青华负责统稿。

由于编者水平有限，书中不足之处在所难免，恳切希望广大读者批评指正。

孙青华

# 目录

## 第一篇 基 础 篇



## 第二篇 原 理 篇

# 第三篇 应 用 篇

# 第一篇

# 基　础　篇

# 第1章 通信网概述

**本章教学说明**

- 重点介绍电信系统构成、通信网拓扑结构，建立电信网的整体框架
- 简要介绍三网融合的背景及发展
- 概括介绍通信网的发展历程及发展趋势

**本章内容**

- 通信网结构
- 通信网的发展
- 三网融合

**本章重点、难点**

- 电信网的整体框架
- 电信系统构成

**本章目的和要求**

- 掌握电信系统的组成
- 掌握电信网的拓扑结构
- 理解电信网的分类及其网络的相关概念

**本章实做要求及教学情境**

- 参观运营商机房
- 拨打电话分析通信过程
- 画出本地宽带城域网的结构
- 体验 IPTV 点播服务

**本章学时数：4 学时**

## 1.1 通信网的结构

### 1.1.1 通信网的组成

探讨

- 通话是如何实现的？通话过程经历哪些网元？
- 通信网有哪几种？

通信网是构成多个用户相互通信的多个电信系统互连的通信体系，是人类实现远距离通

信的重要基础设施，它利用电缆、无线、光纤或者其他电磁系统，传送、发射和接收标识、文字、图像、声音或者其他信号。

### 1．简单的通信网

电信系统是各种协调工作的电信设备集合的整体，最简单的电信系统是只在两个用户之间建立的专线系统，如有 5 部电话要实现互相通话，则需要专线将 5 部电话两两相连，如图 1-1 所示。

**探讨**

通话的电话用户越来越多时，会出现什么问题？

随着电话越来越多，需要连接的专线也越来越多，而通信系统是为公众用户提供服务的，自然要服务较多的用户，这样系统会越来越庞杂。对于较复杂的通信系统，为了解决随着用户数增加而带来的专线连接问题，产生了交换式通信系统，即多个用户同时接到交换机上，由交换机根据需要实时完成呼叫接续，在此基础上形成了以交换机为核心的通信系统，具体如图 1-2 所示。

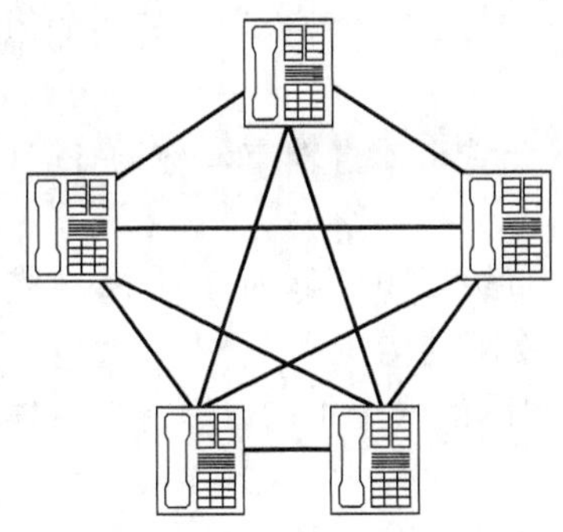

图 1-1　专线相连的电话通信示意

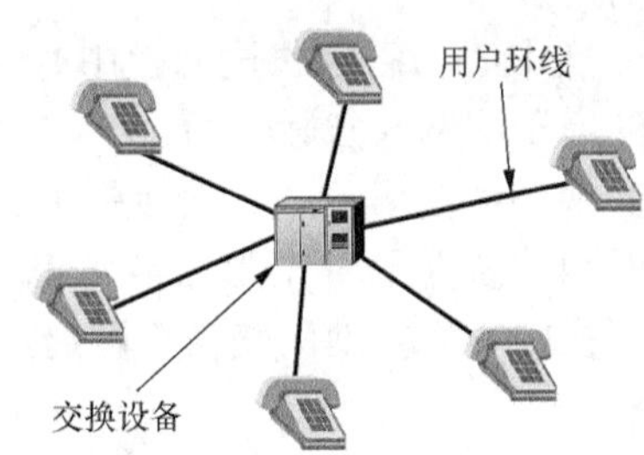


图 1-2　由交换设备连接的电话通信示意

交换设备是实现一个呼叫终端（用户）和它所要求的另一个或多个终端（用户）之间的接续或非连接传输选路的设备和系统，是构成通信网中节点的主要设备。

交换设备根据主叫用户终端所发出的选择信号来选择被叫终端，使这两个或多个终端间建立连接，然后，经过交换设备连通的路由传递信号。

现在的交换设备包括电话交换机、数据交换机、移动电话交换机、ATM 交换机、IP 交换机、软交换设备等。图 1-3 所示为交换设备。

（a）电话交换机

（b）软交换机

图 1-3　交换设备

通信最基本的形式是在点与点之间建立通信系统（见图 1-1），但这还不能称为通信网，只有将许多的通信系统通过交换系统按一定的拓扑结构组合在一起才能称之为通信网。即有了交换系统才能使某一地区内任意两个终端用户相互接续，才能组成通信网。

## 2. 具有等级结构的通信网

随着通信用户的增多，通信网出现了等级化结构。网络的等级结构是指对网中各交换中心的一种安排。我国通信网采用的是分层的等级结构。通信终端是通过交换设备连接到一起形成网络的，每一个交换设备能够连接的终端区域是有限的。一般在本地网的范围内需要多个交换设备，而这些交换设备又是通过更高一级（省级）的交换设备相互连通的。因此，现有的通信网是把交换设备根据其所处的位置的不同进行了等级划分，而形成的具有等级结构的通信网。所谓等级结构，就是把全网的交换局划分成若干个等级。一般而言，低等级的交换局与管辖它的高等级的交换局相连，形成多级汇接辐射网即星状网；而最高等级的交换局间则直接互连，形成网状网。

在等级网中，每个交换中心被赋予一定的等级，不同等级的交换中心采用不同的连接方式，低等级的交换中心一般要连接到高等级的交换中心。以电话网为例，现在的电话通信网就是典型的等级结构。其中：

一级交换中心为省际长途交换中心，一般设在省会城市或直辖市，称为 DC1；构成长途两级网的高平面网（省际平面）；

二级交换中心为省内长途交换中心，一般设在地市级城市，称为 DC2；构成长途两级网的低平面网（省内平面），图 1-4 为电话网的两级长途网结构。

三级交换中心为本地网交换终端局，一般设置本地网的各个不同区域，与具体的通信终端相连。

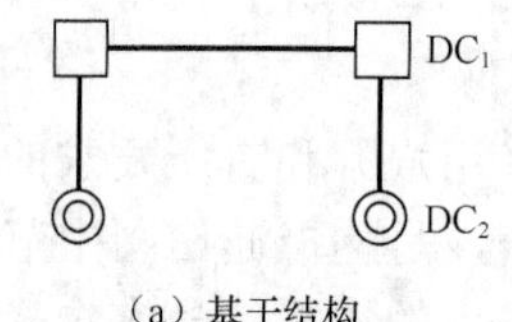


（a）基干结构

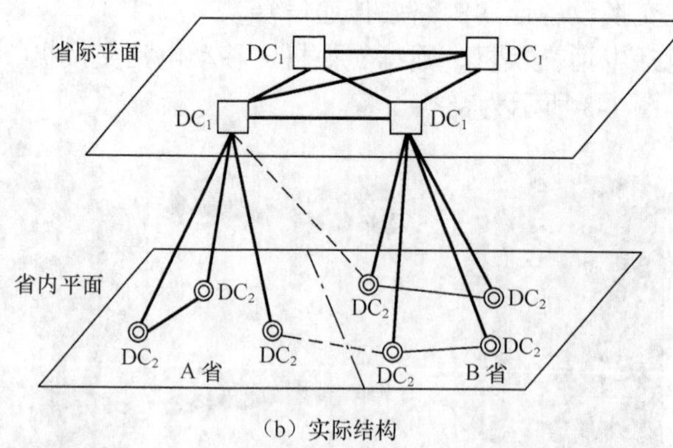


（b）实际结构

—— 基干路由　—— 低呼损直达路由

--- 高效直达路由

图 1-4　电话网两级长途网结构

国际出/入口局包括北京、上海、广州；省级出/入口局设在 DC1；地市出/入口局设在 DC2。

由上所述，我国的电话通信网按等级划分，可分为一级干线、二级干线、本地网。一级干线是指在省间进行通信的网络，比如，省会城市长途局完成到其他省的电话交换，京太西光缆从北京到陕西经过多个省市。二级干线是指在省内不同地市间进行通信的网络，比如，某地市长途局完成到本省其他地市电路的交换。本地网是指在同一个长途区号内，由若干个市话端局和汇接局、局间中继、长市中继、用户线和话机终端等所组成的电话网。

经过多年的网络建设，电话网的等级数逐渐减少，目前基本建成具有 2 个平面的长途电话网。

归纳思考

- 我国电话网采用等级的辐射汇接制，由原来的四级长途交换中心变为两个长途交换平面，为什么会出现层级减少的现象？
- 级数减少会有什么好处？

通信网由用户终端设备、交换设备和传输设备组成。通信网使用交换设备、传输设备将地理上分散的用户终端互连起来实现通信和信息交换。通信系统运行时还应辅之以信令系统、通信协议及相应的运行支撑系统。现在世界各国的通信体系正向数字化的电信网发展，已经基本代替模拟通信的传输和交换，并且向智能化、综合化的方向发展。

### 3．电信系统组成模型

不管是简单还是复杂的通信系统，要实现将信息从一点传递到另外一点的功能，需要具备一些共性的设备，可以抽象和概括为统一的通信系统模型，如图 1-5 所示。

信源是产生信息的人或机器，如声音（话筒）、符号源（计算机）、多媒体源（摄像机）等。

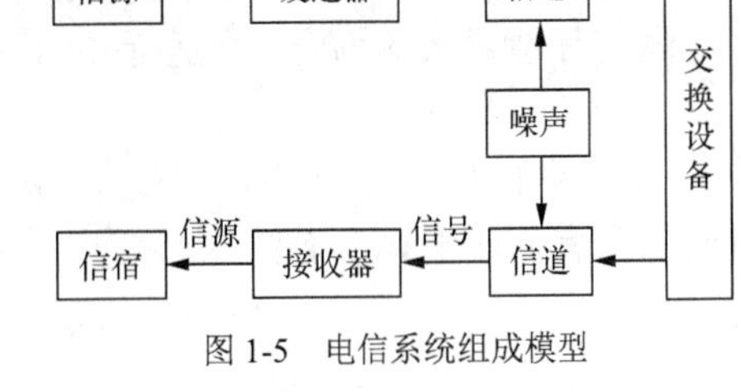

图 1-5　电信系统组成模型

发送器是完成变换，使信号源的输出信号变成便于传输的信号（电或光信号）的设备。如编码、调制、放大等。

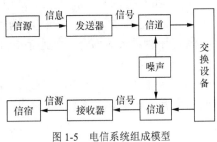

信道是传送信号的媒介，如电缆、光纤、空间等。

接收器是完成接收信号的反变换，如译码器、解调器、放大器等。

信宿为接收信息的人或机器，如听筒、显示屏、电视、录像机、打印机等。字将信号恢复为原始信息。

交换设备在用户群内相互通信的用户终端之间，按需提供传输信道构成临时通信连接；并可控制信号流向及流量的集散，从而达到共用电信设施和提高设备利用率的目的。交换设备是电信网的核心，它的基本功能是完成接入交换节点链路的汇集、转接接续和分配。

噪声是除去信息以外所有能量的总称，它并不是一个人为实现的实体，但在实际通信系统中又是客观存在的，可以存在于发送器、信道、交换设备及接收器中。

归纳思考

一个完整的电信系统应由终端设备、传输设备（包括线路）和交换设备三大部分组成。例如，电话系统中，终端设备是电话机，传输设备是用户线、中继线，交换设备是电话交换机。

#### 4. 通信网的拓扑结构

以终端设备、交换设备为点，以传输设备为线，点、线相连就构成了一个通信网，即电信系统的硬件系统。

探讨

庞大的通信网络中，各种设备如何连接起来的呢？电话网和计算机网的结构形式会一样吗？

所谓拓扑，即网络的形状、网络节点和传输线路的几何排列，用来反映电信设备物理上的连接性，拓扑结构直接决定网络的效能、可靠性和经济性。电信网拓扑结构是描述通信设备间、通信设备与终端间邻接关系的连通图。网络的拓扑结构主要有网状网、星状网、复合网、环状网、总线网、蜂窝网等形式，下面逐一进行介绍。

（1）网状网

网状网又称为点点相连制，网中任何两个节点之间都有直达链路相连接，在通信建立的过程中，不需任何形式的转接。如图 1-6 所示。

网状网的优点如下。

① 点点相连，每个通信节点间都有直达电路，信息传递快。

② 灵活性大，可靠性高，其中任何一条电路发生故障时，均可以通过其他电路保证通信畅通；

③ 通信节点不需要汇接交换功能，交换费用低。

网状网的缺点如下。

① 线路多，总长度长，基本建设和维护费用都很大。

② 在通信量不大的情况下，电路利用率低。

综合以上优缺点可以看出：网状网适用于通信节点数较少，而相互间通信量较大，又有很高可靠性要求的场合，如通信骨干网。

（2）星状网

星状网又称为辐射制，在地区中心设置一个中心通信点，地区内的其他通信点都与中心通信点有直达电路，而其他通信点之间的通信都经中心通信点转接，如图 1-7 所示。

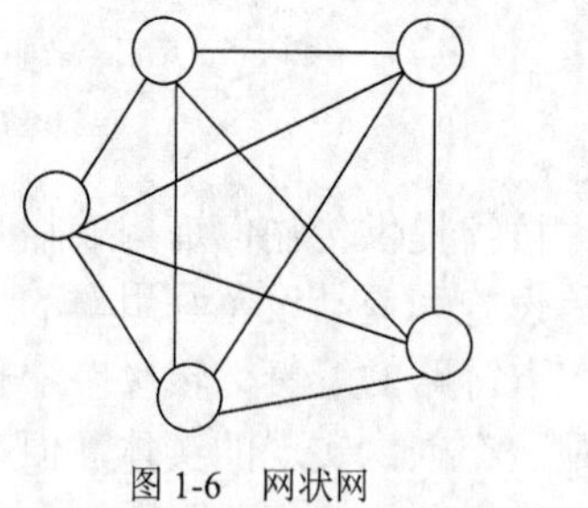
图 1-6　网状网

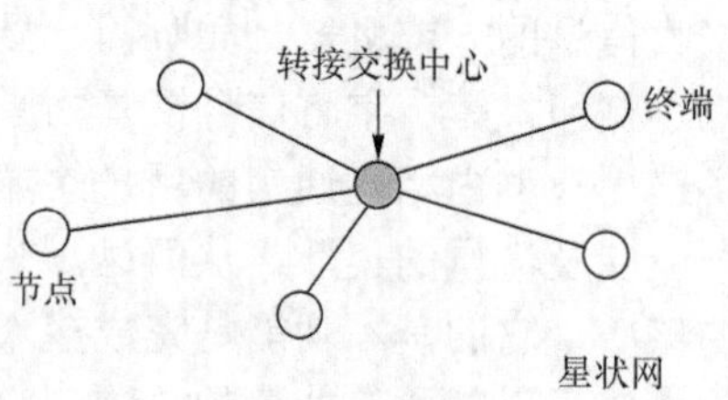

图 1-7　星状网

采用星状网形式建网时，如果通信网中的节点数为 $N$，则连接网络的链路数 $H$ 为

$$H = N-1$$

星状网的优点如下。

① 网络结构简单、电路少、总长度短，基本建设和维护费用少。

② 中心通信点增加了汇接交换功能，集中了业务量，提高了电路利用率。

③ 只经一次转接。

星状网的缺点如下。

① 可靠性低，若中心通信点发生故障，整个通信系统瘫痪。

② 通信量集中到一个通信点，负荷重时影响传输速度。通信量大时，交换成本增加。

③ 相邻两点的通信也需经中心点转接，电路距离增加。

综合以上优缺点可以看出：这种网络结构适用于通信点比较分散、相互之间通信量不大、传输链路费用高于转接设备、可靠性要求又不高的场合，且大部分通信是中心通信点和其他通信点之间的往来。下面以接入网为例，介绍星状网的应用实例。

**例 1-1　接入网中的星状结构**

当接入网中需要有一个特殊点（即枢纽点）与其余所有点直接相连，且其余各点间不能直接相连时，就构成了星状结构，其网络结构如图 1-8 所示。

传统电信接入网中，各个用户最终都要与本地交换机相连，即业务要集中在本地交换机这个特殊点上，因此星状拓扑成了一种最直接的选择。本地交换机成为各用户业务的枢纽点，所以星状拓扑又称为枢纽型拓扑。

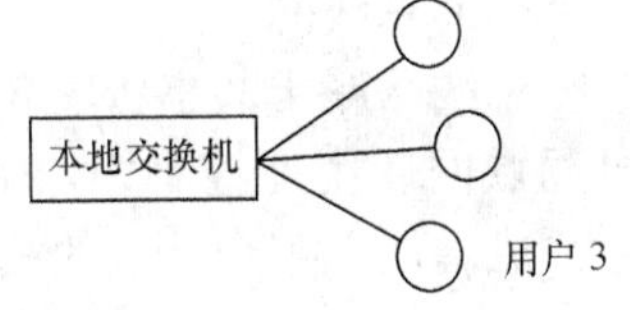


图 1-8　星状拓扑接入网结构

星状网有以下优点。

① 控制简单。在星状网中，任一节点都和交换机直接相连，因而便于控制。

② 故障诊断和隔离容易。星状网中，交换机上连接的每条线路都可以单独隔离开来进行故障检测和定位，并且单个节点的故障只影响一台用户设备，不会影响全网。

③ 方便服务。星状网便于交换局对各个站点提供服务和网络重新配置。

星状网结构有如下缺陷。

① 本地线缆长度长、安装工作量大。因为每个节点都要直接通过线缆连接交换机，因此，需要耗费大量线缆，安装、维护的工作量也会随用户数的增加而加大。

② 对交换机可靠性和冗余度要求较高。星状网中，交换机处汇聚了整个网络的业务量，负担很重，且交换机一旦出现故障，全网就会瘫痪，因此，要求交换机有很高的可靠性和冗余度。

**例 1-2　接入网中的树状结构**

树状结构适用于单向广播网络，如传统的有线电视网 CATV 网络就采用了这种拓扑结构，近年来发展迅速的光接入网也常常采用这种结构。树状接入网的结构如图 1-8 所示。

树状网的优点如下。

① 易于扩展。树状结构可以向下延伸很多分支，这使得网络中容易加入新分支和新节点。

② 故障诊断和隔离较容易。如果某条线路或某个节点或发生故障，只需将这一分支隔离出来，就不会影响整个网络。

③ 较为经济。树状接入网中，用户可以共享一部分线路，经济性较星状网较好。

树状结构的缺点主要在于整个网络对本地交换机的依赖性较大，如果交换机发生故障，则

全网都不能工作，因此和星状机构一样，树状结构对交换机的可靠性和冗余度也要求较高。

（3）复合网

复合网又称为辐射汇接网，是以星状网为基础，在通信量较大的地区间构成网状网。复合网吸取了网状网和星状网二者的优点，比较经济合理，且有一定的可靠性，是目前通信网的基本结构形式，如图 1-10 所示。适用于规模较大的局域网和电信骨干网，现在电信网中广泛采用分级的复合型网络结构。

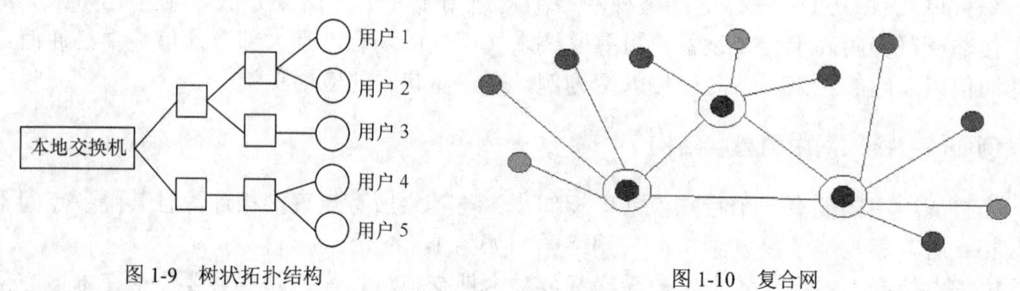


图 1-9　树状拓扑结构

图 1-10　复合网

（4）总线网

总线网属于共享传输介质型网络，网络中所有的站点共享一条数据通道，通常用于计算机局域网、工业控制中，如图 1-11 所示。总线型网络安装简单方便，需要铺设的电缆最短，成本低，某个站点的故障一般不会影响整个网络，但介质的故障会导致网络瘫痪，总线网安全性低，监控比较困难，增加新站点也不如星状网容易。

（5）环状网

环状网中所有节点首尾相连，通过通信介质连成一个封闭的环形，如图 1-12 所示。环状网容易安装和监控，但容量有限，网络建成后，难以增加新的站点，目前主要用于光纤接入网、城域网、光传输网等网络中。

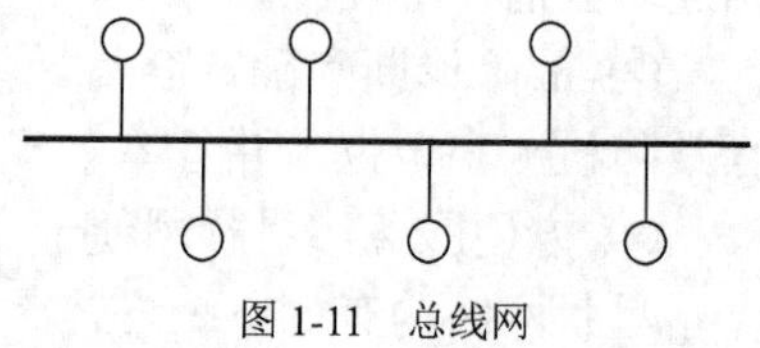

图 1-11　总线网

（6）蜂窝网

蜂窝网是移动通信网的网络拓扑结构形式，形状为正六边形，连在一起，像蜂窝形状，如图 1-13 所示。

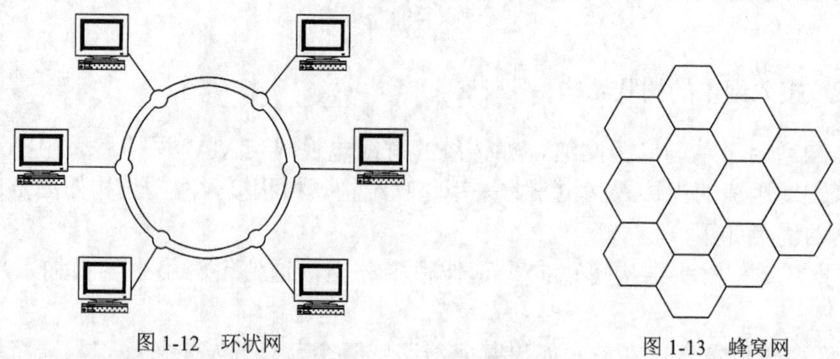

图 1-12　环状网

图 1-13　蜂窝网

我们知道计算机系统只有硬件无法使用，还需要安装相应的软件系统才可以使用。那么电信系统只有这些硬件设备也不能很好地完成信息的传递和交换，还需有系统的软件，即一

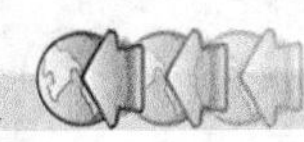

整套的网络技术，才能使由设备所组成的静态网变成一个协调一致、运转良好的动态体系。网络技术包括网的拓扑结构、网内信令、协议和接口及网的技术体制和标准等，是业务网实现电信服务和运行支撑的重要组成部分，类似于人的神经系统。

警　示

电信系统的组成不单单包括硬件设备，还应该包括电信网的软件系统，如信令、协议等。

归纳思考

分析不同的网络拓扑结构，列举各种拓扑结构适用的场合。

### 1.1.2　通信网的分类

重点掌握

- 电信网的分类。
- 电信网的分层结构中不同层之间的关系。

#### 1．通信网的种类

最早的通信网是从电话与电报通信网开始的，发展到现在，通信网包括的范围及内涵不断发生变化，从电话通信网、数据通信网、广电网发展到今天的三网融合。交换方式也随着网络技术的发展而不断更新。主要分类包括：按电信业务的种类分为电话网、电报网、数据通信网，移动通信网、有线电视网等；按传输媒介种类分为架空明线网（已经消失）、电缆通信网、光缆通信网、卫星通信网、用户光纤网、低轨道卫星移动通信网等。

#### 2．通信网络结构模型

电信网从产生以来就是面向公众提供服务的，结合电信业务的特点，为了保证业务质量，人们引入网络的分层结构。现有的通信网络结构模型可以抽象成图 1-14 的形式。从网络分层的观点看，目前网络可分为传输层、路由交换层和业务应用层，从地域上看，通信网可分为骨干网、城域网、接入网和驻地网。

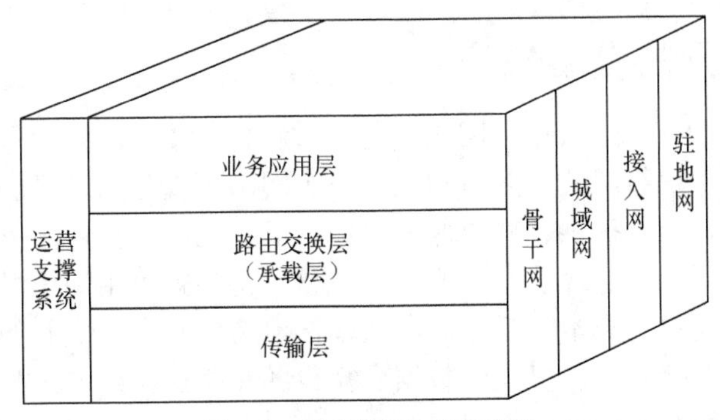


图 1-14　通信网络的结构模型

传送层是支持业务网的传送手段和基础设施，由线路设施、传输设施等组成的为传送信息业务提供所需传送承载能力的通道。

路由交换层负责传输各种信息的路由交换，用户提供的诸如电话、电报、图像、数据等信息均是通过交换网络实现信息的交换。具体的交换网络包括电话交换网、移动交换网、智能网、数据通信网等。

业务应用层是表示各种信息应用，如远程教育、会议电视等。

支撑网支撑电信业务网络的正常运行，可以支持上述 3 个层面的工作，提供保证网络有效正常运行的各控制和管理能力，包括信令网、同步网和电信管理网。

传统电信网络按照长途网、本地网、接入网来划分，目前逐步过渡到骨干网、城域网、接入网和驻地网。

---

警　示

支撑网与它所支撑和管理的电信网是紧密耦合的，但它在概念上又是一个分离的网络，支撑网有可能利用电信网的一部分来实现它的通信能力。

---

## 1.2　通信网的发展

### 1.2.1　通信网的发展历程

通信网络的建设和发展，经历了如下 3 个阶段。

① 网络适应信号的阶段。传什么信号建什么网，如固定电话网、电报网、数据通信网、移动通信网等。

② 在同一个网络中综合传输各种信号的阶段。也就是综合业务网，如 N-ISDN 网、B-ISDN 网等，用原有的通信网传输电话、数据等业务，可以适应低速的话音、数字和图像的传输。

③ 信号适应网络的阶段。建立统一的、基于 IP 的数字化网络，采用 IP 技术，可以将话音、高速的数字、图像等统一以 IP 的方式传送，其间信号的特征已经不再成为网络发展的障碍。

通信网络的建设和发展，经历了从网络适应信号到信号适应网络的过程，这个过程完全是由于通信网络在技术内涵、指导思想等方面不断革新的结果。

### 1.2.2　通信网的发展趋势

从水平的视点来看，下一代电信网络将是以数据，特别是 IP 业务为中心的数据传输网络，电话网络则通过电信级网关与网络相连。整个网络可以分为边缘层和核心层。

边缘层面向用户，负责提供各种中低速接口，汇集业务，提供服务，增加效益。

核心层面向边缘层，为边缘层产生的业务流量提供高效可用的信号复用、传送、交换和选路，使网络的结构简单、成本降低、提高效率，但是核心层对于业务是透明的。

核心层的骨干业务接点目前多采用数据交换设备和路由器组成，处于边缘层的各类电信业务网通过各类接入网关接入到核心网。

IP（Internet Protocol）技术广泛采用，目前数据联网的协议主要是 IP 协议。由于 IP 业务成为网络的主要业务和应用协议，ATM 和 SDH 的作用将逐步削弱，更高效率的 IP over SDH 将逐步成为网络的主导形式，在核心网络中取代 ATM 交换机甚至路由器（IP over WDM）。

下一代网演化的条件是能够支持基于 ATM/IP 分组网和电路交换网间的无缝连接，保证各自用户的应用/业务的互操作性。

下一代网络也不是单纯的 IP 技术的互联网，因为单一 IP 技术的互联网在安全性、QoS 保障、可运营、可管理等方面存在缺陷，因此下一代网应是各种技术结合型的网络。

从通信网络的发展来看，下一代网络是更加简单，组网更加灵活，网络的构架更加方便，可以提供带宽更宽、效率更高、质量更好、更加安全的网络。

## 1.3　三网融合

### 1.3.1　三网融合的概念

三网融合是指电信网、广播电视网、互联网在向宽带通信网、数字电视网、下一代互联网演进过程中，三大网络通过技术改造，其技术功能趋于一致，业务范围趋于相同，网络互联互通、资源共享，能为用户提供语音、数据和广播电视等多种服务。三网融合并不意味着三大网络的物理合一，而主要是指高层业务应用的融合。三网融合应用广泛，遍及智能交通、环境保护、公共安全、平安家居等多个领域。三网融合后，手机可以看电视、上网，电视可以打电话、上网，计算机也可以打电话、看电视。

### 1.3.2　三网融合的背景和发展

2008 年 1 月 1 日，国务院办公厅转发国家发展和改革委员会、科技部、财政部、信息产业部、税务总局、国家广播电影电视总局六部委《关于鼓励数字电视产业发展若干政策的通知》（国办发[2008]1 号），提出“以有线电视数字化为切入点，加快推广和普及数字电视广播，加强宽带通信网、数字电视网和下一代互联网等信息基础设施建设，推进‘三网融合’，形成较为完整的数字电视产业链，实现数字电视技术研发、产品制造、传输与接入、用户服务相关产业协调发展”。

2009 年 5 月 19 日，国务院批转发国家发展和改革委员会《关于 2009 年深化经济体制改革工作意见》的通知（国发〔2009〕26 号），文件指出：“落实国家相关规定，实现广电和电信企业的双向进入，推动‘三网融合’取得实质性进展（工业和信息化部、国家广播电影电视总局、国家发展和改革委员会、财政部负责）。

从业务政策层面看，三网融合是大势所趋；从下一代通信网的发展趋势来看，下一代网是三网融合的网络。这一点从 ITU-T 对下一代网（NGN）的定义就可以看出，ITU-T 指出：“NGN 表示了实现全球基础信息设施（GII）的关键技术。NGN 被看成是 GII 的“网络联邦”（即用 IP 能力增强的传统电信、广播和数据网的联合）的一部分。这一概念使人们能够在任何时间、任何地方和以可以接受的价格与质量，安全地使用一组包括所有信息模式和支持开放式多种应用的通信业务。

从业务开展的角度来看，下一代网络是适宜开展多业务（包括话音、数据，特别是高速数据、视频）的平台，适宜网络和不同行业的网络（如电信网络、计算机网络和广播电视网络）融合，甚至是直接完成三网融合的网络。

### 1.3.3 三网融合的新业务

随着三网融合政策的推进，给新的业务应用的发展开辟了新的空间。三网融合打破了此前广电在内容输送、电信在宽带运营领域各自的垄断，明确了互相进入的准则——在符合条件的情况下，广电企业可经营增值电信业务、比照增值电信业务管理的基础电信业务、基于有线电视网络提供的互联网接入业务等；而国有电信企业在有关部门的监管下，可从事除时政类节目之外的广播电视节目生产制作、互联网视听节目信号传输、转播时政类新闻视听节目服务，IPTV 传输服务、手机电视分发服务等。

## 实做项目及教学情境

**实做项目一：参观运营商机房。**

目的：认识交换机、传输设备，形成对通信网络的初步认识。

**实做项目二：拨打电话分析通信过程**

目的：通过拨打电话，体验电话的接续过程。

**实做项目三：画出本地宽带城域网的结构。**

目的：通过上网学习，查阅资料，结合网络结构模型，画出本地宽带城域网的结构。

**实做项目四：体验 IPTV 点播服务。**

目的：体验三网融合后，广电网提供的非广播的、互动服务。

## 小结

1．电信系统由发信终端（信源）、传输信道、收信终端（信宿）及交换设备组成。以终端设备、交换设备为点，以传输设备为线，点、线相连就构成了一个通信网。

2．电信网的拓扑结构，主要有星状网、网状网、复合网、环状网、总线网和蜂窝网。

3．从网络分层的观点看，目前网络可分为传输层、路由交换层和业务应用层，从地域上看，通信网可分为骨干网、城域网、接入网和驻地网。

## 思考与练习题

1-1 简述电信系统的组成模型，并说明模型中各部件的功能。

1-2 电信系统三大硬件设备各包括哪些内容？

1-3 举例说明等级结构的通信网络的概念。

1-4　网络拓扑结构有哪些种类？各类的优缺点及适用的网络情况如何？

1-5　简述电信网的分类。

1-6　简述通信网的网络结构模型。

1-7　简述通信网的发展历程。

1-8　简述通信网络的边缘层和核心层的功能划分。

1-9　什么叫三网融合？

# 第2章 接入网概述

**本章教学说明**

- 重点介绍接入网的定义、接口、功能结构和拓扑结构
- 简要介绍主要接入方式

**本章内容**

- 接入网的结构
- 主要接入方式

**本章重点、难点**

- 接入网的定义、接口
- 接入网的功能结构
- 接入网的拓扑结构

**本章目的和要求**

- 掌握接入网的定义
- 掌握接入网的功能结构
- 掌握接入网的拓扑结构
- 了解接入技术的分类及常用接入技术的特点

**本章实做要求及教学情境**

- 搜集常见的接入方式
- 参观接入网设备及组网
- 调查多种接入网技术的发展现状

**本章学时数：4学时**

## 2.1 接入网的结构

### 2.1.1 接入网的定义

**探讨**

- 你家中的电话、计算机是如何连接到通信运营商的？
- 从用户家中到运营商机房间的机线设备能实现什么功能？

#### 1. 接入网在通信网中的位置

根据距离用户的远近，通信网可以划分为公用网和用户驻地网（CPN）两部分。其中，

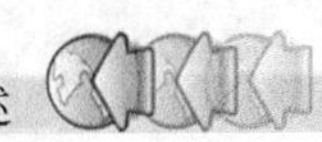

用户驻地网靠近用户，通常指一栋楼房内完成用户通信和控制功能的用户驻地布线系统，物权属用户所有；公用网离用户相对较远，物权归通信运营商或内容服务商所有，包含所有属于运营商或服务商的、用于完成用户间通信的机线设备。我们通常所说的通信网多指公用网部分。公用网又可以划分为核心网（CN）和接入网（AN）。核心网也叫骨干网，顾名思义就是通信网络的核心，是数据交换、转发、接续、路由的地方。用户使用接入网进入网络，其数据在核心网上被高速地传递和转发。就好像立交桥一样，接入网是立交桥的引桥或者盘桥的匝道，用户通过接入网上立交桥，而核心网是立交桥上的主干道。

如图 2-1 所示，这种网络划分方式称为“水平方向”上的划分。在水平方向上，接入网位于用户驻地网和核心网之间，是整个公用网络的边缘部分，是公用网中与用户距离最近的一部分，负责使用有线或无线连接，将广大用户一级一级地汇接到核心网中，常被形象地称为通信网的“最后一公里”。

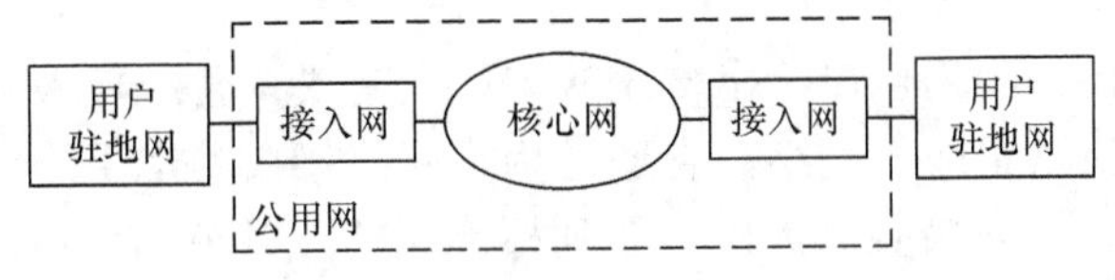


图 2-1　接入网在通信网中的位置

从实现的功能上，通信网自上而下可分成应用层、业务层、核心层和传送层，如图 2-2 所示。应用层是利用各种业务网络实现的信息服务网络，如远程教育、会议电视、文件传送、远程监控和影视点播等。业务层是基于核心层实现的各种业务网络，如电话网、非 IP 数据网、IP 网和其他业务网络等。核心层基于传送层传输功能，实现用户驻地网（或用户终端）和业务网络之间的连接，核心层主要实现的是交换功能。传送层实现业务信息的传输功能，即承载网。每一层的功能都要在下层功能实现的基础上完成，比如，一个具备核心层交换功能的网络，首先要具备传送层的承载功能。传统电话接入网实现本地业务节点到用户驻地网之间的传输功能，位于通信网的传送层；实现数据业务的 IP 网，除了传输功能，还具备部分交换功能，位于通信网的传送层和核心层。

### 2．传统接入网的接口和定义

传统接入网的范围如图 2-3 所示。它由用户网络接口（UNI）、业务节点接口（SNI）和管理接口（$Q_3$）联合界定。

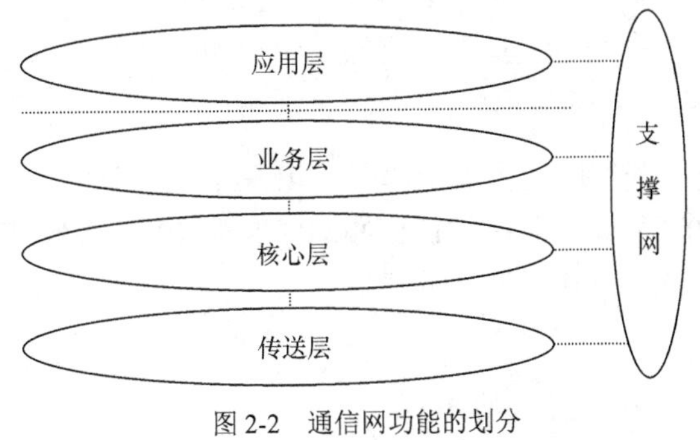


图 2-2　通信网功能的划分

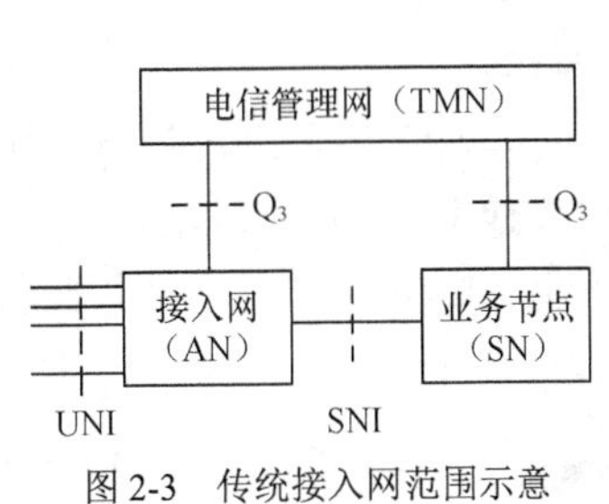


图 2-3　传统接入网范围示意

UNI 是用户设备或用户驻地网和接入网之间的服务控制接口。UNI 直接面向用户，UNI

接口定义了物理传输线路的接口标准，即定义了用户可以通过怎样的物理线路和接口与接入网相连，该接口支持各种用户业务的接入，如模拟电话接入、N-ISDN 业务接入、B-ISDN 业务接入及数字或模拟的租用线业务的接入。对不同的业务，采用不同的接入方式，对应不同的接口类型。

SNI 是接入网和核心网中的业务节点（SN）的接口。可以提供规定业务的 SN 有本地交换机、IP 路由器或点播电视和广播电视业务节点等。对于不同的业务，接入网提供相应的 SNI 与实现业务的 SN 相连。SNI 有通用的国际标准，如 V1、V3、V5 等。

$Q_3$ 接口是电信管理网（TMN）与电信网各部分相连的标准接口。接入网经 $Q_3$ 接口与 TMN 相连，以统一协调接入网内部各设备功能的管理。$Q_3$ 接口的功能主要分为告警监测和性能管理两方面。其中告警监测包括告警报告、告警总结、确立告警事件准则、管理告警指示及运行日志控制；性能管理功能包含对性能管理数据的收集、存储、报告及对性能管理门限的设定。

根据以上几个接口，我们可以给出传统接入网的定义：传统接入网是指在用户驻地网和核心网之间所有机线设备组成的网络，它通过用户网络接口实现用户语音、数据、图像、视频等多综合业务的接入、向核心网提供一系列标准化的业务节点接口，并通过 $Q_3$ 接口受电信管理网的管理控制。

警 示

传统电信接入网是用 3 个接口联合定义的，缺一不可。

### 3. IP 接入网的接口及定义

上述基于 3 种接口的定义带有传统电信网络的特点，随着互联网的发展，传统电信网的框架结构从电路交换及其组网技术逐步转向以分组交换特别是 IP 为基础的新框架。随着 IP 化的趋势从核心网逐渐延伸到接入网，一种新的接入网——IP 接入网模型应运而生。

IP 接入网的范围如图 2-4 所示，IP 接入网位于用户驻地网和 IP 核心网之间，它与用户驻地网和 IP 核心网之间的接口均为通用的参考点（RP）。RP 可以是两台设备间的接口，也可以是系统逻辑上的接口，逻辑接口连接的两个部分可以位于一台设备中。

图 2-4　IP 接入网范围示意

IP 接入网是实现各种用户 IP 终端（如计算机，IP 电话等）或用户 IP 终端组成的网络（用户驻地网）与 IP 核心网之间接入能力的系统。其中，IP 核心网中实现 IP 业务的节点称为 IP 业务提供者，它可以是业务提供商提供的服务器或服务器群。

归纳思考

分析传统电信接入网与 IP 接入网定义的异同。

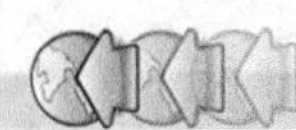

## 2.1.2　接入网的功能结构

探讨

- 接入网能实现哪些功能？
- 传统电信接入网和 IP 接入网实现的功能一样吗？

### 1. 传统电信接入网的功能结构

传统电信接入网的功能由 5 部分组成：用户端口功能、业务端口功能、核心功能、传送功能和系统管理功能。各部分间的关系如图 2-5 所示。

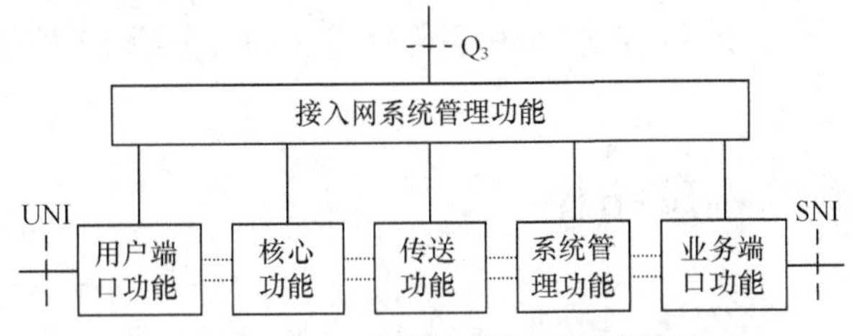


图 2-5　传统电信接入网的功能结构模型

① 用户端口功能。主要用于向核心功能和系统管理功能适配不同需求的 UNI。

② 业务端口功能。主要用于向核心功能和系统管理功能适配不同需求的 SNI。

③ 核心功能。主要负责将用户承载通路或业务承载通路的要求与接入网中的公用传送承载通路相适配。

④ 传送功能。主要为接入网中不同地点间的公用承载通路的传送提供通道。

⑤ 系统管理功能。主要用来协调接入网以上 4 种功能的指配、操作和维护，也负责协调用户终端（经 UNI）和业务节点（经 SNI）的操作功能。

### 2. IP 接入网的功能结构

IP 接入网的功能模型如图 2-6 所示。其中，除了 IP 接入网系统管理功能与传统电信接入网中的接入网系统管理功能类似、IP 接入网传送功能等同传统接入网的传送功能外，IP 接入网功能模型中还添加了 IP 接入功能。

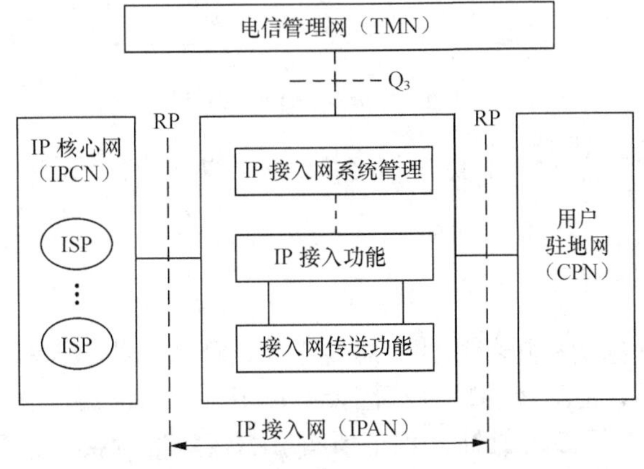


图 2-6　IP 接入网的功能结构模型

图 2-6 中 ISP（Internet Service Provider）是指互联网服务提供商，即向广大用户综合提供互联网接入业务、信息业务和增值业务的电信运营商，如中国电信、中国联通、中国移动、长城宽带等。IP 接入功能主要用于多 ISP 的动态选择、IP 地址动态分配、内外网网络地址翻译（NAT）、鉴权、加密、计费及与 RADIUS 服务器交互实现用户的认证管理等。

3．IP 接入网与传统电信接入网的区别

IP 接入网在 IP 网络中的位置由参考点（RP）及与电信管理网（TMN）的接口 $Q_3$ 所界定。RP 是指逻辑上的参考连接；而传统电信接入网则是由 UNI、SNI 和 $Q_3$ 接口来界定的。

电信接入网包含交叉连接、复用和传输功能，一般不含交换功能；而 IP 接入网包含交换或选路功能。另外，根据需要 IP 接入网还可以增加动态分配 IP 地址、地址翻译、计费和加密等功能。

## 2.1.3 接入网的物理拓扑

**探讨**

接入网中的设备都是如何相连的？

1．传统接入网的物理连接模型

传统接入网物理参考模型如图 2-7 所示。灵活点（FP）和配线点（DP）大致对应于铜线接入网的电缆交接箱和分线盒，或是光纤接入网中的光缆交接箱和分纤盒，如图 2-8 所示。灵活点和配线点把传统接入网分成三部分：从业务节点到灵活点为馈线段；从灵活点到配线点为配线段；从配线点到用户驻地网称为引入线段。实际接入网可以有不同程度的简化，即可以只有这三段中的一段或几段。

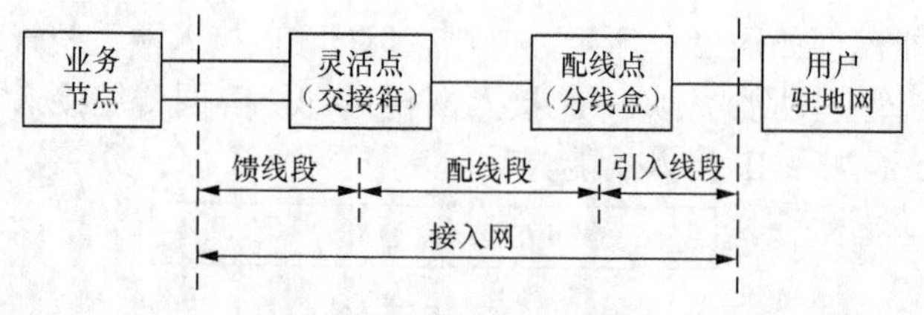


图 2-7 传统接入网物理模型

IP 接入网中的参考点由于不是和物理接口一一对应的，因此，我们不关注它的物理模型。

2．接入网的拓扑结构

接入网常见的拓扑结构有星状拓扑、总线拓扑、环状拓扑、树状拓扑和混合型拓扑等。在选择网络拓扑结构时，应该考虑的主要因素有以下几个方面。

① 可靠性。尽可能提高可靠性，保证所有数据流能准确接收，还要考虑系统的维护，要使故障检测和故障隔离较为方便。

（a）电缆交接箱

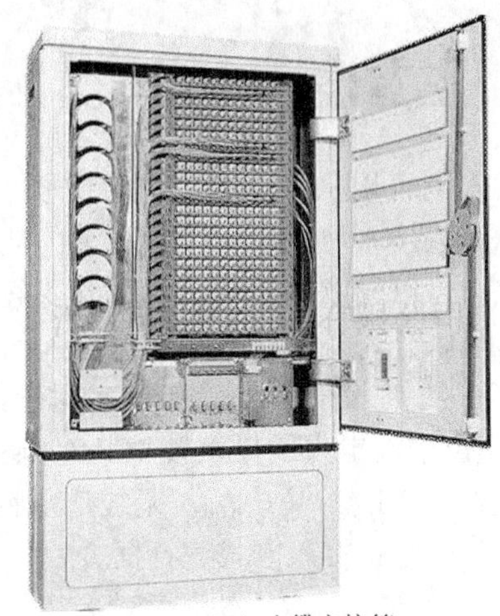

（b）光缆交接箱

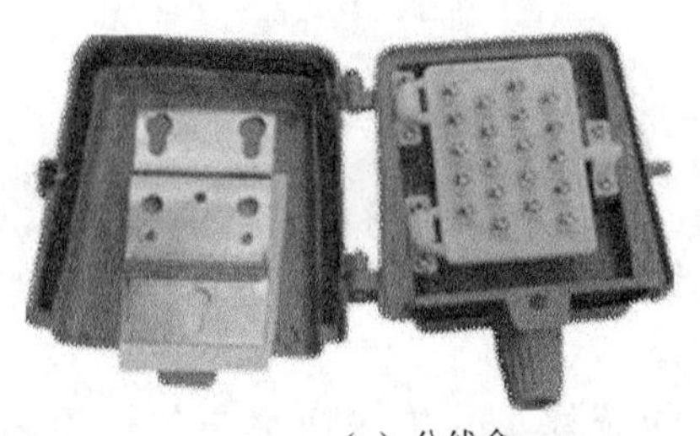

（c）分线盒

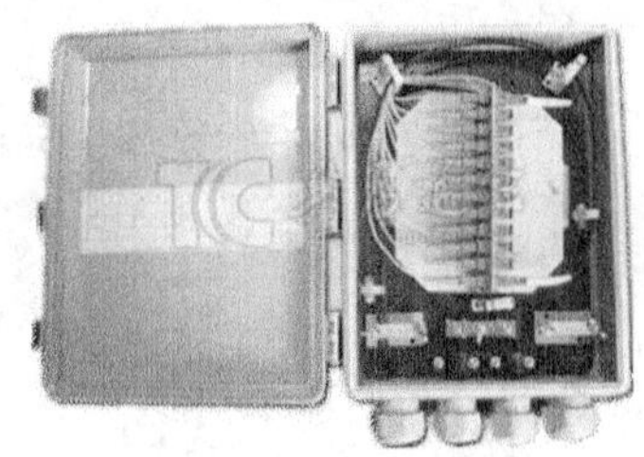

（d）分纤盒

图 2-8　常见灵活点、配线点设备

② 建网成本。需要考虑建网时适合特定应用的费用和安装费用，要使建网费用尽可能低。

③ 灵活性。需要考虑后期对网络进行扩展或改动时重新配置网络的难度，要使网络便于添加新节点或删除原节点。

④ 响应时间和吞吐量。需要有尽可能短的响应时间和尽可能大的吞吐量。

各种拓扑结构的比较如表 2-1 所示。

表 2-1　接入网拓扑结构性能比较

| 拓扑结构<br>性能指标 | 总线型 | 星状 | 环状 | 树状 |
|---|---|---|---|---|
| 建网成本 | 低 | 很高 | 低 | 低 |
| 维护与运行 | 测试很困难 | 清除故障费时 | 较好 | 测试困难 |
| 可靠性 | 比较好 | 最差 | 很好 | 比较好 |
| 用户规模 | 适于中等规模 | 适于大规模 | 适于有选择用户 | 适于大规模 |
| 新业务能力 | 容易提供 | 容易提供 | 较困难 | 较困难 |

以上几种拓扑结构仅仅是对网络结构的几何抽象，不涉及具体网络设备的物理特性等技术因素，而且目前的网络也很难说是单纯的哪一种网络拓扑类型，可能在某个特定接入网中，这些网络类型都会有所涉及；但在整个的接入网中，肯定会是这些类型中的一种。

## 2.2 主要接入方式

接入网可以从多个角度进行分类。如从拓扑结构上，可以分成星状接入网、树状接入网、总线型接入网、环状接入网等；从业务带宽上，可以分成窄带接入和宽带接入；从业务种类上，可以分成电话接入、数据业务接入、广播电视接入、综合接入等；从传输介质上，总体上可以分为有线接入和无线接入两类，有线接入又可以分成铜线接入、光纤接入、混合接入等；从接入技术上，有数字用户线（xDSL）技术、以太网技术、混合光纤同轴电缆（HFC）技术、电力线接入技术、有源光网络（AON）技术、无源光网络（PON）技术、无线局域网（WLAN）技术、无线广域网技术等。本节主要综合传输介质和接入技术两个角度，对各类宽带接入方式进行简介。

### 2.2.1 xDSL 技术

探讨

你用过 ADSL 拨号上网吗？它是怎样实现的？

数字用户线（DSL）技术是基于普通电话线的宽带接入技术，数据传输的距离通常为300m～7km，数据传输的速率可达 1.5～52Mbit/s。

xDSL 技术是对多种用户线高速接入技术的统称，其传输速率与传输距离成反比。xDSL 包括 ADSL、HDSL、VDSL、SDSL、RADSL 等。它们主要的区别体现在信号传输速率和距离的不同，以及上、下行速率对称性的不同这两个方面。

目前应用范围最广的 xDSL 技术是 ADSL 技术。ADSL 系统工作原理如图 2-9 所示。

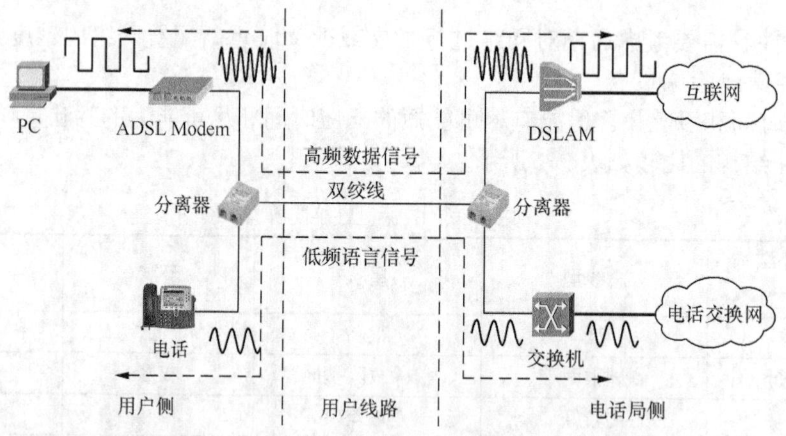


图 2-9 ADSL 系统的工作原理

上行方向上，计算机发送的数据信号是一路数字信号，电话发送的话音信号是一路低频模拟信号；数据信号经过 ADSL Modem（调制解调器）调制转换成高频模拟信号，与话音信号经分离器、以频分复用的方式合成一路混合信号，再通过双绞线向局端传输。到达局端后，局端分离器把混合信号重新分开，高频模拟信号送往 DSL 接入多路复用器

（DSLAM），由 DSLAM 解调成数字信号，向互联网传送；低频信号送往本地交换机，经汇聚、交换后送往电话交换网。

下行方向的工作过程是上行方向的逆过程。

## 2.2.2　以太网接入技术

探讨

学校机房是用什么技术实现宽带上网的？

以太网是目前使用最广泛的局域网技术。由于其简单、成本低、可扩展性强、与 IP 核心网能够很好地结合等特点，以太网技术的应用从企业、校园到小区用户，都得到了广泛应用。以太网接入是指将以太网技术与综合布线相结合，作为公用电信网的接入网，直接向用户提供基于 IP 的多种业务的传送通道。以太网技术的实质是一种二层的媒质访问控制技术，可以在五类线上传送，也可以与其他接入媒质相结合，形成多种宽带接入技术。以太网接入技术的标准是 802.3ah。以太网技术可以实现图 2-10 所示的局域网接入。

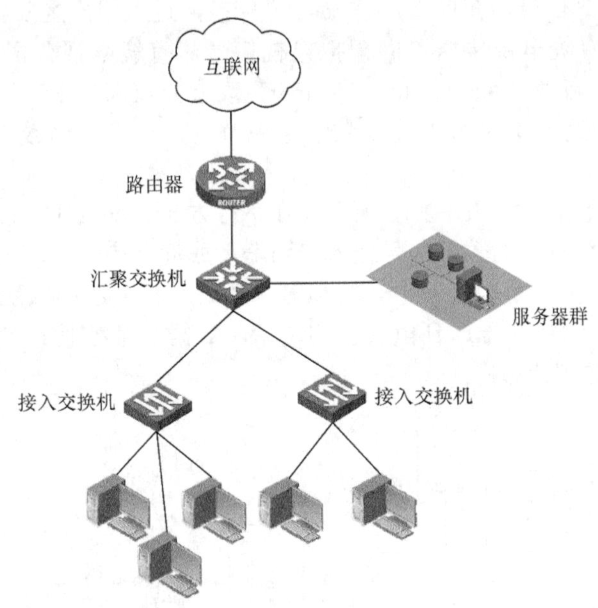


图 2-10　以太局域网接入结构

在传输介质上，以太网可以采用有线传输介质。早期以太网采用同轴电缆作为传输介质，但因为同轴电缆安装使用比较困难、成本较高，目前已经被淘汰；现在主要用包括 5 类及以上的非屏蔽双绞线或光纤作为传输介质；以太网也可以采用无线传输信道，在空气中传播信号。

在拓扑结构上，早期以太网多采用总线型拓扑，连接简单，通常在小规模的网络中不需要专用的网络设备，但由于它存在的固有缺陷，已经逐渐被星状网络所代替。

根据以太网的带宽，以太网可以分成早期以太网（带宽 10Mbit/s）、快速以太网（带宽 100Mbit/s）、吉比特以太网（带宽 1000Mbit/s）、万兆以太网（带宽 10Gbit/s）、下一代以太网（带宽 40～400Gbit/s）。随着以太网带宽的提高，以太网的应用范围也在逐渐从局域网扩展到城域网乃至广域网。

## 2.2.3 HFC 技术

探讨

用来向你家中传送电视节目的网络能实现上网业务功能吗？

HFC（Hybrid Fiber-optic Cable）是混合光纤/同轴电缆接入网技术的简称。HFC 是把光缆敷设到居民小区，然后通过光电转换节点，利用有线电视（CATV）的同轴电缆网连接到用户，提供综合电信业务的技术。目前通过 HFC 网络可实现电话、有线电视、视频点播、宽带数据业务等。

HFC 通常由光纤干线、同轴电缆支线和用户配线网络 3 部分组成，从有线电视台（前端）出来的节目信号先变成光信号在干线上传输，到用户区域后把光信号转换成电信号，经分配器分配后通过同轴电缆送到用户。它与早期有线电视同轴电缆网络的不同之处主要在于在干线上用光纤传输光信号，在前端需完成电/光转换，进入用户区后要完成光/电转换。

HFC 原来用于有线电视传送单向模拟电视信号，有线电视公司为拓宽业务，将广播电视业务与数据、语音业务融合，将单向 HFC 改造成双向 HFC，将模拟电视改造成数字电视，使有线电视用户不仅可以接收数字电视节目，还可以用改造后的双向 HFC 网络进行双向数据通信。

典型的 HFC 系统结构图如图 2-11 所示。在下行方向上，有线电视台的电视信号、公用电话网的话音信号和数据网的数据信号送入合路器形成混合信号后，由这里通过光缆线路送至光纤节点，在光纤节点处进行光/电转换和射频放大，再经过同轴配线网网络送至用户接口单元（NIU），并分别将信号送到电视机和电话。数据信号经服务单元内的电缆调制解调器（Cable Modem）送到计算机上。

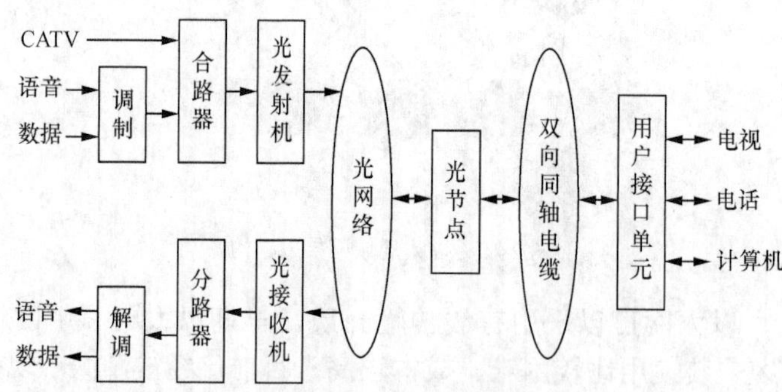


图 2-11 HFC 系统结构

上行方向是下行反向的逆过程，只不过用户不回传 CATV 信号。

和 xDSL 技术相比，HFC 网络系统具有接入速率较高、不占用电话线路、无需拨号专线连接的优势。但要实现 HFC 网络，必须对现有的有线电视网进行双向化和数字化的改造，这将面临引入同步、信令和网管等难点。其中上行信道的噪声抑制是主要的技术难题。

## 2.2.4　PON 接入技术

探讨

光纤有什么优势？用光纤作为接入介质的网络叫作什么？

从发展的角度来看，前面介绍的 xDSL、HFC 接入技术均是一种过渡性的措施，对于一般用户（家庭、小型办公室等），这些技术短期内可暂时满足一部分多媒体业务需求。而对于用户宽带多媒体业务流畅地接入的需要，无源光网络（PON）接入技术应运而生。PON 接入技术是一种以光纤为主要传输介质的接入技术，主要技术包括 EPON（基于以太网的无源光网络）和 GPON（吉比特无源光网络）。

如图 2-12 所示，PON 由光线路终端（OLT）、光纤网络单元（ONU）和光分配网络（ODN）3 个部分组成。OLT 放在运营商的中心机房，ONU 放在用户端。ODN 包括光纤和光分路器。其中分光器是无源光纤分支器。

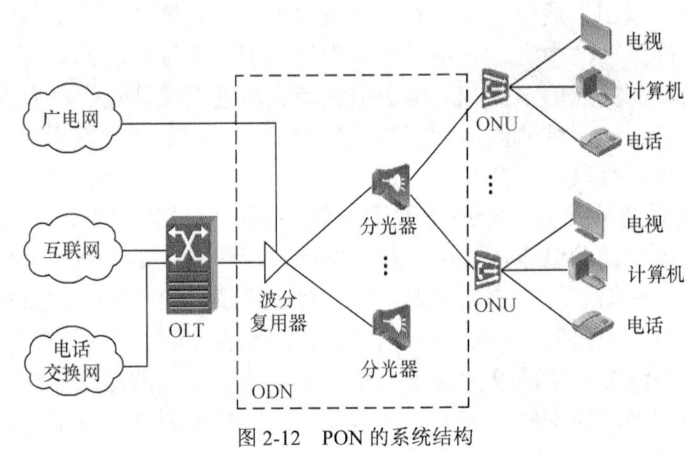

图 2-12　PON 的系统结构

OLT 的作用是为光接入网提供网络侧与本地交换机之间的接口并经一个或多个 ODN 与用户侧的 ONU 通信，OLT 与 ONU 的关系为主从通信关系。OLT 可以分离交换和非交换业务，管理来自 ONU 的信令和监控信息，为 ONU 和本身提供维护和供给功能。OLT 在物理上可以是独立设备，也可以与其他功能集成在一个设备内。

ODN 为 OLT 与 ONU 之间提供光传输手段，其主要功能是完成光信号功率的分配。ODN 是由无源光元件（如光纤光缆、光连接器和光分路器等）组成的纯无源的光配线网，多呈树状拓扑结构。

ONU 的作用是为光接入网提供直接的或远端的用户侧接口，处于 ODN 的用户侧。ONU 的主要功能是终结来自 ODN 的光纤处理光信号，并为多个小企事业用户和居民住宅用户提供业务接口。ONU 的网络侧是光接口而用户侧是电接口，因此，ONU 需要有光/电和电/光转换功能，还要完成对语声信号的数/模和模/数转换、复用、信令处理和维护管理功能。其位置有很大的灵活性，既可以设置在用户住宅处，也可以设置在 DP 处甚至 FP 处。

按照 ONU 在 PON 中所处的具体位置不同，可以将 PON 划分为 3 种基本的应用类型：光纤到路边（FTTC）、光纤到楼（FTTB）和光纤到户/到办公室（FTTH/FTTO）。

## 2.2.5 无线接入技术

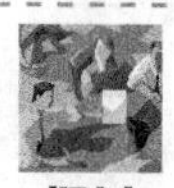
探讨

手机3G上网和WLAN上网有什么异同？

无线接入是指在交换节点到用户终端之间的传输线路上，部分或全部采用了无线传输方式。由于技术无需敷设有线传输媒质，具有很大的灵活性，不断出现的新技术使其在接入网中的地位和作用正日益加强，是有线接入技术不可或缺的补充。

常见的无线接入技术有卫星通信技术、蜂窝移动通信技术、WLAN技术等。

### 1．卫星通信技术

卫星通信是指利用人造地球卫星作为中继站转发无线电信号，在两个或多个地面站之间进行通信的一种方式。卫星通信是在地面微波中继通信和空间技术的基础上发展起来的。微波中继通信是一种“视距”通信，即只有在“看得见”的范围内才能通信。而通信卫星的作用相当于离地面很高的微波中继站。由于作为中继的卫星离地面很高，因此经过一次中继转接之后即可进行长距离的通信。卫星通信覆盖区域大，通信距离远。一颗同步通信卫星可以覆盖地球表面的三分之一区域，因而利用3颗同步卫星即可实现全球通信。它是远距离越洋通信和电视转播的主要手段。

根据卫星通信系统的任务，一条卫星通信线路要由发端地面站、上行线路、卫星转发器、下行线路和收端地面站组成，其中上行线路和下行线路就是无线电波传播的路径。为了进行双向通信，每一地面站均应包括发射系统和接收系统。由于收、发系统一般是共用一副天线，因此需要使用双工器以便将收、发信号分开。地面站收、发系统的终端通常都是与长途电信局或微波线路连接。地面站的规模大小则根据通信系统的用途而定。转发器的作用是接收地面站发来的信号，经变频、放大后，再转发给其他地面站。卫星转发器由天线、接收设备、变频器、发射设备和双工器等部分组成。

### 2．蜂窝移动通信技术

蜂窝移动通信技术是把移动电话的服务区分为一个个正六边形的小区，每个小区设一个基站，不同的小区可以重复使用同一频率频率的通信技术。如图2-13所示，它因形成了形状酷似“蜂窝”的结构而得名。“蜂窝”的划分大大提高了有限的无线频谱资源的利用率，通过基站间的切换，可以实现大范围无线信号的覆盖，蜂窝移动通信技术也被称为无线广域网技术。

常见的蜂窝移动通信系统按照覆盖范围的不同可以分宏蜂窝、微蜂窝和微微蜂窝。

宏蜂窝小区的覆盖半径大多为1km～25km，基站天线尽可能做得很高。在网络运营初期，运营商的主要目标是建设大型的宏蜂窝小区，取得尽可能大的地域覆盖率。宏蜂窝小内，通常存在着两种特殊的微小区域：一是由于电波在传播过程中遇到障碍物而造成的“盲点”，盲点区域通信质量严重下降，如地铁、地下室等；二是由于业务负荷的不均匀分布而形成的 “热点”，热点区域业务十分繁忙，如繁华的商业街、购物中心、体育场等。

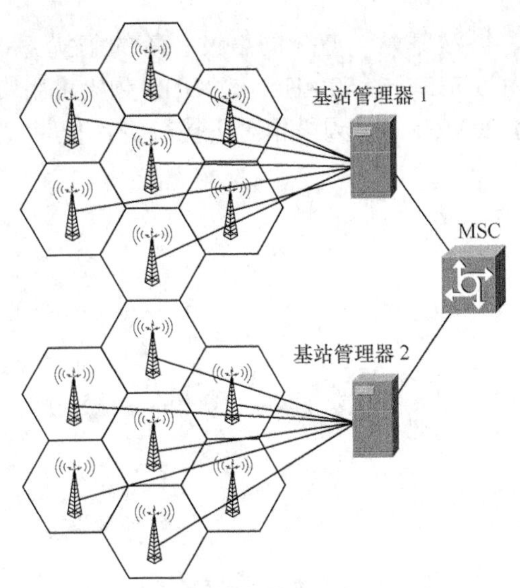


图 2-13　蜂窝移动通信系统示意图

微蜂窝小区的覆盖半径为 30～300m，基站天线低于屋顶高度，传播主要沿着街道的视线进行。与宏蜂窝技术相比，微蜂窝技术具有覆盖范围小、传输功率低及安装方便灵活等。微蜂窝可以作为宏蜂窝的补充和延伸，应用在宏蜂窝小区的盲点、热点区域。

微微蜂窝覆盖半径更小，一般只有 10～30m；基站发射功率更小，在几十毫瓦左右；其天线一般装于建筑物内业务集中地点。微微蜂窝也是作为网络覆盖的一种补充形式而存在的，它主要用来解决商业中心、会议中心等室内“热点”的通信问题。

实际建网时，宏蜂窝进行大面积的覆盖，作为多层网的底层；微蜂窝则小面积连续覆盖叠加在宏蜂窝上，构成多层网的上层区；若仍不满足通信需要，可以在微蜂窝上层继续叠加微微蜂窝。

从蜂窝移动通信的发展历史来看，蜂窝移动通信从模拟移动通信到数字移动通信、数字移动通信又从第二代（2G）、第三代（3G）发展到最新的第四代（4G）移动通信。目前，模拟移动通信已被淘汰；2G 技术、3G 技术最为常用，2G 技术标准有 GSM、CDMA，3G 技术标准有 WCDMA、CDMA2000、TD-SCDMA；4G 通信系统处于建设之中，主要有 TDD-LTE 和 FDD-LTE 两种制式。

### 3．WLAN 技术

WLAN（Wireless Local Area Networks）即无线局域网，是指利用无线通信技术在一定的局部范围内建立的网络，是计算机网络与无线通信技术相结合的产物。WLAN 以无线多址信道为传输媒介，提供传统有线局域网（Local Area Network，LAN）的功能，使用户摆脱线缆的桎梏，随时随地移动接入互联网。WLAN 已经在教育、金融、酒店及零售业、制造业等各领域有了广泛的应用。

如图 2-14 所示，WLAN 由用户终端、AP（无线接入点）、交换机、AC（无线控制器）组成。

WLAN 可以工作在 2.4GHz 频段，工作频率范围为 2 400～2 483.5MHz。其可用带宽为 83.5MHz，可划分为 3 个互不干扰的信道，每个信道带宽为 22MHz。此频段为共用频段，

WLAN 易受到无绳电话、微波基站、蓝牙网络设备等的干扰。WLAN 设备也可以工作在 5.8GHz 频段，频率范围为 5 725～5 850MHz。5.8GHz 频段可用带宽为 125MHz，划分为 5 个信道，每个信道带宽为 20MHz。此频段相对干扰较少，但目前多数用户终端尚不支持该频段。

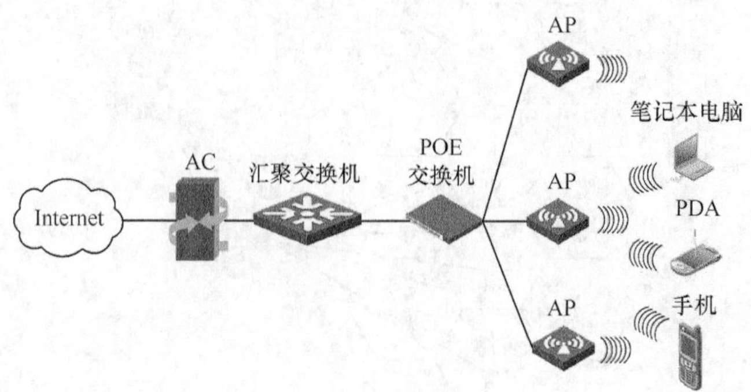


图 2-14　WLAN 组网示意图

WLAN 的优势在于，和蜂窝移动通信相比，接入速率较高，满足高速无线上网的需求；设备价格低廉，建设成本低；技术较成熟，在国内外已有丰富的应用。WLAN 的不足在于 AP 发射功率受限，覆盖范围较小，移动性较差；工作在自由频段，容易受到干扰。

**归纳思考**

归纳总结各种接入技术的优缺点。

## 实做项目及教学情境

**实做项目一：搜集常见的接入方式。**

目的：通过对日常生活中接入方式的调查、搜集，加深对接入网概念、功能的理解。

**实做项目二：参观接入网设备及组网。**

目的：参观 DSLAM、OLT、ONU、AP、AC 等接入网设备，进一步认识各种接入技术。

**实做项目三：调查多种接入网技术发展现状。**

目的：通过上网学习，查阅资料，了解接入网最近的应用、发展动态。

## 小结

1．从距离用户远近上，接入网位于用户驻地网和核心网之间，是整个公用网络的边缘部分，是公用网中与用户距离最近的一部分；从实现功能上，传统接入网实现传送功能，IP 接入网传送和实现部分交换功能。

2．传统接入网是指在用户驻地网和核心网之间所有机线设备组成的网络，它通过用户

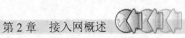

网络接口实现用户语音、数据、图像、视频等多综合业务的接入、向核心网提供一系列标准化的业务节点接口，并通过 $Q_3$ 接口受电信管理网的管理控制。IP 接入网是实现各种用户 IP 终端（如计算机、IP 电话等）或用户 IP 终端组成的网络（用户驻地网）与 IP 核心网之间接入能力的系统。

3．传统接入网的功能由 5 部分组成：用户端口功能、业务端口功能、核心功能、传送功能和系统管理功能。除 IP 接入网系统管理功能与传统电信接入网中的接入网系统管理功能、IP 接入网传送功能等同传统接入网的传送功能类似外，IP 接入网还添加了 IP 接入功能。

4．传统接入网由灵活点和配线点等组成，分为馈线段、配线段和引入线三段。

5．常见的接入技术有 xDSL、以太网接入、HFC、PON、无线接入技术等。

## 思考与练习题

2-1　从距离用户远近上、实现功能上，接入网处于电信网的什么位置？

2-2　传统电信接入网包含哪些接口？分别与哪些网络元素相连？

2-3　IP 接入网包含哪些接口？分别与哪些网络元素相连？

2-4　传统接入网和 IP 接入网各能实现什么功能？

2-5　简述传统接入网和 IP 接入网的区别。

2-6　简述接入网的拓扑类别及应用场合。

2-7　列举常见的接入方式。

# 第二篇

# 原　理　篇

# 第3章 xDSL技术

**本章教学说明**

- 主要介绍 xDSL 的基本原理
- 概要介绍 xDSL 的应用

**本章内容**

- xDSL 的基本原理
- xDSL 的应用

**本章重点、难点**

- ADSL 的基本原理
- ADSL 的典型应用

**本章目的和要求**

- 掌握 ADSL、VDSL 和 HDSL 的基本原理
- 了解 xDSL 系统的典型应用模式
- 了解 xDSL 系统的主要应用场景

**本章实做要求及教学情境**

- 参观运营商的 xDSL 机房
- 到营业厅了解 ADSL 业务的开通流程
- 安装 ADSL 设备，实现家庭或宿舍宽带上网

**本章学时数：4 学时**

## 3.1 xDSL 的基本原理

### 3.1.1 ADSL

#### 1．基本原理

ADSL 是在现有双绞线上传送高速非对称数字信号的一种新技术，只需在双绞线两侧各装一个 ADSL 收发机（一种专用的调制解调器）即可迅速提供高速数字通道。ADSL 系统的基本原理包括以下几点。

① “不对称”。即在下行方向传送高速数字信号（可高达 6.144Mbit/s 甚至更高），而在上行方向用户发送机工作在较低速率（512kbit/s～1Mbit/s）。这样可以保证用户侧的串音比对称传输系统低很多，从而确保传输距离。

② 频分复用（FDM）。在 ADSL 收发机中使用带通调制方式，可以将高速数字信号安排在普通电话频段的高频侧，再用滤波器滤除诸如环路不连续点和振铃引起的瞬态噪声干扰后，即可与现有电话信号在同一对双绞线上互不影响地同时传输。

③ 自适应。ADSL 还采用自适应的数字均衡器来调节与每一对双绞线的适配并跟踪由于温度、湿度或连续干扰源所引起的任何变化。

### 2．网络结构

ADSL 接入系统由局端设备和用户端设备组成，局端设备包括在中心机房的 ADSL Modem（即 ATU-C 局端收发模块）、DSL 接入多路复用器（DSLAM）和局端分离器。用户端设备包括用户 ADSL Modem（即 ATU-R 用户端收发模块）和 POTS 分离器。具体如图 3-1 所示。

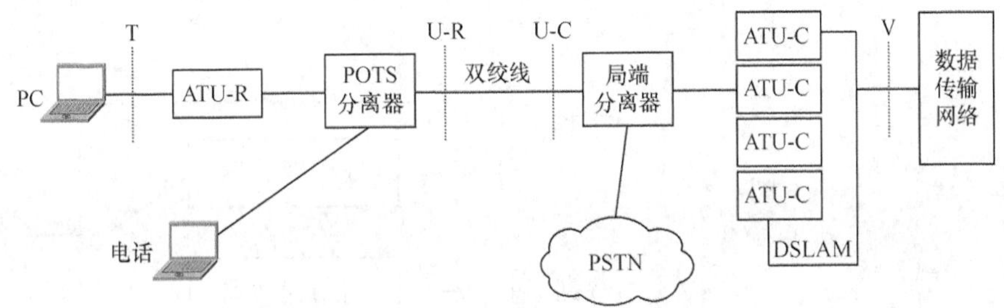


图 3-1　ADSL 接入系统网络结构图

DSLAM 的功能是对多条 ADSL 线路进行复用，并以高速接口接入高速数据网，能与多种数据网相连，接口速率支持 155Mbit/s、100Mbit/s、45Mbit/s 和 10Mbit/s。

ADSL Modem 包括局端 ADSL Modem（即 ATU-C）和用户 ADSL Modem（即 ATU-R），其功能是对用户的数据包进行调制和解调，并提供数据传输接口。用户 ADSL Modem 的接口如图 3-2 所示。

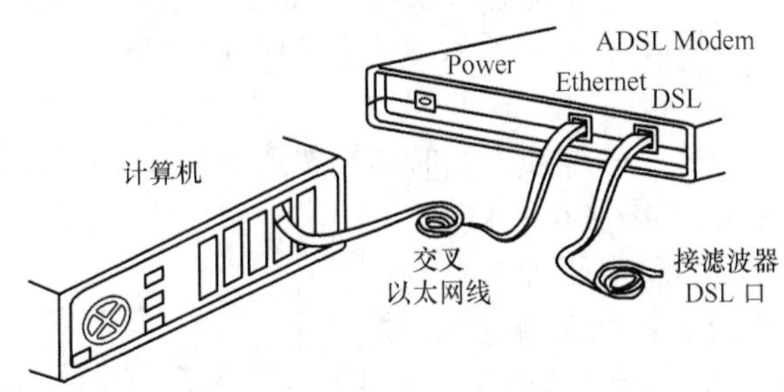


图 3-2　用户 ADSL Modem 接口示意图

用户 ADSL Modem 有多种类型。一般来说，根据 Modem 的形态和安装方式，大致可以分为以下几类。

① 外置式。外置式 Modem 放置于机箱外，通过串行通信口与主机连接。这种 Modem 方便灵巧、易于安装，闪烁的指示灯便于监视 Modem 的工作状况。但外置式 Modem 需要使用额外的电源与电缆。

② 内置式。内置式 Modem 在安装时需要拆开机箱，并且要对中断和 COM 口进行设置，安装较为繁琐。这种 Modem 要占用主板上的扩展槽，但无需额外的电源与电缆，且价格比外置式 Modem 要便宜一些。

③ 插卡式。插卡式 Modem 主要用于笔记本电脑，体积纤巧。配合移动电话，可方便地实现移动办公。

④ 机架式。机架式 Modem 相当于把一组 Modem 集中于一个箱体或外壳里，并由统一的电源进行供电。机架式 Modem 主要用于 Internet/Intranet、电信局、校园网、金融机构等网络的中心机房。

信号分离器是一个三端口器件，由一个双向低通滤波器和一个双向高通滤波器组合而成，如图 3-3 所示。信号分离器在一个方向上组合两种信号，而在另一个方向上则将这两种信号分离。

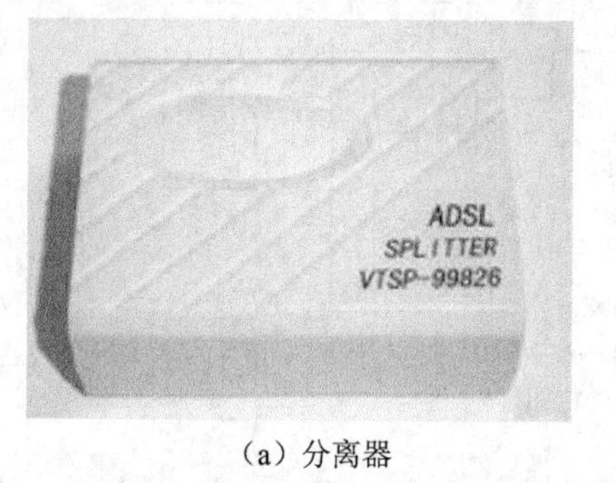


（a）分离器

话音信号
低通滤波器
数据信号
高通滤波器
混合信号

（b）分离器的结构

图 3-3 分离器及其结构示意图

### 3．频段分配

为了在同一双绞线上传输两个方向的信号，ADSL 系统通常采用频分复用（FDM）方式分隔两个方向的信号。它把普通电话双绞线的频率划分为 3 个频道：话音频段、上行频段和下行频段。话音频段用来传话音，上行频段用来传上行数据，下行频段用来传下行数据。

ADSL 采用频分复用方式在双绞线上同时传输普通电话和 ADSL 宽带业务，双绞线上用户频谱的分配如图 3-4 所示。其中 0～4kHz 频段传送语音基带信号，实现电话业务；25～138kHz 频段用来传送上行低速数据或控制信息，控制信息速率在 16～64kbit/s；高频段（138～1104kHz）的带宽用于传送下行高速数据，ADSL2＋将高频段扩展到 2.208MHz。

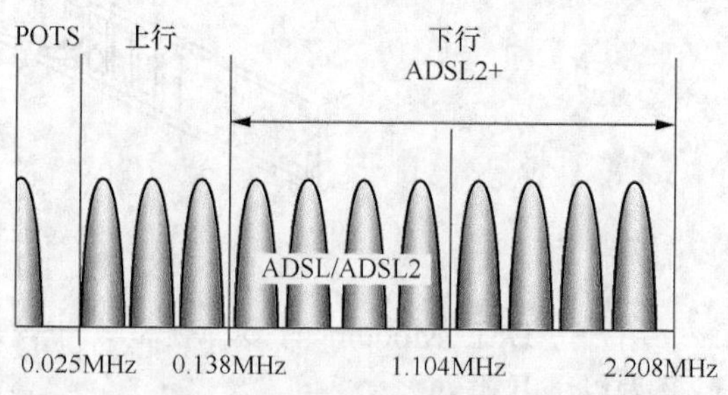


图 3-4 ADSL 频谱安排示意图

FDM 方式的缺点是占据较宽的频率范围，而双绞线的衰减随频率升高而迅速增加，因而，FDM 方式的传输距离有较大的局限性。为了充分利用双绞线衰减的频率特性，目前倾向于允许高速的下行通道与低速的上行通道重叠使用，两者之间的干扰可利用非对称回波消除器来消除。如采用回馈抑制技术，回馈

抑制将下传管道和上传管道重叠，并用本地回馈抑制（如 V.34 规范）将两者区分。回馈抑制虽然更加有效，但增加了复杂性和成本。

重点掌握

ADSL 的工作原理。

4．调制方式

了 解

ADSL 系统可用的调制方式有 3 种，其共同特点都是靠连续的自适应数字滤波器来跟踪和均衡传输通道。

（1）正交调幅

正交调幅（QAM）是一种广泛应用的成熟技术，基本方法是将数据分解成两路半速率数据流，然后，再调制正交载波进行传输，即将两路信号分别用积分振荡器产生的同频的相位差为 90° 的正弦载波和余弦载波进行相乘（进行抑制载波的双边带调制），再合路后送到信道上传输。在接收端，利用正交性解调出两路数据流再进行检测。这种方式频谱利用率可以做得很高，设备也不太复杂，还能与 CAP 码兼容。但信号状态很多时，对信道幅相畸变和选择性衰落很敏感，需要采用多种信道线性化措施和均衡措施。QAM 的调制原理如图 3-5 所示。

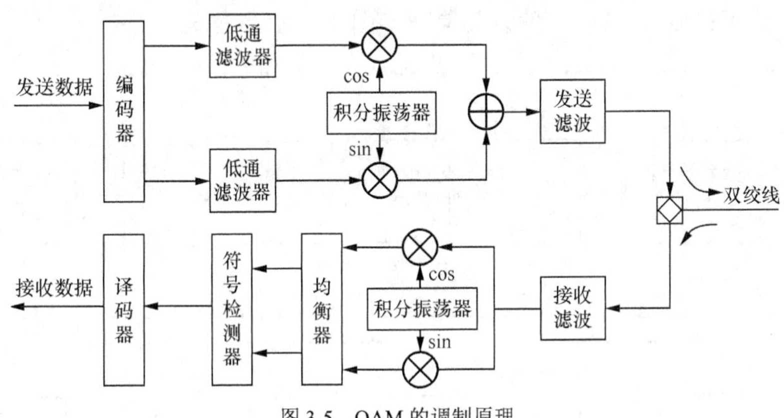


图 3-5 QAM 的调制原理

（2）无载波调幅/调相

无载波调幅/调相（CAP）技术在原理上类似 QAM，但不用正交载波，而是通过两个数字横向带通滤波器进行调制，其输出结合起来即形成了发送信号，在接收侧用“软判决”技术对信号进行解调，再用判决前馈均衡器对电缆芯径变化和桥接抽头进行适配。CAP 采用二维线性码，并进一步结合格栅码来减少近端串音。由于是带通传输方式，因而没有低频延时畸变，也不受脉冲干扰低频分量影响，可以用较简单的回波消除器，在频谱形成和安置方面也有较大的灵活性。CAP 的调制原理如图 3-6 所示。

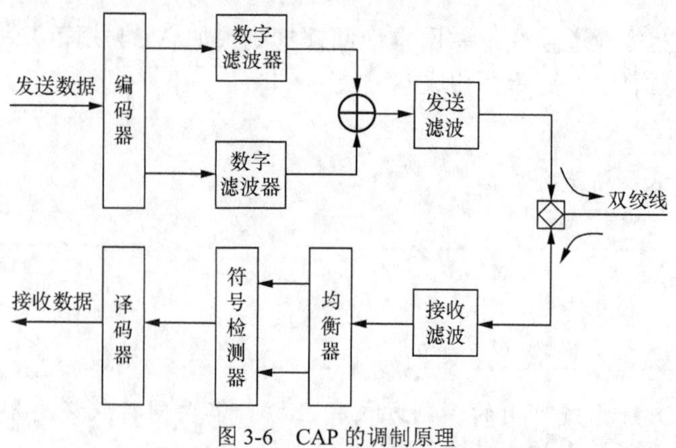

图 3-6　CAP 的调制原理

总体来看，CAP 方案比 QAM 灵活，又比下面要介绍的离散多频音调制（Discrete Multi Tone，DMT）方案简单。然而，工作速率比 DMT 方式低。

（3）DMT

DMT 又称离散多载波调制，是一种正交的频分复用方式，其基本原理是将整个通信信道在频域上划分为若干独立、等宽的子信道，每个子信道根据各自频带的中心频率选取不同的载波频率，在不同的载波上分别进行 QAM 调制。首先根据各子信道的性能进行比特分配和编码。发送和接收都可利用高效的反快速傅里叶变换（IFTT）和快速傅里叶变换（FTT）来实现［注：FTT 和 IFTT 分别是离散傅里叶变换（DFT）和反离散傅里叶变换（IDFT）的快速算法］，其作用是完成 QAM 信号与数字形式的副载频信号之间的变换，再利用数模转换和滤波器构成模拟信号。DMT 的调制原理如图 3-7 所示。

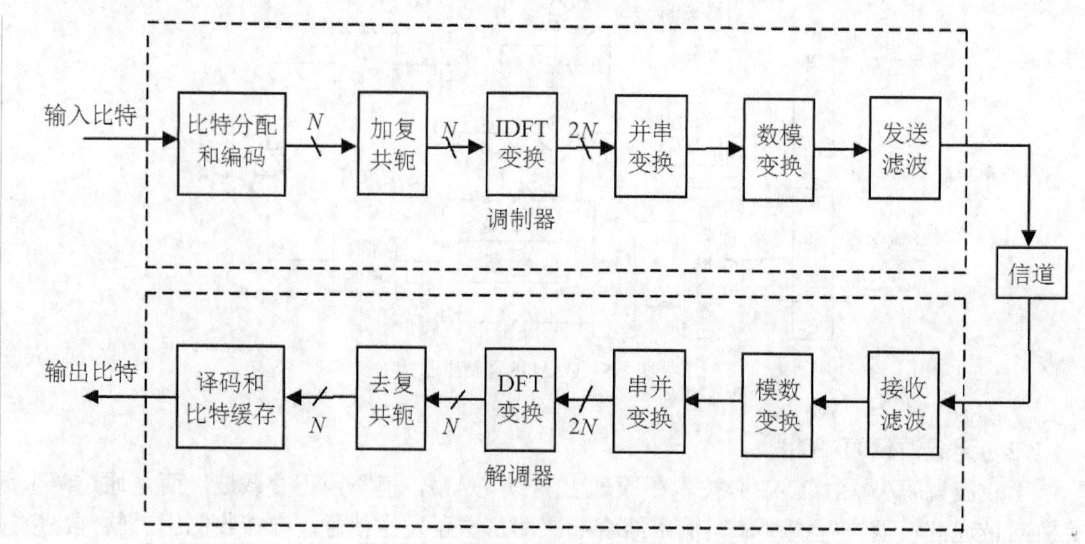


图 3-7　DMT 的调制原理

DMT 将通路分成大量的子通路，在每个很窄的子通路频带内电缆的特性可以近似认为是线性的，因而，脉冲混叠可以减到最低程度。尽管来自脉冲干扰的能量会影响接收信号，但采用 FTT 可以将这种影响扩展到 FTT 窗口内的大量子通路内，因而，其影响大大减轻。

在每个子通路内所送的数据比特数可以按每个子通路内信号和噪声大小自适应地变化，因而，DMT 技术可以使每个特定环路的性能最佳且能使系统自动地避免工作在干扰较大的频段。为了更好地压抑脉冲噪声，DMT 不仅采用 Reed Solomon 前向纠错码，而且往往还采用附加的格栅编码技术。就性能而言，DMT 是比较理想的方式，与其他方式相比信噪比最高（比其他方式高出几分贝）、传输距离较远（或同样距离下传输速率较高）、支持的厂商较多，但设备较复杂、成本较高。

#### 5. ADSL 的国际标准

以前，ADSL 有 CAP 和 DMT 两种标准，其中 DMT 在和 CAP 的竞争中胜出，从而成为国际标准。ITU 制定的 ADSL 标准如表 3-1 所示。

表 3-1　ITU 制定的 ADSL 标准

| ADSL<br>标准名称 | ITU 技术标准 | | 频谱<br>（最高频率） | 下行/上行<br>速率 | 分离器 |
|---|---|---|---|---|---|
| ADSL | G.922.1 | G.DMT | 1.104MHz | 8Mbit/s/1Mbit/s | 需要 |
| ADSL | G.922.2 | G.Lite | 1.104MHz | 1.5Mbit/s/512kbit/s | 无 |
| ADSL2 | G.922.3 | G.DMT.bis | 1.104MHz | 12Mbit/s/1Mbit/s | 需要 |
| ADSL2 | G.922.4 | G.Lite.bis | 1.104MHz | N/A | 无 |
| ADSL2+ | G.922.5 | ADSL2+ | 2.208MHz | 24Mbit/s/1Mbit/s | 需要 |

**探讨**

ADSL 是如何实现在同一条电话线上同时提供的电话和宽带上网业务之间互不影响的？

### 3.1.2　VDSL

VDSL（Very High Bit-rate Digital Subscriber Line，甚高比特率数字用户线）是在 ADSL 基础上发展起来的，是一种定位于短距离（1km 左右）、高速率的 DSL 技术。采用该技术可以进一步提高 xDSL 系统的下行带宽。VDSL 技术能满足广大用户高速上网的需要。

#### 1. 基本原理

VDSL 技术与 ADSL 类似，仍旧在一对铜质双绞线上实现信号传输，无须铺设新线路或对现有网络进行改造。用户一侧的安装也比较简单，只要用分离器将 VDSL 信号和话音信号分开，或者在电话前加装滤波器就能够使用。VDSL 系统的基本原理包括以下几点。

① 频分复用。将传统电话和 VDSL 的上、下行数据信号放在不同的频带内传输。低频段可以用来传输普通电话、窄带 ISDN 业务，中间频段可以用来传输上行数字信道的控制信息，而高频段则可以用来传输下行信道的图像或者高速数据信息。

② 利用 VDSL 技术既可以非对称传输也可以对称传输。非对称下行数据的速率为 6.5～52Mbit/s，上行数据的速率为 0.8～6.4Mbit/s，对称数据的速率为 6.5～26Mbit/s，传输距离为 300～1 500m。值得注意的是，VDSL 技术的传输速率依赖于传输距离。

③ 与光接入技术结合。由于 VDSL 的接入距离很短（当 VDSL 达到最高传输速率时，其接入距离只有 300m），因此，VDSL 不是从局端直接用双绞线连接到用户端的，而是靠近局端先通过光纤传输，再经光网络单元（ONU）进行光电转换，最后经双绞线连接到用户。即光接入系统的 ONU 在小区内终结光信号后，可以利用 VDSL 将高速数据或视频图像等业务信息送到用户终端。

④ VDSL 技术通常采用 CAP、DMT 调制方式和离散小波多频调制（DWMT），其中 DWMT 采用了小波正交变换，那小波是什么呢？与傅里叶变换中的基是整个时域上的正弦波不同，小波是一种能量在时域非常集中的波。它的能量是有限的，而且集中在某一点附近。小波变换对于分析瞬时时变信号非常有用。它有效地从信号中提取信息，通过伸缩和平移等运算功能对函数或信号进行多尺度的细化分析，解决了傅里叶变换不能解决的许多困难和问题，所以 DWMT 的性能比 DMT 更好。

### 2．网络结构

VDSL 接入系统网络结构如图 3-8 所示。

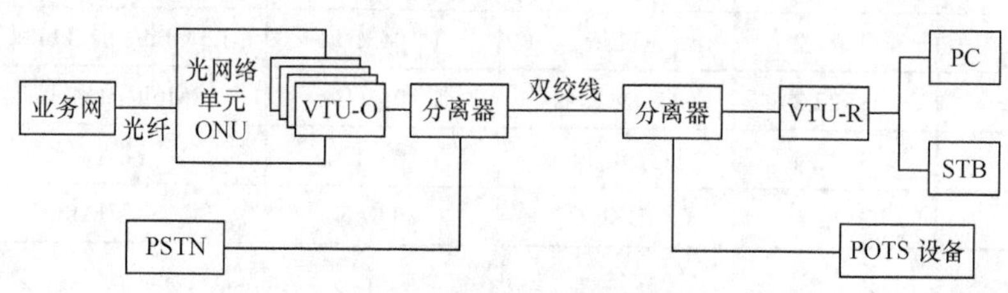


图 3-8　VDSL 接入系统网络结构

VTU-O 表示 VDSL 在网络侧的收发单元，相当于 ADSL 中的局端 ATU-C；VTU-R 表示 VDSL 在用户端的收发单元，相当于 ADSL 中的用户端 ATU-R。VTU-O 与 VTU-R 之间是 VDSL 链路，使用双绞线连接。在用户端和局端各设置一个分离器，分离器的结构和功能与 ADSL 中的分离器类似，也是一个低通和高通滤波器组。在频域上实现高频的 VDSL 信号与低频的话音及 ISDN 信号的混合与分离功能。

### 3．国际标准

2004 年 4 月，ITU-T 发布了 VDSL 标准 G.993.1。G.993.1 标准定义的 VDSL 使用 0.138～12MHz 频谱，能够在中短距离内实现比 ADSL 更高的传输速率，根据不同业务要求，可提供灵活的传输能力，如短距离高速非对称业务和中等距离对称或接近对称业务。2006 年 2 月，ITU-T 发布了 VDSL2 标准，即 G.993.2。与 VDSL 相比，VDSL2 有更高的传输速率、更远的传输距离，与 ADSL2＋相兼容，为运营商由 ADSL2＋向 VDSL2 过渡提供了良好的解决方案。

## 3.1.3　HDSL

采用 HDSL（高比特率数字用户线）技术的用户线对传输速率可以大大提高，主要适合企事业单位用户使用。

### 1. 基本原理

HDSL 技术可以利用现有铜缆用户线中的 2 对或 3 对双绞线来提供全双工的 1.5Mbit/s 或 2Mbit/s 的数字连接能力。HDSL 系统的基本原理包括以下几点。

① 提供一次群速率。只需在交换机侧和用户侧分别安装交换线路模块（局端机）和网络终端模块（远端机）即可提供透明的 1.5Mbit/s 或 2Mbit/s 速率的传输能力。局端机接收交换机来的标准一次群信号，然后加上所需的用于同步和维护的 HDSL 开销，进行数字信号处理和线路编码，形成具有 HDSL 帧的线路信号，并送给双绞线传输。在用户侧的远端机对收到的线路信号进行解码和信号处理，减小传输损伤，去掉 HDSL 开销并恢复标准一次群信号。

② HDSL 采用混合电路和回波消除技术来去掉混入接收信号中的发送信号，从而避免使用单独的线对来传送单向信号，但其回波消除器需工作在 5～7 倍的 BRA 速率，因而有一定的难度。但由于 HDSL 采用了高速自适应数字滤波技术和先进的信号处理器，因而可以自行处理环路中的近端串音、噪声对信号的干扰、桥接和其他损伤，适应多种混合线路或桥接条件，无需再生中继器传输距离可达 3～5km（0.4～0.6mm 线径），而原来的 1.5Mbit/s 或 2Mbit/s 的数字链路每隔 0.8～1.5km 就需要设一个中继器，而且还要严格选择测量线对。因而 HDSL 不仅提供了较长的无中继传输能力，而且简化了设计和安装维护工作，降低运行和维护成本，可适用于所有非加感环路。

### 2. 网络结构

HDSL 系统配置如图 3-9 所示。局端机位于局端或邻近处，其用户侧为 2 对或 3 对双绞线，其网络侧为标准 G.703 接口，由三阶高密度双极性码（$HDB_3$）物理接口提供与交换机之间的接口，然后，由定帧功能块将进来的 2Mbit/s 信号分解为两路或三路数字信号，加上各种开销比特，进行 CRC16 计算和扰码处理，再进行速率适配和线路编码后送给双绞线传向用户。反向传输时，由用户来的线路信号先进行回波消除处理、均衡和解码，分解成三路串联形式的 784kbit/s 信号，然后，再定帧、去掉开销、缓存并最后形成标准 G.703 信号送给交换机。远端机的功能与局端机基本相同，只是所处位置在用户侧。

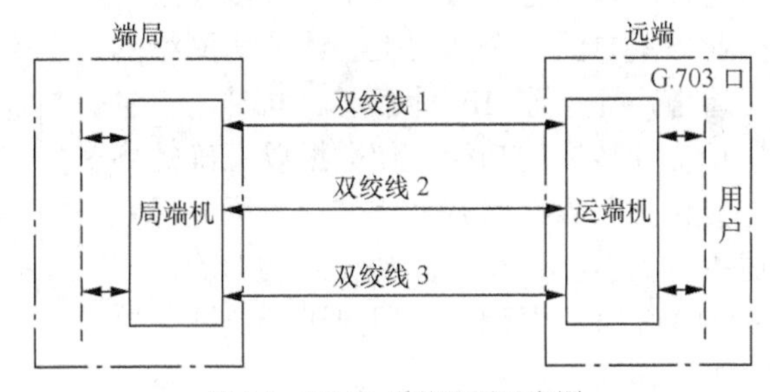

图 3-9　HDSL 系统配置示意图

### 3. 调制方式

HDSL 技术可选的主要调制方式有 2B1Q、CAP 和离散多频音调制（DMT）。鉴于 DMT 方式固有的延时难以满足 HDSL 所要求的 500μs 端到端传输延时要求，以及需要较复杂的模数转换，因而不适合 HDSL 的码型选择要求。

2B1Q 码是不归零码，功率谱中旁瓣可以延伸至 1.5MHz 以上，是码间干扰的重要来源，低频分量也很强，其群时延是另一干扰源，需要仔细设计均衡器和回波消除器才行。然而 2B1Q 码的收发模块简单，与原有电话网和 ISDN 兼容性好，使用经验丰富，已批量生

产，实现成本低，经仔细设计均衡器和回波消除器后，码间干扰已经减到很小，因而获得广泛应用。

CAP 码是带通型码，其功率谱上限仅为 180kHz 左右，其带宽比 2B1Q 码减小一半，传输效率高一倍，低频截止频率在 20kHz 以下，由群时延失真引起的码间干扰也较小，受脉冲干扰的影响较小。两对线 CAP 系统的允许衰减与 3 对线 2B1Q 系统大致相当，比 2 对线 2B1Q 系统大 4dB 左右，因而同样线径条件下的传输距离更长，性能更好，但成本较高。

目前，美国国家标准协会（ANSI）已确定 2B1Q 码为 HDSL 的标准码型，而欧洲电信标准协会（ETSI）将 2B1Q 和 CAP 都定为标准码型。

重点掌握

- ADSL 接入系统网络结构。
- ADSL 的接入方式。

# 3.2 xDSL 的应用

## 3.2.1 xDSL 系统典型应用模式

### 1. ADSL/VDSL 系统典型应用模式

（1）ADSL 宽带接入网的网络结构

ADSL 宽带接入网的基本网络结构如图 3-10 所示。

宽带接入服务器位于骨干网的边缘层，作为用户接入网和骨干网之间的网关，对用户接入进行处理，把来自于多用户或多虚通道的业务集中至一个连向 ISP 或公司网络的虚通道，连接到 IP 骨干网。同时，它也执行协议转换的功能，使数据以正确的格式前转至主数据网络。宽带接入服务器处理所有的缓冲、流量控制和封装功能，与 RADIUS 服务器配合对用户进行认证、鉴权等工作。

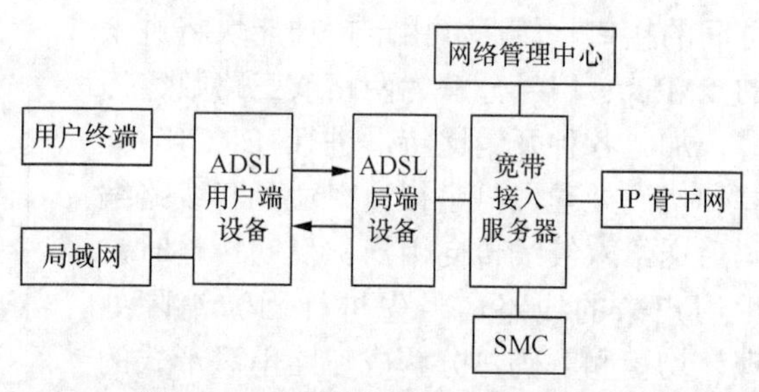

图 3-10　ADSL 宽带接入网的网络结构

用户管理中心（SMC）从纵横两个层面出发，在网络的各个层面服务于运营商、服务商，提供综合的管理功能，构造出一个通用的业务管理平台，实现可操作的运营环境。SMC 采用模块化结构和应用接口，保证良好的伸缩性和可移植性。主要功能有用户管理、业务管理、网络资源管理、计费出账、接入节点和系统管理等。

网络管理中心是电信管理网（TMN）的一个组成部分。

（2）ADSL 的接入方式

ADSL 的接入方式分为专线接入、PPPoA 接入、PPPoE 接入和路由接入 4 种。

① 专线接入。ADSL 专线接入是采用一种类似于专线的接入方式，用户连接和配置好 ADSL Modem 后，在自己的 PC 的网络设置里设置好相应的 TCP/IP 协议及网络参数（IP 和

掩码、网关等都由局端事先分配好），开机后，用户端和局端会自动建立起一条链路。所以，ADSL 的专线接入方式是以有固定 IP、自动连接等特点的类似专线的方式。早期国内的 ADSL 都是采用专线接入，这属于一种桥接方式。PC 网卡将发送的 IP 包封装到以太网包中，通过 ADSL Modem 支持的 RFC1483-Bridge 将以太网包直接打到 ATM 信元中，经 DSLAM 和 ATM 交换机透传到具有 ATM 接口的路由器上，再通过这个路由器从收到的 ATM 包中取出以太网包，再从以太网包中取出 IP 包转发到互联网。但是这样在用户不开机上网时，IP 不会被利用，会造成目前日益缺少的公网 IP 资源的浪费。具体如图 3-11 所示。

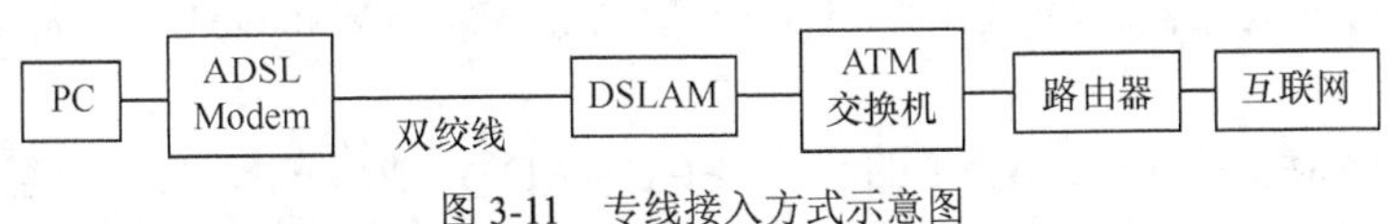


图 3-11 专线接入方式示意图

② PPPoA 接入。在 PPPoA 接入方式中，由装有 ATM 网卡的 PC 客户机（需要安装客户软件）或支持 PPPoA 的 ADSL Modem 发起 PPP 呼叫，PPPoA 是将 PPP 直接封装适配到 ATM 信元中。

当 PC 自己发起 PPP 呼叫时，用户侧 ATM25 网卡在收到上层的 PPP 包后，根据 RFC2364 封装标准对 PPP 包进行 AAL5 层封装处理形成 ATM 信元流。ATM 信元通过 ADSL Modem、DSLAM 和 ATM 交换机传送到网络侧的宽带接入服务器上，完成授权、认证、分配 IP 地址和计费等一系列 PPP 接入过程。这种 PPPoA 方式无法实现多用户同时接入，很少使用。

另一种 PPPoA 接入方式中，PC 发送数据到 ADSL Modem 时，由 ADSL Modem 发起 PPP 呼叫，ATM 信元通过 DSLAM 和 ATM 交换机传送到网络侧的宽带接入服务器上，完成授权、认证、分配 IP 地址和计费等一系列 PPP 接入过程。这时 IP 分配给 ADSL Modem，然后与 ADSL Modem 相连的 PC 通过 NAT 功能实现接入。这样，PC 没有进行 PPP 认证，也不是通过 PPP 从宽带接入服务器获得 IP 地址，而是通过静态分配获得 IP 地址。具体如图 3-12 所示。

图 3-12 PPPoA 接入方式示意图

③ PPPoE 接入。PPPoE 的全称是 Point to Point Protocol over Ethernet（基于局域网的点对点通信协议）。它基于两个广泛接受的标准即：局域网 Ethernet 和 PPP 点对点拨号协议。在 ADSL Modem 中，采用 RFC1483 的桥接封装方式对 PC 发出的 PPP 包进行 LLC/SNAP 封装后，通过连接两端的 PVC 在 ADSL Modem 与网络侧的宽带接入服务器（BAS）之间建立连接，实现 PPP 的动态接入。PPPoE 是将 PPP 包经以太协议封装后再适配到 ATM 信元中。PPPoE 虚拟拨号可以使用户开机时拨号接入局端设备，由局端设备分配给一个动态公网 IP，这样公网 IP 紧张的局面就得到了缓解。目前国内的 ADSL 上网方式中，基本上是 PPPoE 拨号的方式。具体如图 3-13 所示。

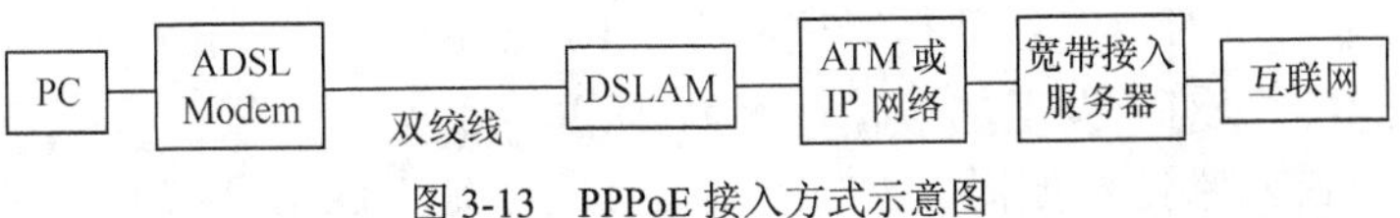


图 3-13 PPPoE 接入方式示意图

PPPoE 协议的工作流程包含发现和会话两个阶段，发现阶段是无状态的，目的是获得 PPPoE 终结端（在局端的 ADSL 设备上）的以太网 MAC 地址，并建立一个唯一的 PPPoE SESSION-ID。发现阶段结束后，就进入标准的 PPP 会话阶段。

当一台 PC 想开始一个 PPPoE 会话，它必须首先进行发现阶段，以识别局端的以太网 MAC 地址，并建立一个 PPPoE SESSION-ID。在发现阶段，基于网络的拓扑，PC 可以发现多个 DSLAM，然后允许用户选择一个。当发现阶段成功完成，PC 和选择的 DSLAM 都有了它们在以太网上建立 PPP 连接的信息。直到 PPP 会话建立，发现阶段一直保持无状态的 Client/Server（客户/服务器）模式。一旦 PPP 会话建立，PC 和 DSLAM 都必须为 PPP 虚接口分配资源。

早期的 DSLAM 都是基于 ATM 的，主要通过 ADSL 业务的接入，随着互联网的普及，DSLAM 也出现了 IP DSLAM，并且扩展了更多的业务类型，主要包括 ADSL、VDSL 和 SHDSL 三大类。ATM DSLAM 通过上行 ATM 接口接 ATM 交换机，IP DSLAM 通过上行以太网接口接 IP 网络中的路由器。

④ 路由接入。PPPoE 虚拟拨号出现以后，就有一个新产品，叫作 ADSL Router（ADSL 路由器）。这种设备具有 ADSL Modem 的最基本的桥接功能，所以个别产品也叫 ADSL Bridge/Router（ADSL 桥接路由器），俗称为“带路由的 ADSL Modem”。路由接入方式如图 3-14 所示。

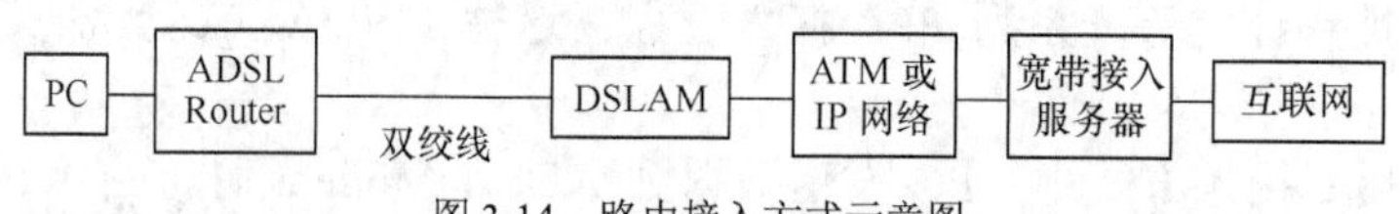


图 3-14　路由接入方式示意图

ADSL Router 具有自带的 PPPoE 拨号软件，并能提供 DHCP 服务、RIP-1 路由等功能，因此它被移植了少量的路由器的功能。但是 ADSL Router 的路由能力较低，在处理大数量客户机的路由请求时会出现性能下降或产生死机故障。因此，在有少量接入终端的家庭用户或 SOHO（居家办公）用户，就可以直接用 ADSL Router 的路由模式——PPPoE + Router 功能，即由 ADSL Router 来进行 PPPoE 拨号并进行路由。但是在接入终端的数量较多时，如网吧、企业等，往往采用 ADSL Router 加宽带路由器的组网形式，这时多数会让 ADSL Router 工作在桥接模式下，由宽带路由器来进行拨号功能，并承担路由的工作。

VDSL 系统典型应用模式与 ADSL 的类似，只是距离较短，而速度更高，通常与光接入技术相结合。这里不再赘述。

### 2．HDSL 系统典型应用模式

HDSL 系统是利用 2 对或 3 对双绞线实现全双工对称数字传输，提供 E1 或 T1 的双向透明传输。第二代 HDSL 可以在一对双绞线传输高达 2Mbit/s 的信号，因此，也被称为 SDSL（Symmetric DSL 或 Single-pair DSL）。我国采用 El 标准，具有 El 速率的 HDSL 有 3 种实现方式。

① 3 对线传输：每对收发器的传输速率为 784kbit/s。

② 2 对线传输：每对收发器的传输速率为 1 168kbit/s。

③ 1 对线传输：每对收发器的传输速率为 2 320kbit/s。

HDSL 接入系统网络结构如图 3-15 所示。HTU-C 是 HDSL 系统的局端设备，提供系统

网络侧与业务点的接口，并将来自业务节点的信息流透明传送给位于远端的用户侧设备 HTU-R。HTU-C 一般直接设置在本地交换机（LE）接口处。距离较远时，双绞线还要加装再生器以补偿信号衰减并消除线路上的噪声和干扰。

图 3-15　HDSL 接入系统网络结构

### 3.2.2　xDSL 系统的主要应用场景

ADSL 更适合于住宅用户，因为 ADSL 技术可以在一对双绞线上同时传输电话信号和高速数字信号，而且高速数字信号的上、下行速率是非对称的，其上行速率比下行速率小，非常适合大多数住宅用户上网时的下载数据量远大于上载数据量的特点。因此，ADSL 利用的双绞线就是已有的电话用户线。目前主要用于互联网接入、视频点播（VOD）等方面，同时兼容模拟语音业务。

VDSL 能提供对称和非对称两种业务。其中，VDSL 的非对称业务包括数字电视广播、视频点播、高速互联网接入、远程教学、远程医疗等，这些业务通常要求下行速率远远高于上行速率。VDSL 的对称传输主要用于商业机构、公司和电视会议等场合，这时上、下行数据的传输速率都要求很高。

HDSL 是一种双向传输系统，提供 2Mbit/s 数据的双向透明传输，支持 2Mbit/s 以下速率业务。在接入网中，HDSL 支持的业务有：ISDN-次群速率接入（ISDN-PRA）；用于电话业务（POTS），可实现高效率的线对增容，在双绞线上开通 30 路电话；租用线业务，向用户提供 E1 速率的数字专线，可用于将用户的会议电视系统、远程教学系统、远程医疗系统等通过 DDN 网互连，校园网与公用网互连、局域网互连，移动基站接入本地网等。

## 实做项目及教学情境

**实做项目一：参观运营商的 xDSL 机房。**

目的：认识 xDSL 局端设备，增加对 xDSL 网络拓扑结构的感性认识。

**实做项目二：到营业厅了解 ADSL 业务的开通流程。**

目的：了解 ADSL 业务完整的开通流程。

**实做项目三：安装 ADSL 设备，实现家庭或宿舍宽带上网。**

目的：通过动手，真正掌握 ADSL 设备的安装，并使用 ADSL 宽带上网。

## 小结

1．ADSL 是在现有双绞线上传送高速非对称数字信号的一种 DSL 技术。ADSL 采用频分复用方式在双绞线上同时传输普通电话和 ADSL 宽带业务。

2．ADSL 采用频分复用方式在双绞线上同时传输普通电话和 ADSL 宽带业务。

3．ADSL 采用频分复用方式在双绞线上同时传输普通电话和 ADSL 宽带业务。ADSL 接入系统由局端设备和用户端设备组成，局端设备包括在中心机房的 ADSL Modem、DSLAM 和局端分离器。用户端设备包括用户 ADSL Modem 和 POTS 分离器。

4．ADSL Modem 功能是对用户的数据包进行调制和解调，并提供数据传输接口。

5．信号分离器是一个 3 端口器件，由一个双向低通滤波器和一个双向高通滤波器组合而成。

6．VDSL 是在 ADSL 基础上发展起来的，是一种定位于短距离（1km 左右）、高速率的 DSL 技术。

7．HDSL 利用现有铜缆用户线中的 2 对或 3 对双绞线来提供全双工的 1.5Mbit/s 或 2Mbit/s 的数字连接能力。

8．ADSL 的接入方式分为专线接入、PPPoA 接入、PPPoE 接入和路由接入 4 种。

9．宽带接入服务器处理所有的缓冲、流量控制和封装功能，与 RADIUS 服务器配合对用户进行认证、鉴权等工作。

10．VDSL 不是从局端直接用双绞线连接到用户端的，而是靠近局端先通过光纤传输，再经光网络单元（ONU）进行光电转换，最后经双绞线连接到用户。

## 思考与练习题

3-1　试述 ADSL 的基本原理。

3-2　ADSL 是如何自适应双绞线性能的？

3-3　VDSL 与 ADSL 有哪些区别？

3-4　xDSL 的调制技术有哪些？

3-5　画出 ADSL 接入系统的网络结构图。

3-6　简述 ADSL 的几种接入方式。

3-7　试比较几种 xDSL 接入系统的网络结构。

3-8　ADSL 的主要应用有哪些？

3-9　VDSL 的主要应用有哪些？

3-10　HDSL 的主要应用有哪些？

# 第 4 章 以太网接入技术

**本章教学说明**

- 简要介绍以太网的发展历程和标准
- 深入讲解以太网基本原理、VLAN 基本知识
- 结合实际介绍以太接入网典型组网

**本章内容**

- 以太网的发展现状及标准
- 以太网的基本原理
- VLAN 的基本知识
- 以太网接入典型组网

**本章重点、难点**

- 冲突域、广播域的概念
- VLAN 的划分、类型及属性
- 以太网端口的类型
- 以太网接入典型组网

**本章目的和要求**

- 了解以太网的发展现状及标准
- 理解以太网的基本原理
- 掌握 VLAN 的划分、类型、属性等基本知识
- 掌握以太网接入在典型场景下的组网

**本章实做要求及教学情境**

- 查看计算机的 MAC 地址
- 参观数据通信设备
- 参观学校机房以太网接入组网
- 为宿舍楼设计以太网接入方案

**本章学时数：6 学时**

# 4.1 以太网的发展现状及标准

## 4.1.1 以太网的发展历程

探讨

现有以太网速率最高能达到多少？

1973 年，美国施乐（Xerox）公司 Palo Alto 研究中心的 Bob Metcalfe 博士和他的助手 David Boggs，为了连接实验室的多台计算机设备，开发出了以太网（Ethernet）技术，并开始进行以太网拓扑的研究工作。

1976 年，Metcalfe 和 Boggs 等的著名论文《以太网：局域网的分布式信息分组交换》发表。1977 年年底，Metcalfe 等获得了关于 CSMA/CD（Carrier Sense Multiple Access protocol/Collision Detect，载波监听多路访问和冲突检测）的专利《具有冲突检测的多点数据通信系统》，从此，以太网著名的 CSMA/CD 协议为业界广泛知晓。

1979 年，DEC、Intel、Xerox 3 家公司成立联盟，以 3 家公司的首字母命名，推出 DIX 以太网规范。由于 DIX 只是几个公司联合制定的产物，标准化级别不高，加上标准维护和发展机制不足，所以早已停用。

1980 年，IEEE 成立了 802.3 工作组。

1983 年，IEEE 802.3 工作组发布 10BASE-5“粗缆”以太网标准。该标准用于粗同轴电缆、速度为 10Mbit/s 的基带局域网络，最大传输距离不超过 500m。这是最早的以太网标准。

1986 年，IEEE 802.3 工作组发布 10BASE-2“细缆”以太网标准；1990 年，加入了给予无屏蔽双绞线（UTP）的 10BASE-T 标准，由于支持 10BASE-T 的集线器和交换机工作十分可靠，这使得 10BASE-T 标准得到了迅速推广，该标准采用 CSMA/CD 协议支持共享介质上的半双工传输。

1995 年，IEEE 通过了 IEEE 802.3u（快速以太网）标准，把以太网的带宽扩大到 100Mbit/s，其可以支持 3、4、5 类双绞线以及光纤的连接，能够有效保障用户在现有布线基础实施上的投资，开启了以太网大规模应用的新时代。

1997 年，全双工以太网诞生。

1998 年，吉比特以太网标准 IEEE 802.3z 发布。作为当时最新的高速以太网技术，IEEE 802.3z 给用户带来了提高核心网络的有效解决方案。由于该技术不改变传统以太网的桌面应用、操作系统，因此可与 10M 或 100M 的以太网很好地配合工作。升级到吉比特以太网不必改变网络应用程序、网管部件和网络操作系统，能够最大程度地保护投资。1999 年，IEEE 802.3ab——铜缆吉比特以太网标准发布。它起到保护用户在 5 类 UTP 布线系统上投资的作用，从而以太网更加迅速地迈进吉比特的时代。

2002 年，10G 以太网标准 IEEE 802.3ae 正式颁布，以太网向城域网和广域网进军。昭示着以太网将走向更为宽广的应用舞台。10G 以太网作为传统以太网技术的一次较大升级，在原有的吉比特以太网的基础上将传输速率提高了 10 倍，传输距离也大大增加，摆脱了传统以太网只能应用于局域网范围的限制。

2003 年，以太网网线供电标准 802.3af 诞生，借助这一标准，数千种产品使用同一个连接器就可以使用功能强大的以太网及电源。如今，以太网网线供电已经在市场上广泛应用，特别是在 IP 电话、无线局域网和 IP 安全市场。由于不用安装另外的电源线和电源插座，这项技术标准为消费者解决了大量费用和精力。

2004 年，同轴电缆万兆标准 IEEE 802.3ak 发布。802.3ak 标准可以在同轴电缆上提供 10Gbit/s 的速率，从而开启了短距离、高速率数据中心连接的大门。新标准为数据中心内相互距离不超过 15m 的以太网交换机和服务器集群提供了一个以 10Gbit/s 速率互连的经济的方式。由于 10Gbit/s 速率可以通过电口来实现，802.3ak 标准对于交换机和服务器的集群提供了一个比光解决方案的成本低很多的解决办法，从而引发了 10Gbit/s 产品价格的迅速下降。

2006 年，非屏蔽双绞线万兆标准 IEEE 802.3an 通过。10GBASE-T 标准使得网络管理员在将网络扩展到 10Gbit/s 的同时，能够沿用原来已布设的铜质电缆基础结构，并且让新装用户也可以利用铜质结构电缆的高性价比特点。由于 10GBASE-T 具有较大的端口密度和相对较低的元件成本，因此，它有助于网络设备厂商大幅降低 10Gbit/s 以太网互连的成本，这使需要更高带宽的应用最终成为可能。

2007 年，背板以太网标准 IEEE 802.3ap 公布。该标准规定了在企业级网络和数据中心的基于机箱的模块化平台中，网络设备厂商如何在背板最远 1m 的范围内进行吉比特和万兆以太网的传输。标准通过之后，意味着网络管理者可以在同一个机箱内混合匹配不同厂商的服务器或路由器刀片模块。厂商由此可以选择性地采购标准背板，从而更快地推出价格合理的高性能产品。

2009 年，以太网光纤通道标准 FCoE 获批，由国际信息技术标准委员会（INCITS）下属的 T11 技术委员会批准通过。它在应用上的优点是在维持原有服务的基础上，可以大幅减少服务器上的网络接口数量（同时减少了电缆、节省了交换机端口和管理员需要管理的控制点数量），从而降低了功耗，给管理带来方便。凭借其简单性、高效率、高利用率、低功耗、低制冷和低空间需求，FCoE 将推动新一轮数据中心整合大潮。

2010 年，40/100G 标准 IEEE 802.3ba 问世，该标准解决了在数据中心、运营商网络和其他流量密集的高性能计算环境中，越来越多的应用对宽带的需求。数据中心虚拟化、云计算、融合网络业务、视频点播和社交网络等应用需求是推动制订该标准的幕后力量。同年，节能以太网（EEE）标准 IEEE 802.3az 通过，这个标准让以太网在空闲状态时降低网络连接两端设备的能耗，正常传输数据时则恢复供电，以此减少电力消耗。

2011 年，40Gbit/s 以太网标准 IEEE802.3bg 通过，同年 100G 以太网背板/铜缆标准工作组 IEEE 802.3bj 开始研究。

2013 年，400Gbit/s 以太网标准工作组成立，探讨制定 400Gbit/s 带宽的新一代以太网传输标准。

### 4.1.2　以太网的标准

#### 1．标准以太网

以太网刚刚提出来时，只有 10Mbit/s 的速率，使用的是带有冲突检测的载波侦听多路访问（Carrier Sense Multiple Access/Collision Detection，CSMA/CD）的访问控制方法，这种早期的 10Mbit/s 以太网被称为标准以太网。以太网可以使用粗同轴电缆、细同轴电缆、非屏蔽双绞线、屏蔽双绞线和光纤等多种传输介质进行连接。在 IEEE802.3 标准中，为不同的传输介质制定了不同的物理层标准，这些标准的名称由三部分组成。第一部分的数字表示传输速率，单位是“Mbit/s”。中间一部分 Base 表示网络采用的信号是“基带”信号，即物理介质是由以太网专用的，不与其他的通信系统共享；Broad 表示信号是“宽带”的，即物理介质能够同时支持以太网和其他非以太网的服务。最后一部分是数字的，表示单段网线长度（基准单位是 100m），如 10Base-5 指的是网络跨度最大为 500m、传输速率是 10Mbit/s 的基带网络；最后一部分是字母的，则表示网络采用的传输介质，如“T”表示采用双绞线（Twisted Pair）、“F”表示使用光纤（Fiber）。具体地，标准以太网包含 10Base-5、10Base-2、10Base-T、10Base-F 等几种物理层标准。

### 2．快速以太网

在 1993 年 10 月以前，对于要求 10Mbit/s 以上数据流量的 LAN 应用，只有光纤分布式数据接口（FDDI）可供选择，但它是一种价格非常昂贵的、基于 100Mbit/s 光缆的 LAN。1993 年 10 月，Grand Junction 公司推出了世界上第一台快速以太网集线器 Fastch10/100 和网络接口卡 FastNIC100，快速以太网技术正式得以应用。由于快速以太网仍是基于 CSMA/CD 技术，因此，当网络负载较重时，会造成效率的降低，当然这可以使用交换技术来弥补。100Mbit/s 快速以太网标准又分为 100Base-TX、100Base-FX、100Base -T4 3 个子类。

100Base-TX 是一种使用 5 类双绞线的快速以太网技术。它使用两对双绞线，一对用于发送数据，一对用于接收数据，最大网段长度为 100m。100Base-FX 是一种使用光缆的快速以太网技术，单模光纤连接的最大距离为 3 000m。100Base-T4 是一种可使用 3、4、5 类双绞线的快速以太网技术，最大网段长度为 100m。

### 3．吉比特以太网

吉比特以太网（Gigabit Ethernet，GE）技术有两个标准：IEEE 802.3z 和 IEEE 802.3ab。IEEE802.3z 制定了光纤和短程铜线连接方案的标准。IEEE802.3ab 制定了 5 类双绞线上较长距离连接方案的标准 1000Base–T，使用非屏蔽双绞线作为传输介质传输的最长距离是 100m。IEEE802.3z 又定义了 1000Base-SX、1000Base-LX 和 1000Base-CX 这 3 个子类。1000Base-SX 只支持多模光纤，传输距离为 220～550m。1000Base-LX 既可以使用单模光纤也可以使用多模光纤。其中使用多模光纤的最大传输距离为 550m，使用单模光纤的最大传输距离为 3 000m。1000Base-CX 采用 150Ω屏蔽双绞线，传输距离为 25m。

### 4．万兆以太网

（1）基于光纤的万兆以太网

万兆以太网规范包含在 IEEE 802.3 标准的补充标准 IEEE 802.3ae 中，就目前来说，IEEE 802.3ae 中用于局域网的基于光纤的万兆以太网规范有 10GBase-SR、10GBase-LR、10GBase-LRM、10GBase-ER 和 10GBase-LX4。

（2）基于双绞线（6 类以上）的万兆以太网

在 2002 年发布的几个万兆以太网规范中并没有支持铜线这种廉价传输介质的，但事实

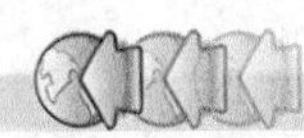

上，像双绞线这类铜线在局域网中的应用是最普遍的，不仅成本低，而且容易维护，所以在近几年就相继推出了多个基于双绞线（6 类以上）的万兆以太网规范，包括 10GBase-CX4、10GBase-KX4、10GBase-KR、10GBase-T。

（3）万兆以太广域网标准

10GBase-SW、10GBase-LW、10GBase-EW 和 10GBase-ZW 规范都是应用于广域网的物理层规范，运行速率为 9.953Gbit/s。它们所使用的光纤类型和有效传输距离分别对应于 10GBase-SR、10GBase-LR、10GBase-ER 和 10GBase-ZR 规范。

#### 5. 下一代以太网

下一代以太网技术是指 40Gbit/s 和 100Gbit/s 速率的以太网技术，技术标准包括 IEEE 802.3ba、IEEE 802.3bg 和 IEEE 802.3bj。下一代以太网物理层规范的命名表达式一般为 40/100GBase-abc，其中字母分别表示 40/100GbE 的物理媒介类型（传输距离）、物理层编码方案和波长复用数。下一代以太网背板标准有 40GBase-KR4、40GBase-CR4 和 100GBase-CR10；基于多模光纤的下一代以太网标准有 40GBase-SR4 和 100GBase-SR10；基于单模光纤的下一代以太网标准有 40GBase-LR4、100GBase-LR4 和 100GBASE-ER4。

**归纳思考**

以太网的传输介质有哪几种？传输速率有哪几种？

## 4.2　以太网的基本原理

### 4.2.1　MAC 地址

**探讨**

以太网中的工作站如何判断接收的数据是否为发给自己的？

在拓扑结构上，以太网通常采用总线型或星状结构。不论哪一种拓扑，以太网在物理上都是由一些网络设备（工作站）和用于连接这些站点的线缆组成的，以太网中的工作站可以接收到各种各样的数据。

实际上，工作站传输数据时，把每 8 个二进制位组成 1 字节，然后用一个个字节组合成数据帧，数据帧的起点我们称之为帧头，结点称之为帧尾。每一帧的帧头中有专门的一个目地介质访问控制地址（MAC）和一个源 MAC 地址，分别用来标识这一帧的接收方和发送方。网络设备出厂时，厂家会分配给它一个全球唯一的 MAC 地址（就像我们的身份证号一样），这样一来，它就可以通过数据帧帧头中的目的 MAC 地址和自己的 MAC 地址来判断数据帧是否对它进行直接访问。若网络设备发现帧的目的 MAC 地址与自己的 MAC 不匹配，就不处理该帧。

MAC 地址共有 6 字节（48 位），如图 4-1 所示。其中，前 3 字节（高位 24 位）代表该供应商代码，后 3 字节（低 24 位）是由厂商自己分配的序列号。一个地址块可以生成 $2^{24}$

个不同的地址。我们通常习惯把 MAC 地址转换成 12 位的十六进制数表示。

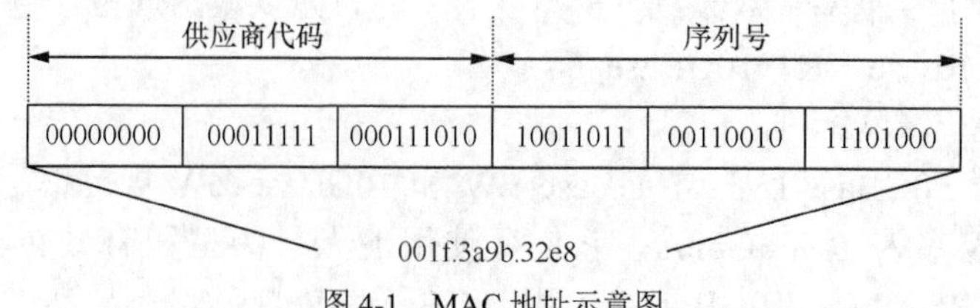


图 4-1 MAC 地址示意图

实际应用中，以太网的 MAC 地址可以分为单播地址、多播地址和广播地址 3 类。

① 单播地址。第一字节最低位为 0。用于网段中两个特定设备之间的通信，可以作为以太网帧的源和目的 MAC 地址。

② 多播地址。第一字节最低位为 1，用于网段中一个设备和其他多个设备通信，只能作为以太网帧的目的 MAC；

③ 广播地址。48 位全 1，即 ffff.ffff.ffff。用于网段中一个设备和其他所有设备通信，只能作为以太网帧的目的 MAC。

警 示

MAC 地址是和工作站的网卡一一对应的。

## 4.2.2 CSMA/CD

探讨

在总线型以太网中，工作站如何竞争使用共享的物理信道？

按照以太网最初的设计目标，网络中的工作站是通过一条共享的物理信道（总线）连接起来的，这样一来，在某一时刻这条物理信道只能传送一个方向上的数据，并且需要建立一种冲突检测或冲突避免的机制，来防止多个工作站在同一时刻抢占线路的情况，这种机制就是 CSMA/CD（Carrier Sense Multiple Access protocol/Collision Detect，载波监听多路访问和冲突检测）。

CSMA/CD 的设计步骤如下。

① 工作站发送前首先监听信道，查看信道上是否有信号。各个工作站都有一个“侦听器”，用来测试总线上是否有其他工作站正在发送信息（也称为载波识别），如果监听信道是空闲的，没有其他工作站发送的信息，就立即抢占总线进行信息发送。查看信道上是否有信号传输称为载波侦听，而多点访问指多个工作站共同使用一条线路。

② 如果信道已被占用，则此工作站等待一段时间然后再争取发送权。等待时间的确定通常有如下两种方法。

a．当工作站检测到信道被占用后，继续监听下去，一直等到发现信道空闲后，立即发送。这种方法称为持续的载波监听多点访问。

b．当工作站检测到信道被占用后，延迟一个随机时间，然后再检测；不断重复上述过

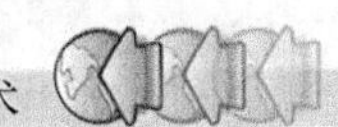

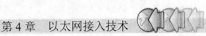

程，直到发现信道空闲后，开始发送信息。这称为非持续的载波监听多点访问。

③ 若工作站在传输过程中，监测到其他设备的数据，即发现两设备发送的数据发生冲突导致了信号传输错误，则监测到冲突的工作站立即停止发送自己的数据，并发出一个短小的干扰信号，通知网内所有站点发生了冲突；发完干扰信号，等待一段随机的时间后，工作站再次试图传输，回到步骤①重新开始。

CSMA/CD 的流程如图 4-2 所示，整个过程可以形象地概括为“先听后说；边听边说；一旦冲突，立即停说；随机推迟；然后再说”。

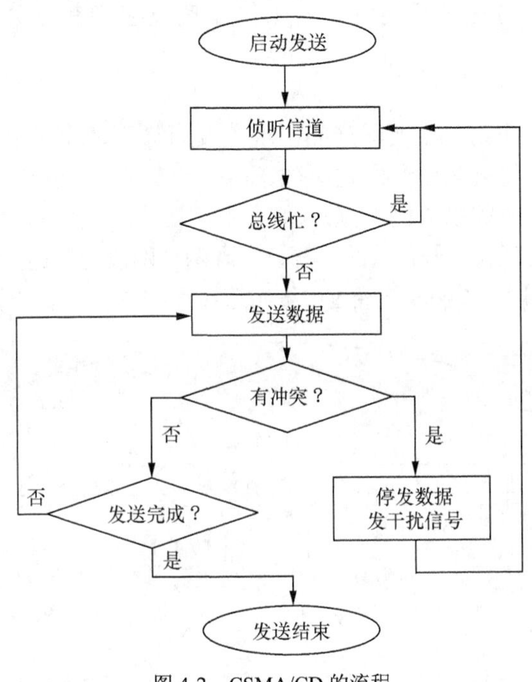


图 4-2　CSMA/CD 的流程

## 4.2.3　冲突域和广播域

### 1．冲突域和广播域的概念

当以太网发生冲突时，网络要进行恢复，此时网络上将不能传送任何数据。冲突的产生不可避免，它降低了以太网信道利用率，而且冲突的数量会随着网络中站点的增加而加大，因此，设计网络时要考虑网络中工作站的数量。通常我们把和一个工作站有可能产生冲突的所有工作站被看作是同一个物理网段，物理网段还有一个别称，叫作冲突域。冲突域中的所有工作站直接连接在一起的，而且必须竞争以太网总线的节点都可以认为是处在同一个冲突域中，也就是说一次只有一设备发送信息，其他的只能等待。

如果一个数据帧的目标地址是这个网段的广播地址或者目标计算机的 MAC 地址是全 1 地址（十六进制 FFFF-FFFF-FFFF），那么这个数据帧就会被这个网段的所有计算机接收并响应。这样的帧叫作广播帧，能接收到同一个广播帧并产生响应的通信范围叫作广播域。广播域是一个逻辑网段。广播域是一个逻辑上的计算机组，该组内的所有计算机都会收到同样的广播信息。

### 2．网络设备对冲突域、广播域的划分

网络互连设备可以将网络划分为不同的冲突域、广播域。但是，由于不同的网络互连设备可能工作在 OSI 模型的不同层次上，因此，它们划分冲突域、广播域的效果也就各不相同。如中继器、集线器工作在物理层，交换机工作在数据链路层，路由器工作在网络层。而每一层的网络互连设备要根据不同层次的特点完成各自不同的任务。

下面我们讨论常见的网络互连设备的工作原理及它们在划分冲突域、广播域时各自的特点。

（1）中继器

中继器（Repeater）作为一个实际产品出现主要有如下两个原因。

① 扩展网络距离，将衰减信号经过再生。

② 实现不同传输介质的以太网的互连。

通过中继器虽然可以延长信号传输的距离、实现两个网段的互连，但并没有增加网络的可用带宽。如图 4-3 所示，网段 1 和网段 2 经过中继器连接后构成了一个单个的冲突域和广播域。

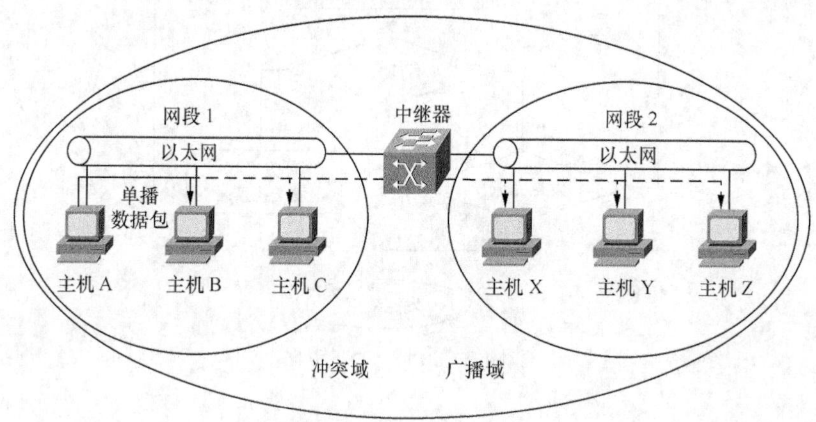


图 4-3　中继器的原理

随着网络传输距离的延长和传输能力的增强，中继器现已被逐步淘汰。

（2）集线器

集线器（Hub）实际上相当于多端口的中继器。集线器同样可以延长网络的通信距离，或连接物理结构不同的网络，但主要还是作为一个主机站点的汇聚点，将连接在集线器上各个接口上的主机联系起来使之可以互相通信。

如图 4-4 所示，所有主机都连接到中心节点的集线器上构成一个物理上的星状连接。但实际上，在集线器内部，各接口都是通过背板总线连接在一起的，在逻辑上仍构成一个共享的总线。因此，集线器和其所有接口所接的主机共同构成了一个冲突域和一个广播域。

（3）交换机

交换机（Switch）也被称为交换式集线器。它的出现是为了解决连接在集线器上的所有主机共享可用带宽的缺陷。

如图 4-5 所示，交换机为主机 A 和主机 B 建立一条专用的信道，也为主机 C 和主机 D

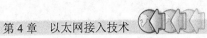

建立一条专用的信道。只有当某个接口直接连接了一个集线器，而集线器又连接了多台主机时，交换机上的该接口和集线器上所连的所有主机才可能产生冲突，形成冲突域。换句话说，交换机上的每个接口都是自己的一个冲突域。

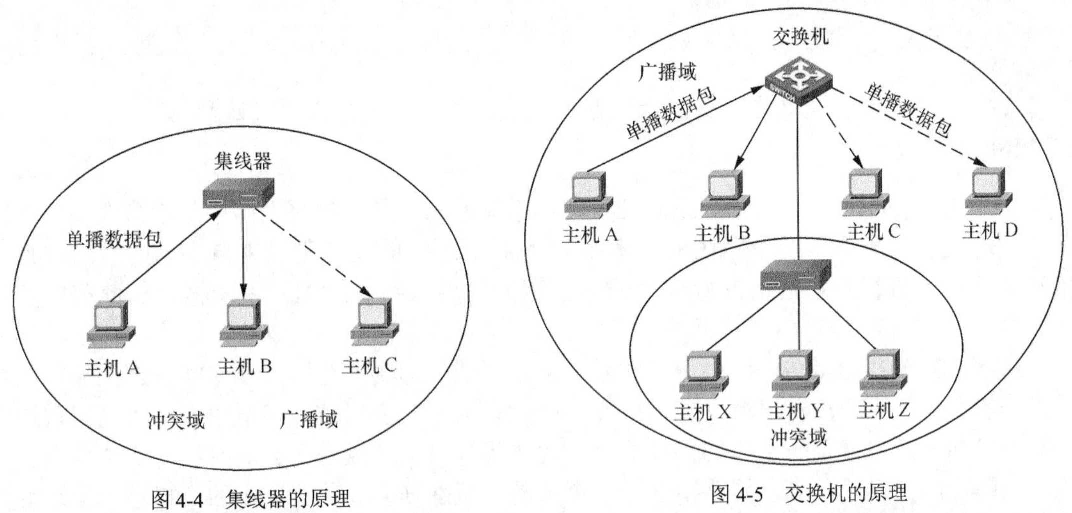


图 4-4　集线器的原理　　图 4-5　交换机的原理

但是，交换机同样没有过滤广播通信的功能。如果交换机收到一个广播数据包后，它会向其所有的端口转发此广播数据包。因此，交换机和其所有接口所连接的主机共同构成了一个广播域。

（4）路由器

路由器（Router）工作在网络层，可以识别网络层的地址——IP 地址，有能力过滤第 3 层的广播消息。实际上，除非做特殊配置，否则路由器从不转发广播类型的数据包。因此，路由器的每个端口所连接的网络都独自构成一个广播域，如图 4-6 所示。

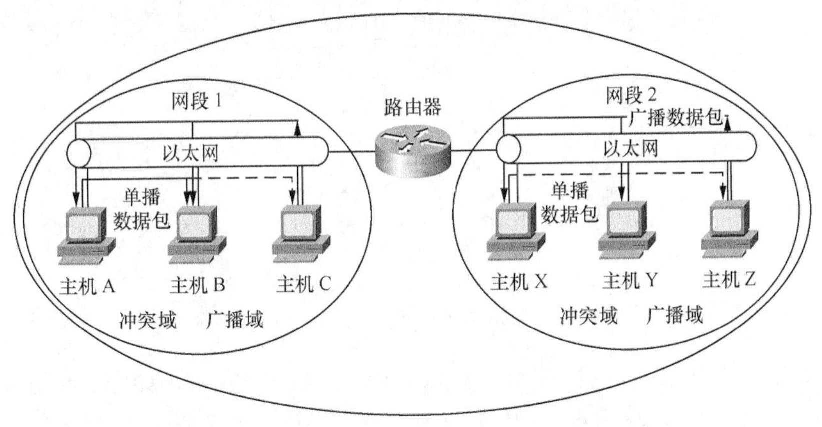


图 4-6　路由器的原理

归纳思考

归纳总结各种网络设备对冲突域、广播域的划分。

# 4.3 VLAN 的基本知识

## 4.3.1 VLAN 的概念

探讨

广播风暴在什么地方引起？VLAN 为何能避免广播风暴？

VLAN（Virtual Local Area Network）即虚拟局域网，是一种将网络中的设备逻辑地（而不是物理地）划分成一个个网段的技术。VLAN 所连接的设备可以来自不同的网段，但是相互之间可以进行直接通信，好像处于同一网段的局域网（LAN）中一样，由此得名虚拟局域网。

从 4.2.3 节我们得知，广播域指的是广播帧所能传递到的范围，亦即能够直接通信的范围。一般交换机不能过滤局域网广播报文，因此在大型交换局域网环境中，有可能出现造成广播消息拥塞，也就是产生我们常说的"广播风暴"，"广播风暴"会对网络带宽造成极大浪费。为防止广播风暴，可以用路由器把一个大的局域网划分成若干个小的广播域，但这种方式需要增加新的网络设备（路由器）。而支持 VLAN 的 LAN 交换机可以在不增加网络设备的前提下，有效地抑制广播风暴，对于划分了 VLAN 的网络，广播流量仅仅在 VLAN 内而不是整个交换机内被复制。

我们来了解一下交换机是如何使用 VLAN 分割广播域的。首先，在一台未设置任何 VLAN 的二层交换机上，任何广播帧都会被转发给除接收端口外的所有其他端口。如图 4-7 所示，主机 A 发送广播信息后，会被转发给交换机端口 2、3、4。

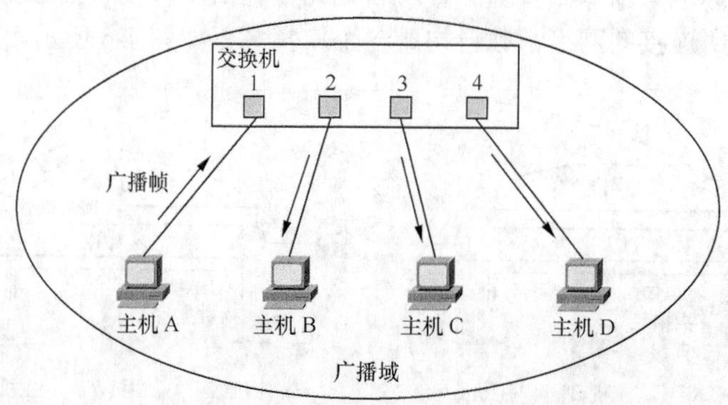


图 4-7　未划分 VLAN 交换机上广播消息的传播

这时，如果在交换机上生成 VLAN 1、VLAN 2 两个 VLAN，如图 4-8 所示，其中设置端口 1、2 属于 VLAN 1，端口 3、4 属于 VLAN 2。再从主机 A 发出广播帧的话，交换机就只会把它转发给同属于一个 VLAN 的其他端口，也就是同属于 VLAN 1 的端口 2，不会再转发给属于 VLAN 2 的端口。同样，主机 C 发送广播信息时，只会被转发给其他属于 VLAN 2 的端口，不会被转发给属于 VLAN 1 的端口。

那么，不同 VLAN 间又该如何通信呢？因为一个 VLAN 是一个广播域，而不同广播域之间的信息需要由 3 层设备进行转发，因此可以通过路由器来完成 VLAN 间通信。但由于

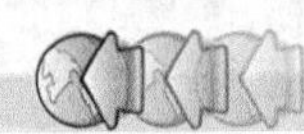

路由器端口数量有限，而且路由速度较慢，限制了网络的规模和访问速度，所以三层交换机应运而生。它既可以工作在协议第三层替代或部分完成传统路由器的功能，同时又具有几乎二层交换的速度，且价格相对便宜些，在局域网中得到了广泛应用。

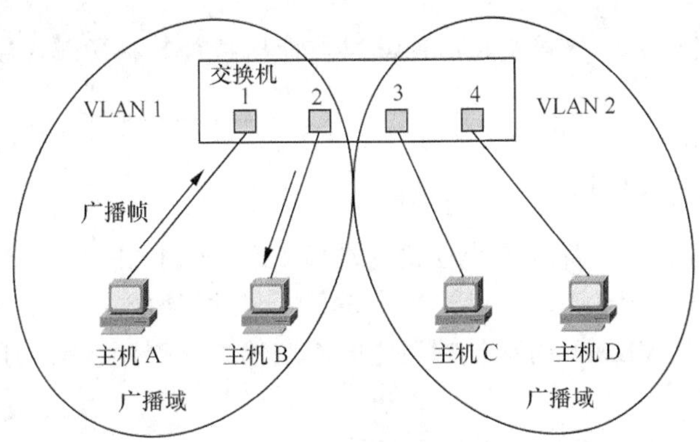


图 4-8　交换机上划分 VLAN

网络设备中，有的厂家还对 VLAN 的类型和属性做了规定。例如，华为交换设备根据 VLAN 中可以包含的端口类型和数量，华为交换设备定义了 3 种类型的 VLAN：Standard、Smart 和 MUX。

（1）Standard VLAN

Standard VLAN 只能包含 GE 或者 FE 端口，不能包含业务虚端口。对于这种类型的 VLAN，相同 VLAN 内的端口在二层互通；不同 VLAN 内端口在二层相互隔离，主要用于交换设备的级联。

（2）Smart VLAN

Smart VLAN 包含多个上行端口和多个业务虚端口（Service Port），在相同 VLAN 内的用户在二层之间通过业务虚端口相互隔离。当交换设备中的 VLAN 数目受限制的时候，可以使用该种 VLAN 节省 VLAN 资源。

（3）MUX VLAN

一个 MUX VLAN 可以包含多个上行端口，但是只能包含一个业务虚端口。MUX VLAN 用于在用户和 VLAN 之间建立一对一的映射关系，可以用来隔离二层用户及区分用户。

其中，业务虚端口是用于实现用户设备接入的一种逻辑端口，用于用户设备的接入，用户设备通过接到业务虚端口形成业务流，从而使用户接入各种业务流。

根据数据包可以加几层 VLAN 及在何处添加 VLAN，华为交换设备定义了 3 种 VLAN 的属性：Common、QinQ 和 Stacking。

① Common VLAN。可作为普通的二层 VLAN 或创建三层业务虚接口使用。

② QinQ VLAN。报文包含有来自用户私网的内层 VLAN 及交换设备分配的外层 VLAN，可以通过外层 VLAN 在用户私网间形成二层 VPN 隧道，实现私网间业务的透明传输。

③ Stacking VLAN。报文包含有交换设备分配的内、外两层 VLAN 标签，用于增加接入用户的数量。

## 4.3.2 VLAN 的划分

**探讨**

改变计算机连接交换机的端口，能保持计算机所属 VLAN 不变吗？

### 1．根据端口划分 VLAN

许多 VLAN 设备制造商都利用交换机的端口来划分 VLAN 成员，被设定的端口都在同一个广播域中。如图 4-9 所示，交换机上的端口被划分成了 VLAN 1、VLAN 2 两个 VLAN。这样可以允许 VLAN 内部各端口之间的通信。根据交换机端口划分的 VLAN 也称为“静态 VLAN”。

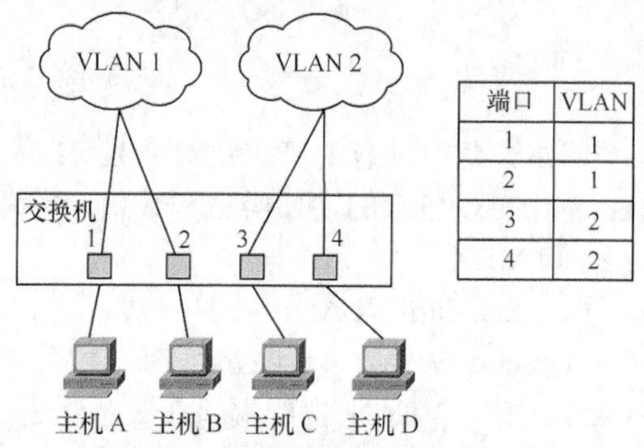


| 端口 | VLAN |
|---|---|
| 1 | 1 |
| 2 | 1 |
| 3 | 2 |
| 4 | 2 |

图 4-9 基于端口的 VLAN 划分

按交换机端口来划分 VLAN 成员，其配置过程简单明了。因此迄今为止，这仍然是最常用的一种方式。但是，这种方式不允许多个 VLAN 共享一个物理网段或交换机端口，而且，如果某一个用户从一个端口所在的虚拟局域网移动到另一个端口所在的虚拟局域网，网络管理者需要重新进行配置，这对于拥有众多移动用户的网络来说是难以实现的。

基于端口的 VLAN 划分可以应用在以下场景：某企业的交换机连接有很多用户，且相同业务用户通过不同的设备接入企业网络。为了通信的安全性，同时为了避免广播风暴，企业希望业务相同用户之间可以互相访问，业务不同用户不能直接访问。可以在交换机上配置基于接口划分 VLAN，把业务相同的用户连接的接口划分到同一个 VLAN。这样属于不同 VLAN 的用户不能直接进行二层通信，同一 VLAN 内的用户可以直接互相通信。

### 2．根据 MAC 地址划分 VLAN

这种划分 VLAN 的方法是根据每个主机的 MAC 地址来划分，即对每个 MAC 地址的主机都配置其属于哪个组，如图 4-10 所示。

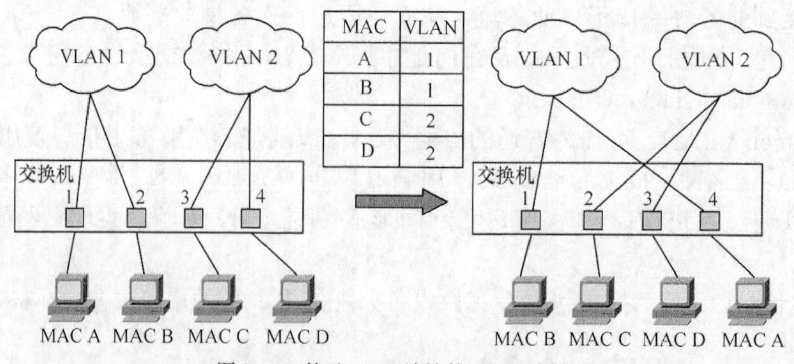


| MAC | VLAN |
|---|---|
| A | 1 |
| B | 1 |
| C | 2 |
| D | 2 |

图 4-10 基于 MAC 地址的 VLAN 划分

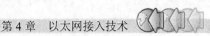

这种划分 VLAN 方法最大的优点就是当用户物理位置移动时，即从一个交换机换到其他的交换机时，VLAN 不用重新配置，所以，可以认为这种根据 MAC 地址的划分方法是基于用户的 VLAN。这种方法的缺点是初始化时，所有的用户都必须进行配置，如果有几百个甚至上千个用户的话，配置是非常累的。而且这种划分的方法也导致了交换机执行效率的降低，因为在每一个交换机的端口都可能存在很多个 VLAN 组的成员，这样就无法限制广播包了。另外，对于使用笔记本电脑的用户来说，他们的网卡可能经常更换，这样，VLAN 就必须不停地配置。

基于 MAC 地址的 VLAN 划分可以应用在以下场景：某个公司的网络中，网络管理者将同一部门的员工划分到同一 VLAN。为了提高部门内的信息安全，要求只有本部门员工的 PC 才可以访问公司网络。可以配置基于 MAC 地址划分 VLAN，将本部门员工 PC 的 MAC 地址与 VLAN 绑定，从而实现该需求。

### 3．根据子网划分 VLAN

根据子网划分 VLAN 的方法是根据每个主机的网络层地址（IP 地址）划分的，如图 4-11 所示。

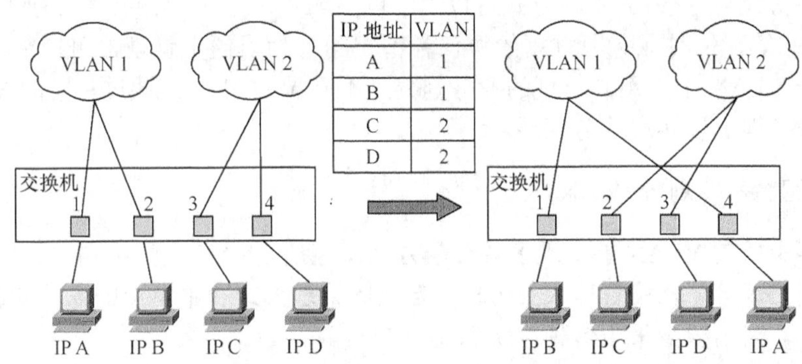


| IP 地址 | VLAN |
| --- | --- |
| A | 1 |
| B | 1 |
| C | 2 |
| D | 2 |

图 4-11　基于子网的 VLAN 划分

这种方法不像基于 MAC 地址的 VLAN，即使计算机因为交换了网卡或是其他原因导致 MAC 地址改变，只要它的 IP 地址不变，就仍可以加入原先设定的 VLAN。

这种方法的缺点是效率较低，因为检查每一个数据包的网络层地址是很费时的（相对于前面两种方法），一般的交换机芯片都可以自动检查网络上数据包的以太网帧头，但要让芯片能检查 IP 帧头，需要更高的技术，同时也更费时。当然，这也跟各个厂商的实现方法有关。

基于子网划分 VLAN 方法适用于以下场景：某企业拥有多种业务，如 IPTV、VoIP、Internet 等，每种业务使用的 IP 地址网段各不相同。为了便于管理，可以按照网络地址段将同一种类型业务划分到同一 VLAN 中，不同类型的业务划分到不同 VLAN 中，通过不同的 VLAN 分流到不同的服务器上以实现业务互通。

### 4．根据网络协议划分 VLAN

按网络协议划分。VLAN 按网络层协议来划分，可分为 IP、IPX、DECnet、AppleTalk、Banyan 等 VLAN 网络。图 4-12 为基于网络协议的 VLAN 划分。

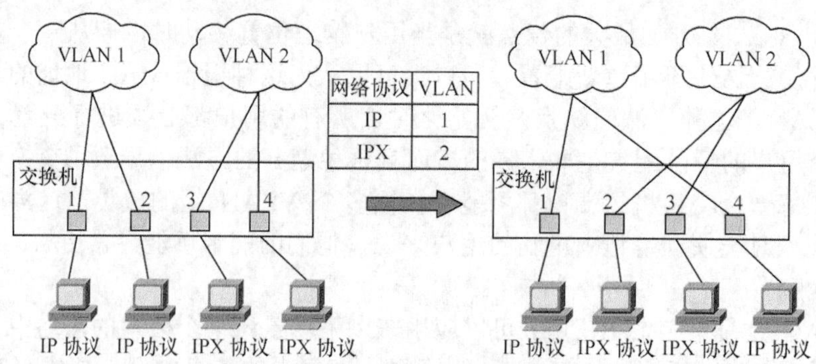


图 4-12 基于网络协议的 VLAN 划分

这种按网络层协议来组成的 VLAN，可使广播域跨越多个 VLAN 交换机。这对于希望针对具体应用和服务来组织用户的网络管理员来说是非常具有吸引力的，而且，用户可以在网络内部自由移动，但其 VLAN 成员身份仍然保留不变。这种方式不足之处在于，可使广播域跨越多个 VLAN 交换机，容易造成某些 VLAN 站点数目较多，产生大量的广播包，使 VLAN 交换机的效率降低。

基于网络协议划分 VLAN 的方式可以用于以下场景：某企业拥有多种业务，如 IPTV、VoIP、Internet 等，每种业务所采用的协议各不相同。为了便于管理，可以将同一种类型业务划分到同一 VLAN 中，不同类型的业务划分到不同 VLAN 中，通过不同的 VLAN 分流到不同的远端服务器上以实现业务互通。

#### 5．基于组合策略划分 VLAN

基于策略组成的 VLAN 能实现多种分配方法，包括 VLAN 交换机端口、MAC 地址、IP 地址、网络层协议等。网络管理人员可根据自己的管理模式和本单位的需求来决定选择哪种类型的 VLAN。目前很少采用这种 VLAN 划分方式。

其中，由于基于 MAC 地址、IP 地址、网络协议和组合策略的划分的 VLAN 是根据每个端口所连的计算机随时改变端口所属的 VLAN，所以也称为“动态 VLAN”。

**归纳思考**

各种 VLAN 划分的优缺点都有哪些？

### 4.3.3 以太网端口的类型

**探讨**

对于属于某一个 VLAN 的数据包，交换机端口是如何转发的？

根据报文中是否携带了 VLAN 信息，以太网报文可以分为 tag 报文和 untag 报文，tag 报文就是上了 VLAN 标签的以太网报文；untag 报文没有加 VLAN 标签。

以太网端口有 3 种类型：Access、Hybrid 和 Trunk。

Access 类型的端口只能属于 1 个 VLAN，一般用于连接计算机的端口；Trunk 类型的端

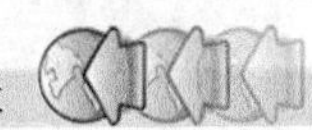

口可以允许多个 VLAN 通过，可以接收和发送多个 VLAN 的报文，一般用于交换机之间连接的端口；Hybrid 类型的端口可以允许多个 VLAN 通过，可以接收和发送多个 VLAN 的报文，可以用于交换机之间连接，也可以用于连接用户的计算机。Hybrid 端口和 Trunk 端口在接收数据时，处理方法是一样的，唯一不同之处在于发送数据时，Hybrid 端口可以允许多个 VLAN 的报文发送时不打标签，而 Trunk 端口只允许缺省 VLAN 的报文发送时不打标签。

在这里先要向大家阐明端口的缺省 VLAN 这个概念。交换机缺省 VLAN 通常被称为"Native VLAN"，Access 端口只属于 1 个 VLAN，所以它的缺省 VLAN 就是它所在的 VLAN，不用设置；Hybrid 端口和 Trunk 端口属于多个 VLAN，所以需要设置缺省 VLAN ID。缺省情况下，Hybrid 端口和 Trunk 端口的缺省 VLAN 为 VLAN 1，当端口接收到不带 VLAN Tag 的报文后，则将报文转发到属于缺省 VLAN 的端口（如果设置了端口的缺省 VLAN ID）。当端口发送带有 VLAN Tag 的报文时，如果该报文的 VLAN ID 与端口缺省的 VLAN ID 相同，则系统将去掉报文的 VLAN Tag，然后再发送该报文。交换机接口出入数据处理过程如下。

#### 1．Acess 端口

收到一个报文，判断是否有 VLAN 信息：如果没有则打上端口的缺省 VLAN（Native VLAN）标签，并进行交换转发，如果有则直接丢弃。

Acess 端口发报文时将报文的 VLAN 信息剥离，直接发送出去。

#### 2．Trunk 端口

收到一个报文，判断是否有 VLAN 信息，如果有，则判断 VLAN 与该端口的缺省 VLAN 是否，一致则准入，不一致则丢弃；如果有没有，则报文被打上缺省 VLAN 标签进入端口。

Trunk 口发送报文时，Tag 报文如与缺省 VLAN 一致，则丢弃 VLAN 标签发出；若不一致，则直接发出。

#### 3．Hybrid 端口

收到一个报文，判断是否有 VLAN 信息：如果有，则判断该 Hybrid 端口是否允许该 VLAN 的数据进入：如果可以则转发，否则丢弃（此时端口上的 untag 配置是不用考虑的，untag 配置只对发送报文时起作用）；如果没有则打上端口的 Native VLAN，并进行交换转发。

Hybrid 端口发报文，首先判断该 VLAN 在本端口的属性，如果是 untag 则剥离 VLAN 信息再发送，如果是 tag 则直接发送。

## 4.4　以太网接入典型组网

### 4.4.1　小区用户组网

#### 1．组网需求

宽带小区的组网，要求可认证、可计费、可授权，同时可以进行集中管理，达到电信级的可运营、可管理的要求。

### 2. 网络拓扑

小区用户可以按照图 4-13 所示的方式组网。

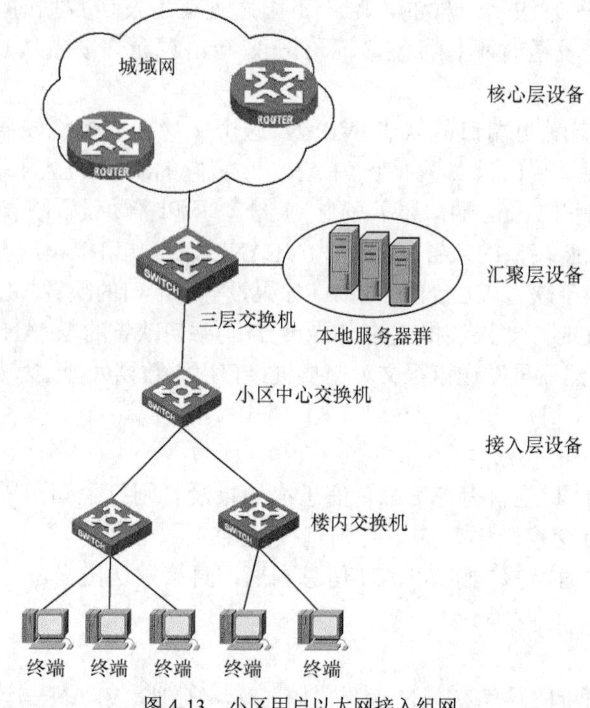


图 4-13　小区用户以太网接入组网

### 3. 组网说明

在宽带小区以太网接入中，小区楼道内放置二层以太网交换机，下行直接接入用户。向上可以通过 GE、FE 以太网口连接到小区中心交换机，小区中心交换机通过一个三层交换机将用户流量汇聚后，接入到城域网。楼内交换机和小区中心交换器统称为接入层交换机，与实现认证、授权、计费的服务器群相连的三层交换为汇聚层交换机。

在接入层交换机上需要配置：为每个小区用户划分一个 VLAN，以便实现小区用户间的隔离；为了对每个用户进行认证、授权和计费，需要配置认证协议；为了便于网管，需要配置管理 VLAN、网管协议；为了防止交换机被非法访问，交换机上需要配置对访问方式的 ACL 控制；为了实现不同 VLAN 间的互通，需要配置 VLAN 路由；此外，为与上层交换设备级联，需要设置 Hybird 端口。

在汇聚层交换机上需要配置：网关、Hybrid 端口、网管协议、各种访问方式的 ACL 控制。

## 4.4.2　中小企业/大企业分支机构用户组网

### 1. 组网需求

企业内部的组网，没有认证、计费、授权等需求，重点是保证内部网络安全、各个部门限制相互访问。

### 2．网络拓扑

企业以太网接入组网如图 4-14 所示。

### 3．组网说明

在中小企业或大企业的分支机构中，二层以太网交换机作为二层汇聚交换机，可以直接接用户，上行连接到二/三层以太网交换机，可以通过路由器连接到总部或其他分支机构的网络。

在组网中将每个部门划分在一个 VLAN 中；为了便于网管，需要配置网管协议；为了防止交换机被非法访问，交换机上需要配置对访问方式的 ACL 控制。

在二层交换机上作如下配置：管理 VLAN 配置、网管路由配置、网管配置、各种访问方式的 ACL 控制配置、Hybrid 端口配置。

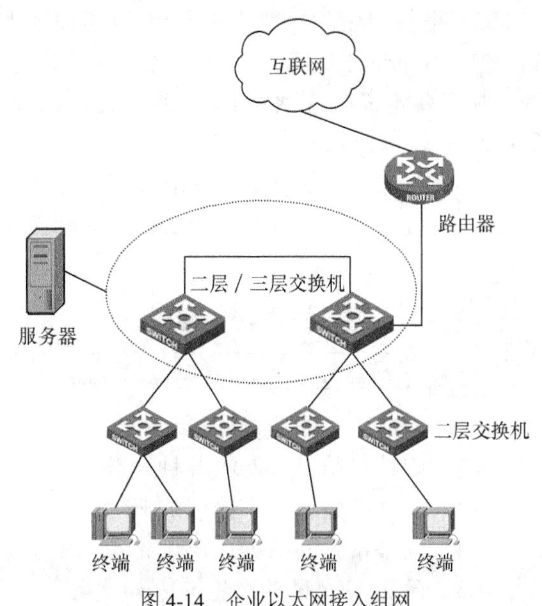

图 4-14　企业以太网接入组网

在二/三层交换机上进行如下配置：网关配置、hybrid 端口配置、网管配置、各种访问方式的 ACL 控制配置、各个部门间的相互访问的控制。

## 实做项目及教学情境

**实做项目一：查看计算机的 MAC 地址。**

目的：认识 MAC 地址，理解 MAC 地址与计算机网卡一一对应。

**实做项目二：参观数据通信设备。**

目的：参观集线器、交换机、路由器等以太网中常见的通信设备，了解其工作原理。

**实做项目三：参观学校机房以太网接入组网。**

目的：通过参观机房了解以太接入网的实际组网。

**实做项目四：为宿舍楼设计以太网接入方案。**

目的：结合宿舍用户需求，实际设计以太网接入组网方案。

## 小结

1．在拓扑结构上，以太网通常采用总线型或星状结构。不论哪一种拓扑，以太网在物理上都是通过 MAC 地址来判断数据包的发送工作站和目的工作站。

2．通常我们把和一个工作站有可能产生冲突的所有工作站叫作一个冲突域；能接收到同一个广播帧并产生响应的通信范围叫作广播域。

3．VLAN 即虚拟局域网，是一种将网络中的设备逻辑地划分成一个个网段的技术。VLAN 可以按照端口、MAC 地址、子网、网络协议或策略进行划分。

4．根据 VLAN 中可以包含的端口类型和数量，华为交换设备定义了 3 种类型的 VLAN：Standard、Smart 和 MUX；根据数据包可以加几层 VLAN 及在何处添加 VLAN，华为交换设备定义了 3 种 VLAN 的属性：Common、QinQ 和 Stacking。以太网端口有 3 种类型：Access、Hybrid 和 Trunk。

5．传统接入网由灵活点和配线点分为馈线段、配线段和引入线 3 段。

6．常见的接入技术有 xDSL、以太网接入、HFC、PON、无线接入技术等。

## 思考与练习题

4-1　简述以太网的发展历程。

4-2　归纳总结以太网的各种标准。

4-3　解释冲突域、广播域的概念。

4-4　列举常见的数据通信设备及它们分别是如何划分冲突域、广播域的。

4-5　简述 VLAN 的产生原因和概念。

4-6　列举、比较 VLAN 的几种划分方式。

4-7　简述以太网端口类型及各类型端口收发数据的处理方式。

4-8　简述小区用户和企业用户的以太接入组网。

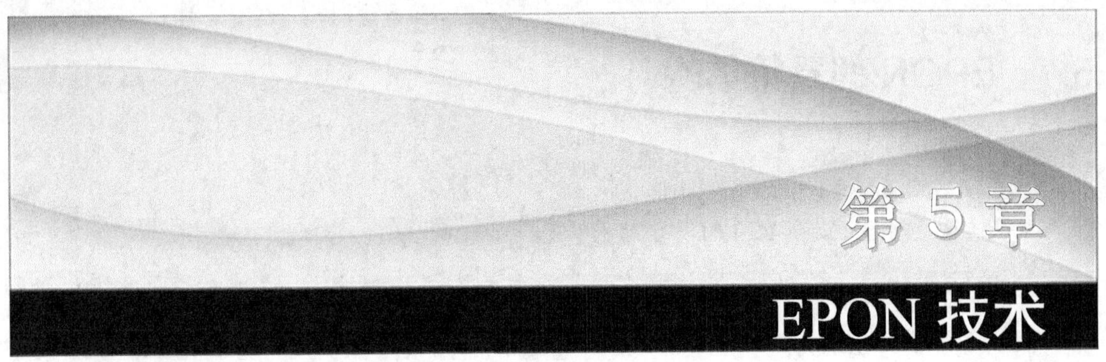

# 第5章 EPON技术

**本章教学说明**

- 重点介绍 EPON 系统结构的组成、各组成部分功能及无源光器件
- 简要介绍 EPON 的工作原理和关键技术
- 概括介绍 EPON 网络的应用

**本章内容**

- EPON 的系统结构
- EPON 的工作原理
- EPON 的关键技术
- EPON 的网络应用

**本章重点、难点**

- EPON 的系统构成和各部分的功能
- 分光器的种类及应用
- 光分配网的构成
- EPON 的工作原理
- 逻辑链路标识
- 多点控制协议
- 测距技术
- 动态带宽分配
- EPON 网络的应用

**本章目的和要求**

- 掌握 EPON 的系统构成
- 理解分光器的种类及应用
- 理解 EPON 的工作原理
- 理解 EPON 的关键技术
- 理解 EPON 的网络应用

**本章实做要求及教学情境**

- 考察 OLT、ONU 和分光器产品，认识产品型号、类别及应用场合
- 考察光交接箱、分纤盒、信息插座、综合信息箱等无源光器件，认识器件实物和应用场合
- 调查所在小区的接入方式，了解 EPON 的应用场景、应用模式及相应的网络构成

**本章学时数：10 学时**

# 5.1 EPON 的系统结构

探讨

- EPON 由哪些网元构成？
- EPON 是什么样的网络结构？

## 5.1.1 结构组成

EPON 技术采用点到多点的用户网络拓扑结构及无源光纤传输方式，在以太网上提供数据、语音和视频等全业务接入。EPON 系统由光线路终端（Optical Line Terminal，OLT）、光配线网（Optical Distribution Network，ODN）和光网络单元（Optical Network Unit，ONU）组成，为单纤双向系统，系统结构如图 5-1 所示。

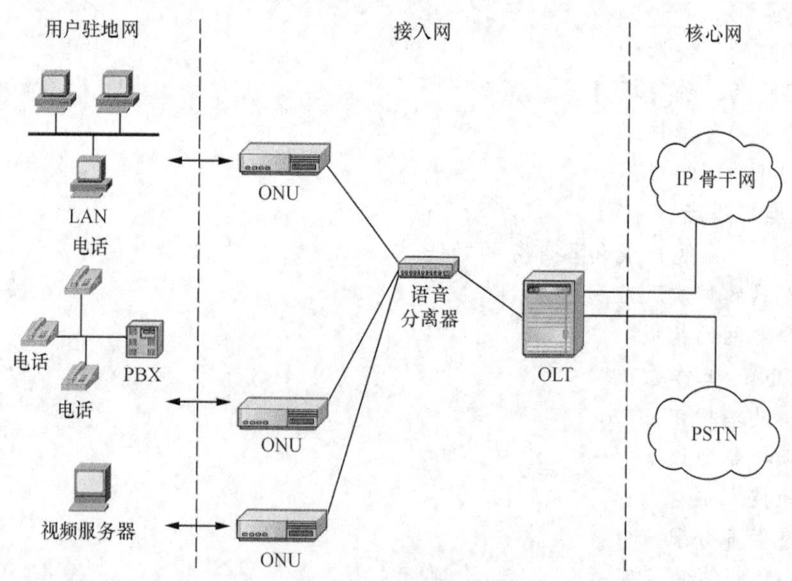


图 5-1　EPON 系统的结构

光线路终端设备（OLT）是 EPON 系统局端处理设备，是系统核心组成部分。通常 OLT 位于中心局内，有时也可以通过光纤拉远设置在靠近用户的位置。在下行方向上，OLT 要将承载各种业务的信号在本地进行汇聚，组装成接入网的信号格式送入 ODN 中向远端的 ONU 传输；在上行方向上，OLT 将来自终端用户的各种信号按照业务类型（如语音业务、数据业务、组播业务和 TDM 业务等）分别送入各种业务网。

光网络单元（ONU）是 EPON 系统中靠近用户侧的终端处理设备。ONU 负责用户终端业务的接入和转发。在上行方向上将来自各种不同用户终端设备的业务进行复用，并且编码成统一的信号格式发送到 ODN 中。在下行方向上将不同的业务解复用，通过不同的接口送到相应的终端（如电话、机顶盒、计算机等）。

光分配网（ODN）位于 OLT 和 ONU 之间，将一个 OLT 和多个 ONU 连接起来，提供光传输通道，分光器是 ODN 中的重要器件。一般一个分光器的分光比为 8、16、32、

64、128，并可以多级连接，与一个 OLT EPON 端口下最多可以连接的 ONU 数量与设备密切相关。在 EPON 系统中，OLT 到 ONU 间的距离最大可达 20km。 在下行方向，IP 数据、语音、视频等多种业务由位于中心局的 OLT，采用广播方式，通过 ODN 中的 1∶*N* 无源分光器分配到 EPON 上的所有 ONU 单元。在上行方向，来自各个 ONU 的多种业务信息互不干扰地通过 ODN 中的 1∶*N* 无源分光器耦合到同一根光纤，最终送到位于局端 OLT 接收端。

## 5.1.2　光线路终端

光线路终端设备（OLT）提供面向无源光纤网络的光纤接口（PON 接口），根据以太网向城域和广域发展的趋势，OLT 上还应提供多个 1Gbit/s 和 10Gbit/s 的以太网接口，另外，OLT 还要支持传统的 TDM 通信。图 5-2 为光纤接入网中 OLT 的功能框图。这个功能框图是针对所有光纤接入网设备的，并不仅限于 PON 网络的 OLT。由图 5-2 中可以看到 OLT 的功能主要由 3 部分组成，即核心功能模块、服务功能模块、通用功能模块。

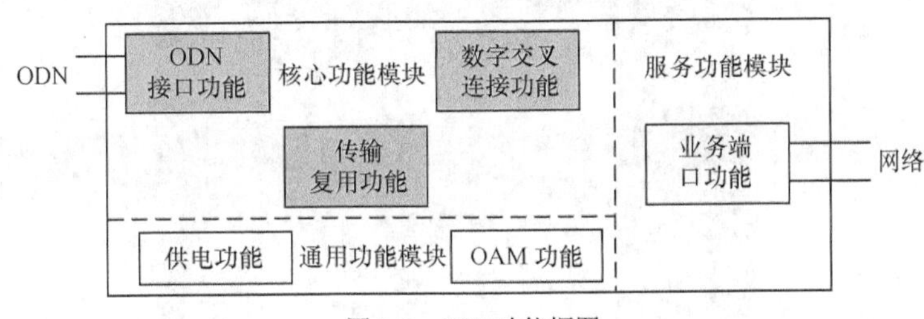


图 5-2　OLT 功能框图

### 1. 核心功能模块

OLT 的核心功能模块包括业务的交换、汇聚和转发功能及 ODN 的接口适配和控制功能。其中业务的交换、汇聚和转发功能具体包括如下方面。

① 复用/解复用功能。将来自网络侧的各种下行业务流进行复用，编码成统一的信号格式，通过 ODN 接口发送给 ONU；反之将从 ODN 侧接口接收到的上行信号解复用成各种业务特定的帧格式发送给网络侧设备。

② 交换、汇聚或交叉功能。一般一个 OLT 设备都具备多个 ODN 接口，交换、汇聚或交叉功能就是在 OLT 的网络侧和 ODN 侧提供信息的交换和交叉连接能力。

③ 业务质量控制和带宽管理功能，指为了保证业务的 QoS 及安全性，对 OLT 的相关资源进行调度和控制的功能。包括对 OLT 和光接入网的带宽资源的管理等。

④ 用户隔离和业务隔离。它是指基于用户或者基于业务类型对接入网中的流量采取隔离措施，以及用户数据的加密等功能。用于保护用户数据的私密和安全。

⑤ 协议处理功能。它是指 OLT 上为了实现业务的接入而需要处理的协议。

### 2. 服务功能模块

OLT 的服务功能包括接口适配、接口保护及特定业务的信令（如话音业务的信令）和媒质传输之间的转换。常见的 OLT 业务端口有以太网端口、STM-1/E1 业务端口等。

### 3. 通用功能模块

通用功能模块包括 OLT 的供电及 OAM 功能。供电功能将外部交流或者直流电源转换为 OLT 内部需要的各种电源。电信级的 OLT 具备电源保护功能，即双电源输入的能力。OAM 功能模块提供必要的管理维护手段。OLT 可以提供标准的网络管理接口，也提供本地控制管理接口。

### 4. OLT 设备

主要 OLT 设备厂商有华为、中兴、烽火通信等，目前网络中使用的 OLT 设备有华为的 SmartAX MA5680T，如图 5-3 所示，中兴的 ZXA10 C200、ZXA10 C300 如图 5-4 所示，烽火通信的 AN5516-01 如图 5-5 所示。

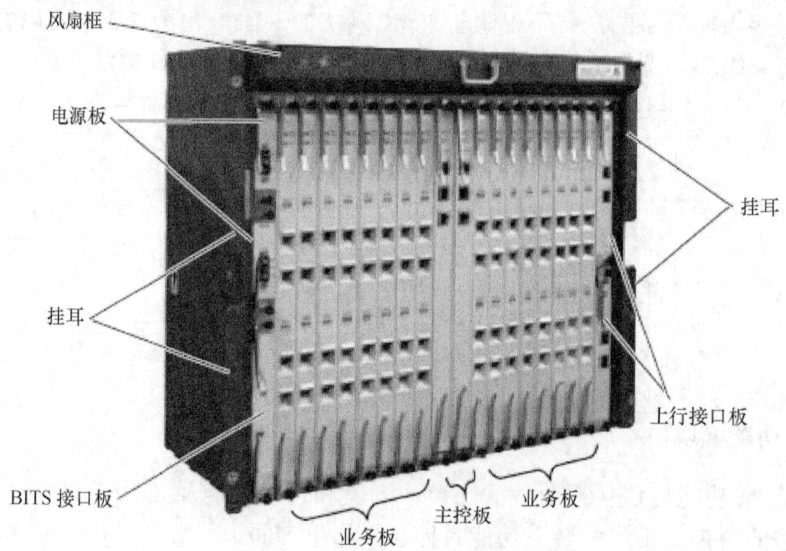


图 5-3　华为 SmartAX MA5680T

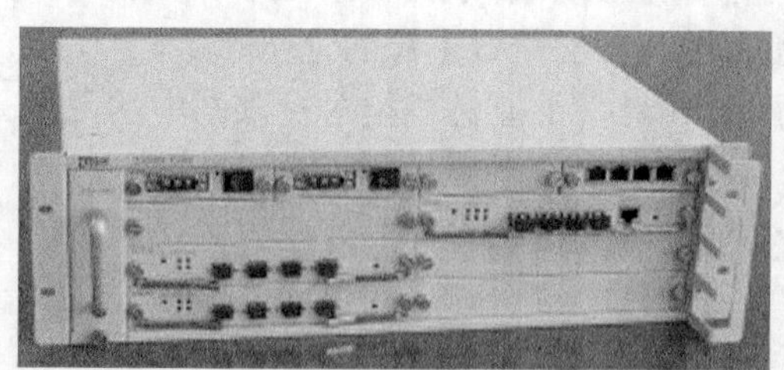

图 5-4　ZXA10 C200、ZXA10 C300

图 5-5 烽火通信 AN5516-01

### 5.1.3 光网络单元

光网络单元（ONU）的模块设置和 OLT 的功能模块设置非常类似，也是由核心功能模块、服务功能模块、通用功能模块 3 部分组成，如图 5-6 所示。

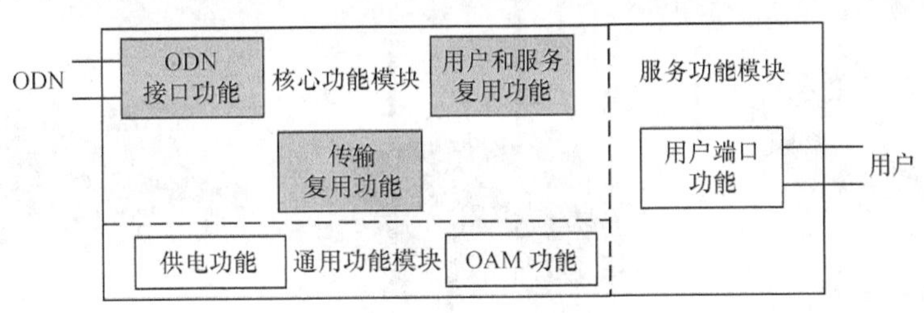


图 5-6 ONU 功能模块

#### 1．核心功能模块

ONU 的核心功能模块包括业务的交换、汇聚和转发功能以及 ODN 的接口适配和控制功能。由于 ONU 一般只有一个 ODN 接口（有时为了保护也具备 2 个 ODN 接口），因此，交叉功能可以简化或者省略。ONU 的业务交换、汇聚和转发功能具体包括如下几方面。

① 复用/解复用功能。将上行方向不同类型的业务流复用成统一的信号格式进行发送；反之，将下行方向的信号解复用成不同类型的业务信号。

② 业务质量控制和带宽管理功能。对 ONU 上包括带宽在内的资源进行调度和控制，以便保证 ONU 上的业务质量。

③ 用户隔离和业务隔离。基于用户或者基于业务类型对接入网中的流量采取隔离措施，以保护用户数据的私密性和安全性。

④ 协议处理功能。它是指为了实现业务的接入而需要处理的一些协议。

#### 2．服务功能模块

服务功能模块由 3 个功能组成：业务端口功能、控制适配接口功能和物理接口功能。业务接口功能负责信令适配、业务流媒体信号转换功能、安全控制功能，物理接口功能提供各种物理接口，控制适配接口功能提供业务适配和在引入线上业务传送功能相对应的接口控制和适配功能。

### 3．通用功能模块

通用功能模块包括供电及 OAM 功能。供电功能将外部交流或者直流电源转换为 ONU 内部需要的各种电源。要求 ONU 上有电源管理和节电功能，能够上报电源中断的告警，还能够关闭不使用的模块以便节约电能。OAM 功能模块提供必要的管理维护手段。例如端口环回的测试等。

### 4．ONU 设备

ONU 提供的接口包括连接 OLT 的 EPON 接口、以太网接口、WAN 接口、USB 接口、连接电话的 POTS 接口、E1 接口、ADSL+接口或 VDSL2 接口等。根据应用场景和业务提供能力的不同，具备的接口不同，ONU 设备通常可以归纳为 6 种主要类型，如图 5-7 所示。

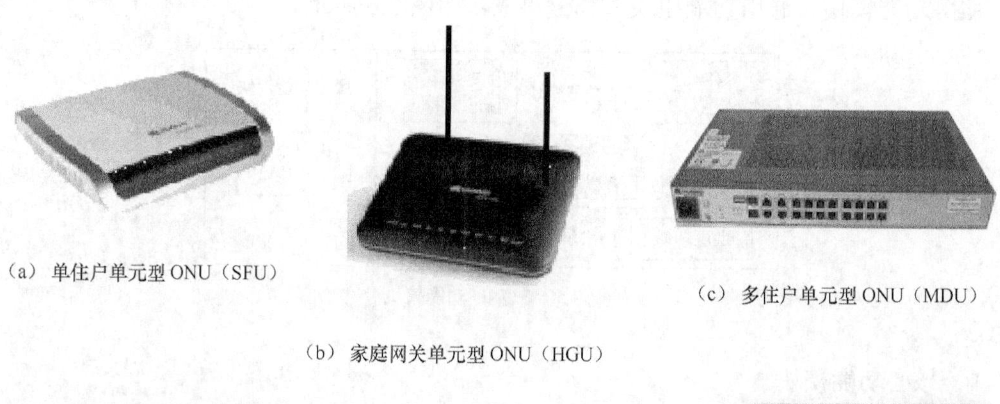

（a）单住户单元型 ONU（SFU）

（b）家庭网关单元型 ONU（HGU）

（c）多住户单元型 ONU（MDU）

（d）单商户单元型 ONU（SBU）

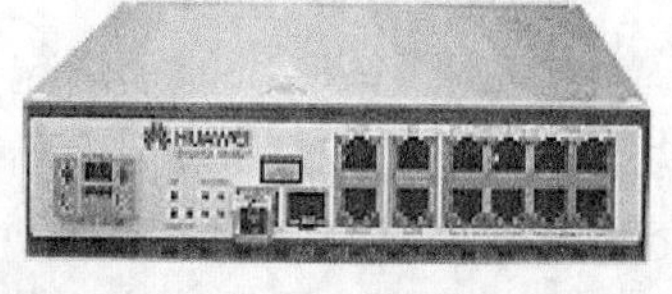


（f）电力 ONU

（e）多商户单元型 ONU（MTU）

图 5-7　不同类型的 ONU

（1）单住户单元型 ONU（SFU）

通常用于单独家庭用户，仅支持宽带接入终端功能，具有 1～4 个以太网接口，提供以太网/IP 业务，可以支持 VoIP 业务（内置 IAD：综合接入设备）或 CATV 业务，主要应用

于家庭用户。

（2）家庭网关单元型 ONU（HGU）

通常用于单独家庭用户具有家庭网关功能，相当于带 EPON 上联接口的家庭网关，大都具有 4 个以太网接口、1 个 WLAN 接口和至少 1 个 USB 接口，提供以太网/IP 业务，可以支持 VoIP'业务（内置 IAD）或 CATV 业务，支持远程管理，通常应用于 FTTH 的场合。

（3）多住户单元型 ONU（MDU）

通常用于多个住宅用户，具有宽带接入终端功能，具有多个（至少 8 个）用户侧接口（包括以太网接口、ADSL + 接口或 VDSL2 接口），提供以太网 IP 业务，可以支持 VoIP 业务（内置 IAD）或 CATV 业务，主要应用于 FTTB/FTTC/FTTCab 的场合。

MDU 型 ONU 从外形上分可以分为盒式和插卡式两种。盒式 MDU 型 ONU 一般采用固定的结构，端口数量不可变。插卡式 MDU 的端口数量则可以根据插入的卡的数量而变化。

若根据提供的端口类型来分，MDU 型 ONU 又可以分为以太网接口的 MDU 设备和 DSL 接口的 MDU 设备。

目前各个厂家商用的盒式以太网接口的 MDU，可以选择的 FE 端口数量为 8/16/24。此类型的 ONU 还内置 IAD，提供相同数量的 POTS 接口。盒式 DSL 接口的 MDU 设备，可以选择的 ADSL 或者 VDSL 数量一般为 12/16/24/32。

插卡式的 MDU 设备可以灵活地选配各种类型的插卡，因此可以同时提供多种接口。目前商用的插卡式的 MDU 设备可以支持的板卡类型包括以太网板卡、POTS 板卡、ADSL2 + 板卡、VDSL2 板卡、ADSL2 + 与 POTS 集成板卡、VDSL2 与 POTS 集成板卡。插卡式 MDU 设备的端口数量配置灵活，可以支持 8/16/32/64 个以太网接口、16/24/32/48/64 个 ADSL2+接口、12/16/24/32 个 VDSL 接口及 8/16/24/32/48/64 个 POTS 接口。在实际部署时，以太网接口和 POTS 接口的数量可以是相等的，也可以不相等。

（4）单商户单元型 ONU（SBU）

通常用于单独企业用户和企业里的单个办公室，支持宽带接入终端功能，具有以太网接口和 E1 接口，提供以太网/IP 业务和 TDM 业务，可选支持 VoIP 业务。通常应用于 FTTO 的场合。可以提供 E1 接口是此类 ONU 的重要标志。一般 SBU 类型的 ONU 可以提供 4 个以上的 FE 端口（百兆以太网端口），以及 4 个及以上的 E1 端口。

（5）多商户单元型 ONU（MTU）

通常用于多个企业用户或同一个企业内的多个个人用户，具有宽带接入终端功能，具有多个以太网接口（至少 8 个）、E1 接口和 POTS 接口，提供以太网/IP 业务、TDM 业务和 VoIP 业务（内置 IAD），主要应用于 FTTB 的场合。和 SBU 型 ONU 相比，MTU 型 ONU 的典型特征就是可以提供的以太网端口数和 E1 端口数较多。一般可以提供 8/16 个 FE 端口，以及 4/8 个 E1 端口。MTU 型的 ONU 也可以分为盒式和插卡式。

（6）电力 ONU

电力光纤到户（Power Fiber To TheHome，PFTTH）为智能电网建设提供基础支撑平台，为智能电网用电环节业务提供了一个深入到用户的高速、实时、可靠的网络。EPON 技术被引入到用电信息采集系统中，实现配电自动化、用电信息采集和智能用电双向交互服务等智能电网核心业务。电力 ONU 上联 OLT，下联智能电表，建立 OLT 与智能电表的双向通信链路。电力 ONU 一般具有 4 个以太网接口，用于组网的灵活扩充；两个 EPON

接口，分别与主、备 OLT 连接形成双路 EPON 光纤的相互备份；两个 RS232/485 串口，直接用于连接电力系统的采集设备或智能电表。OLT 工作于服务器模式，电力 ONU 工作于客户端模式。

## 5.1.4 无源光器件

EPON 中的无源光器件有光纤光缆、光纤配线设备、光纤连接器和无源光分路器。

### 1．光纤光缆

光纤光缆用来把 ODN 中的器件连接起来，提供 OLT 到 ONU 光传输通道，根据应用场合不同，可分为主干光缆、配线光缆和引入光缆，如图 5-8 所示。

图 5-8　ODN 中的光纤光缆

引入光缆一般为皮线光缆，也称蝶形光缆、“8”字光缆等，由光纤、加强件和护套组成，护套一般为黑色和白色，加强件一般为非金属材料。皮线光缆多为单芯、双芯结构，也可做成四芯结构，横截面呈 8 字形，加强件位于两圆中心，光纤位于 8 字形的几何中心，如图 5-9 所示。

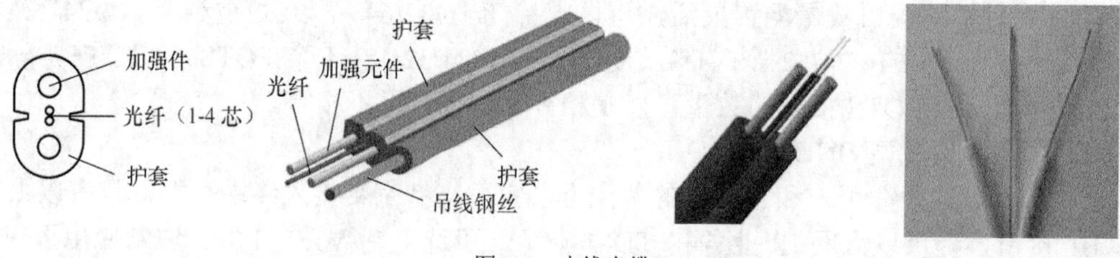


图 5-9　皮线光缆

### 2．光纤配线设备

光纤配线设备有光配线架（Optical Fibre Distribution Frame，ODF）、光缆交接箱、接头盒、分纤箱等。

ODF 是光缆和光通信设备之间或光通信设备之间的连接配线设备，用于室内。机房（局端）ODF 主要用于实现大量的进局光缆的接续和调度，线路侧的 ODF 连接主干光缆如图 5-10 所示。

光缆交接箱（简称光交）具有光缆的固定和保护、光缆纤芯的终接功能、光纤熔接接头保护、光纤线路的分配和调度等功能，用于室外。根据应用场合不同，分为主干光交和配线光交，主干光交用于连接主干光缆与配线光缆；配线光交用于连接配线光缆和引入光缆，一般在小区内集中放置，内装盒式光分路器，可以实现用户侧光缆的固定、熔接，盒式光分路器的尾纤直接跳接到相应用户托盘端口，免跳纤，如图 5-11 所示。

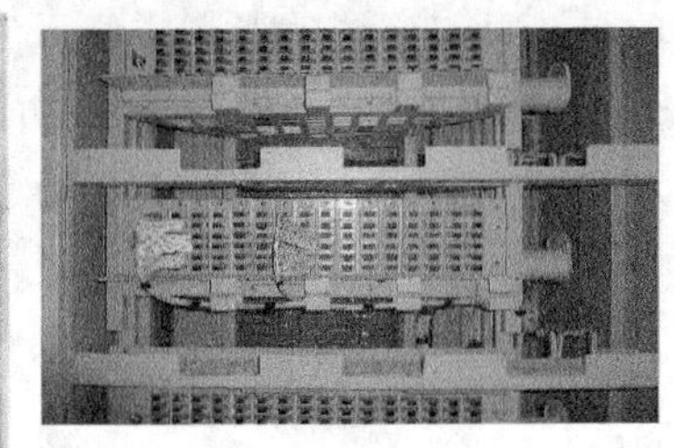

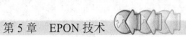

图 5-10　光配线架

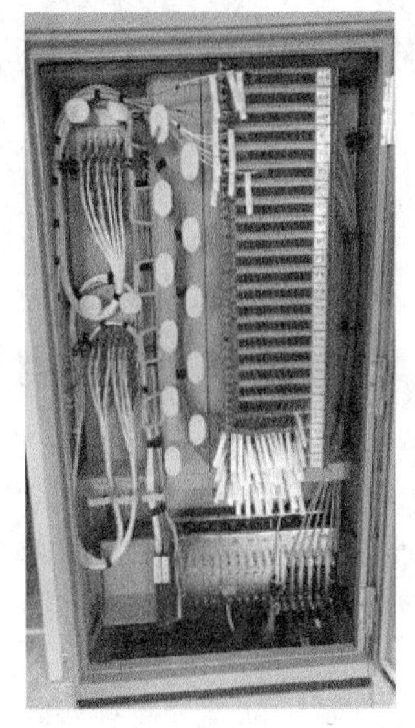

图 5-11　光交接箱

光缆接头盒用于线路光缆接续使用，用于室外。盒内有光纤熔接、盘储装置，具备光缆接续的功能，有立式接头盒和卧式接头盒两种，如图 5-12 所示。

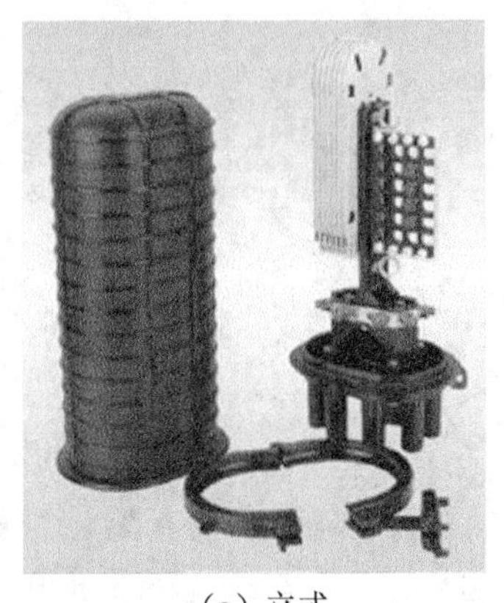
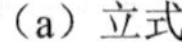

（a）立式

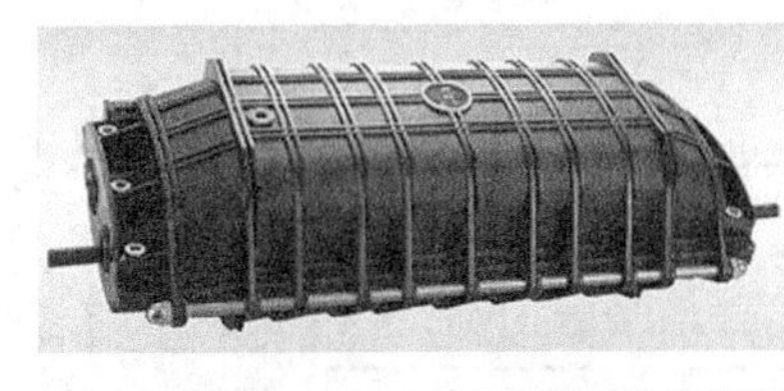
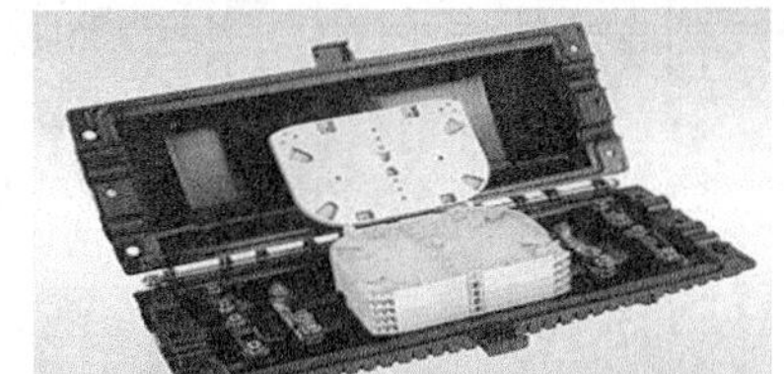

（b）卧式

图 5-12　光缆接头盒

分纤箱可安装在楼道、弱电竖井、杆路等位置，能满足光纤的接续（熔接或冷接）、存储、分配功能的箱体。具有直通和分歧功能，方便重复开启，可多次操作，容易密封。分纤箱可分为室内分纤箱和室外分纤箱两种，如图 5-13 所示。

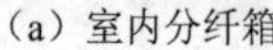
（a）室内分纤箱

（b）室外分纤箱

（c）分纤箱内部

图 5-13　分纤箱

### 3．光纤连接器

光纤连接器有光纤活动连接器、光纤现场连接器、光纤机械式接续子等。

（1）光纤活动连接器

光纤活动连接器主要用于光缆线路设备和光设备之间可以拆卸、调换的连接处，一般用于尾纤的端头，它要求被连接的两条光纤通过连接器的配合、紧固，同时要求芯轴完全对准，以确保光信号的传输。大多数的光纤活动连接器由两个插针和一个耦合管共三部分组成，实现光纤的对准连接。

目前常用的光纤连接器的插针一般为陶瓷材料，端面如图 5-14 所示，一般有平面型（FC）端面、微凸球面型（UPC）端面和角度球面型（APC）端面。APC 是以截面中心为圆心，向外倾斜 8°，一般 APC 连接头都是绿色的，一般广电部门常用。

目前常用的光纤活动连接器连接类型有 FC、SC、ST、LC，如图 5-15 所示，其含义分别如下。

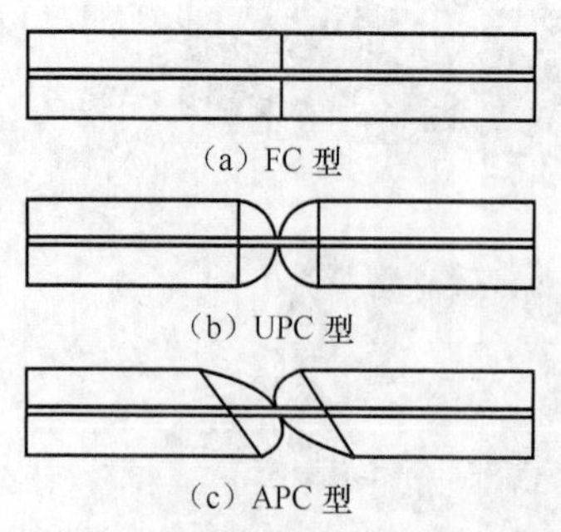
（a）FC 型

（b）UPC 型

（c）APC 型

图 5-14　光纤连接器的插针端面图

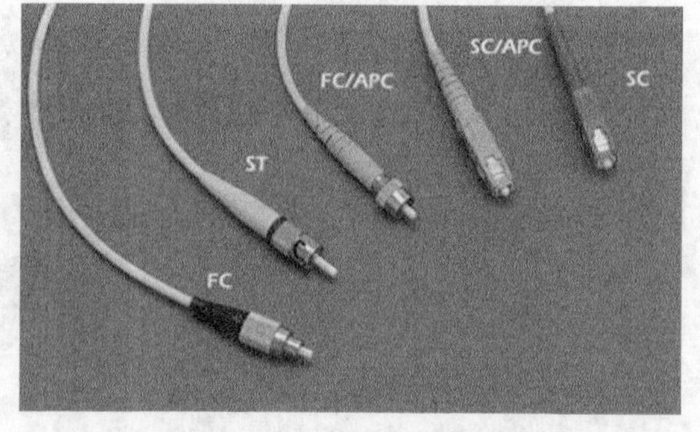


图 5-15　光纤连接器的插针端面图

FC：圆形螺纹头活动连接器。

SC：方形卡接头活动连接器。

ST：圆形卡接头活动连接器。

LC：小方卡接头活动连接器。

（2）光纤现场连接器

光纤现场连接器分为机械式活动连接器和热熔式活动连接器，现场组装光纤连接器是一种在施工现场采用机械接续方式直接成端的光纤活动连接器，一般用于入户光缆的施工和维护，按产品的制作原理可分为预置光纤机械接续型和直通型（非预置光纤机械接续型）。预置光纤机械接续型是在连接器的插针体中预置一段光纤，该预置光纤与插针体的端面在工厂经过研磨处理，需端接的光缆中的光纤与预置光纤通过 V 形槽和折射率匹配材料进行对准和保护，如图 5-16 所示。

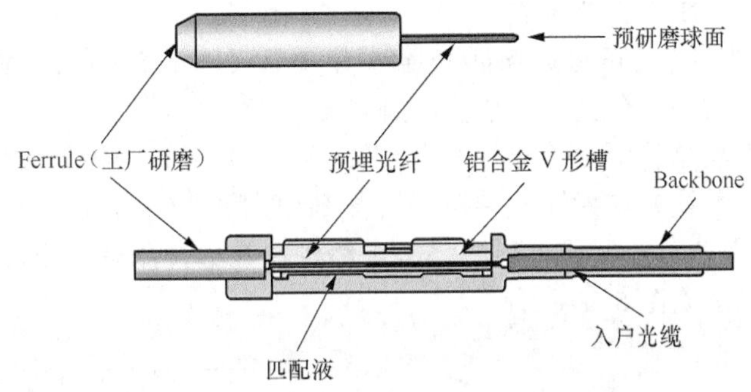


图 5-16　预置光纤机械接续型原理

直通型（非预置光纤机械接续型）是将需端接的光缆中的光纤直通到连接器的插针体端面，如图 5-17 所示。

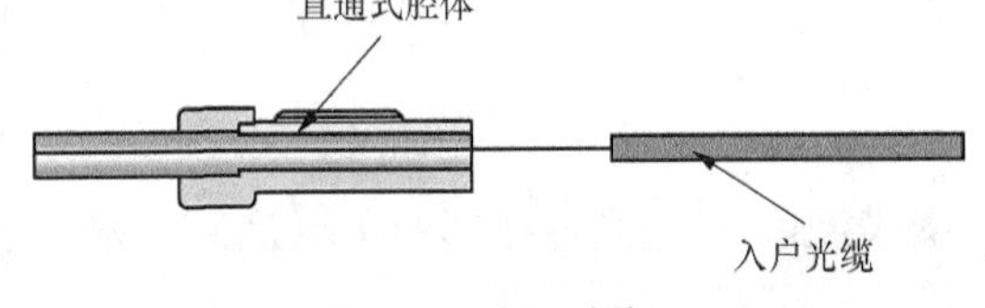


图 5-17　直通型原理

将现场切割且未经研磨的光纤直接插入器件，直接与其他连接器进行对接。

（3）光纤机械式接续子

光纤机械式接续子又称为冷接子，是以非熔接的机械方式通过光耦合连接两根单芯光纤的装置。通常用于入户光缆的连接和故障修复。

单芯光纤机械式接续子最常使用压接式 V 形槽技术和折射率匹配材料，已达到光纤的对准和夹持，以及补偿光纤切割端面折射率的作用。压接式 V 形槽技术是指光纤接续时使用上盖下压将金属 V 形槽闭合，利用 V 形槽对准原理保证进行接续的光纤具备良好的接触和对准，同时对光纤提供牢固且持久的夹持力，如图 5-18 所示。

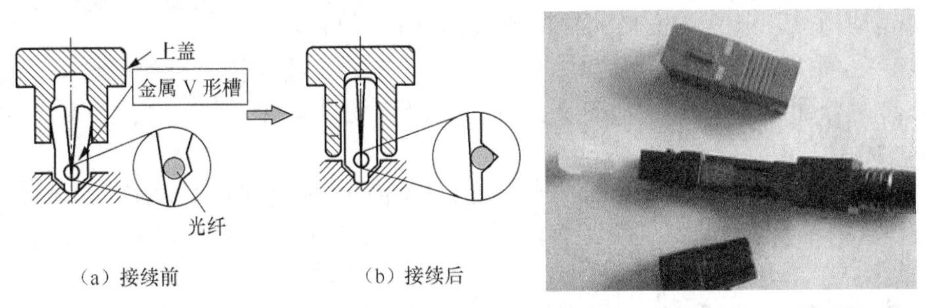


图 5-18　光纤机械式接续子

单芯光纤机械式接续子一般由高强度工程塑料组件和铝合金的对准元件组成，折射率匹配材料已预先安装在接线子元件中。单芯光纤机械式接续子应选用可重复组装型，确保一次接续失败后可返工再次接续，并且在重复接续时，方便开启。

### 4．无源光分路器

无源光分路器（Passive Optical Splitter，POS）又称分光器、光分路器，是一个连接 OLT 和 ONU 的无源设备，用于实现特定波段光信号的功率耦合及再分配功能的光无源器件。光分路器可以是均分光，也可以是不均分光。典型情况下，光分路器实现 1:2 到 1:64 甚至 1:128 的分光。无源光分路器的特点是不需要供电、环境适应能力较强。

（1）光分路器根据制作工艺分类

光分路器根据制作工艺可分为熔融拉锥式分光器（FBT Splitter）和平面光波导分路器（PLC Splitter），目前常用的分光器一般为平面波导型分光器。

熔融拉锥式分光器是将两根或多根光纤绑在一起，然后在拉锥机上熔融拉伸，其中一端保留一根光纤（其余剪掉）作为输入端，另一端则作为多路输出端。一个熔融拉锥耦合器可以作为一个 1 分 2 光功率分配器，只要将数个熔融拉锥耦合器级连即可获得 2 的 $N$ 次方的分路器件，其结构原理如图 5-19 所示。

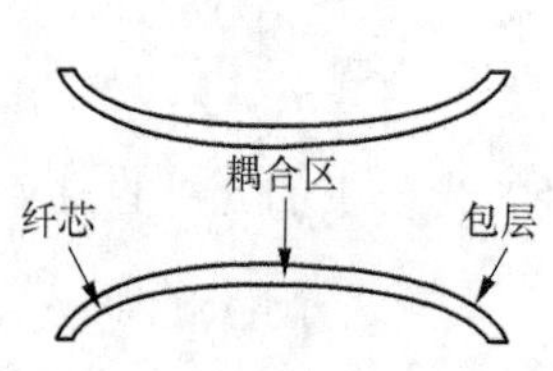


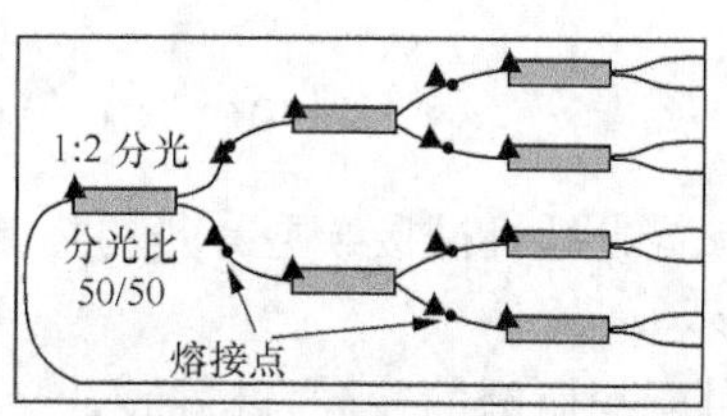


图 5-19　熔融拉锥式分光器

熔融拉锥型光分路器的优点是：技术成熟，成本低；分光比可以根据需要制作，可制作不等分分路器。

熔融拉锥型光分路器的缺点是：损耗对光波长敏感；均匀性较差，不能确保均匀分光，可能影响整体传输距离；插入损耗随温度变化变化量大；多路分路器（如 1×16、1×32）体积比较大，可靠性也会降低，安装空间受到限制。

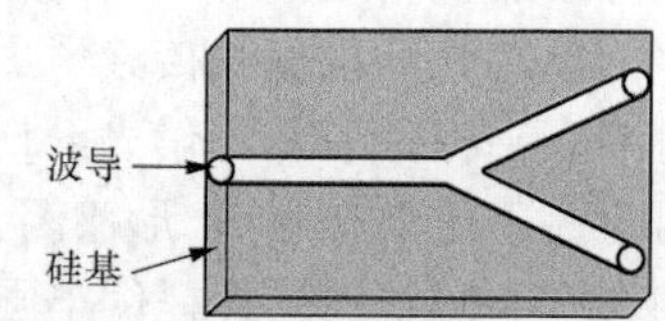


图 5-20　Y 形分支波导结构

平面光波导型光分路器采用平面光波导工艺技术，包括成膜、光刻、刻蚀、退火等工艺，形成图 5-20 所示的 Y 形分支波导结构；入射光在锥形波导内横向展开，并与两个输出波导之间纵向耦合，从而发生光能量的再分配，最终从两个输出波导中输出，从而实现光功率分配。将数个 Y 形分支波导结构级连便可实现 2 的 $N$ 次方的光功率分配，如图 5-21 所示。

平面光波导型光分路器（PLC）的优点是：损耗对传输光波长不敏感；分光均匀；结构紧凑、体积小；单只器件分路通道很多，可以达到 32 路以上；多路成本低，分路数越多，成本优势越明显。

平面光波导型光分路器（PLC）的缺点是：器件制作工艺复杂，技术门槛较高；相对于

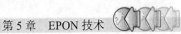

熔融拉锥式分路器成本较高，特别在低通道分路器方面更处于劣势。

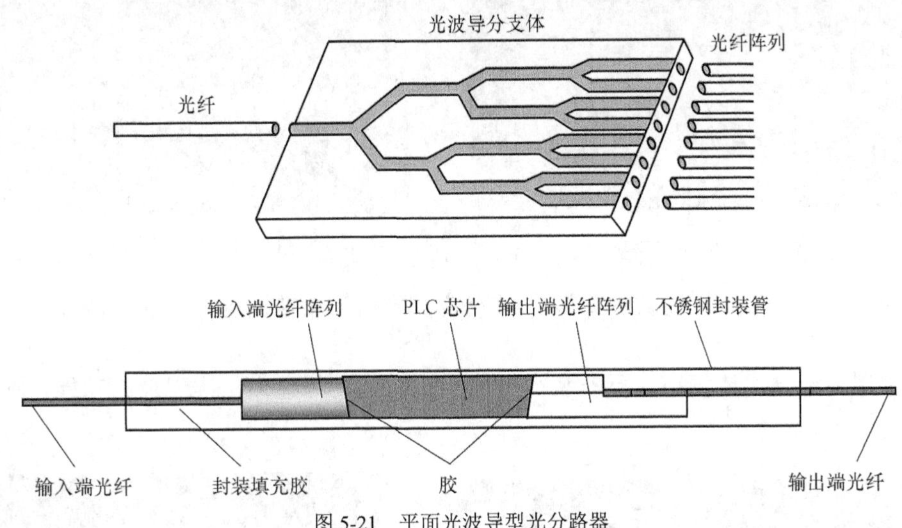


图 5-21　平面光波导型光分路器

可以看出：熔融拉锥型光分路器在成本方面有明显优势，技术成熟，分光比可变；平面光波导型光分路器在性能、可靠性方面存在明显优势。所以在低分光比可选用熔融拉锥型光分路器，高分光比时选用平面光波导型光分路器，目前 PLC 型应用广泛。

（2）光分路器根据封装方式分类

根据封装方式不同可分为盒式分光器、机架式分光器、托盘式分光器、插片式分光器、微型分光器等。

① 盒式分光器。盒式分光器采用小盒子封装，可根据需求引出 SC、FC、LC 等不同的尾纤，如图 5-22 所示。

图 5-22　盒式分光器

② 机架式分光器。机架式分光器采用盒体封装，可安装于 19 英寸（1 英寸 = 2.54cm）标准机柜内，一般为成端型。常用的为 1 × 64 机架式分光器，如图 5-23 所示。

③ 托盘式分光器。用类似配纤盘的托盘封装并可直接安装于光配线架或光缆交接箱里，有出纤式和成端式两种，一般采用成端型，如图 5-24 所示。

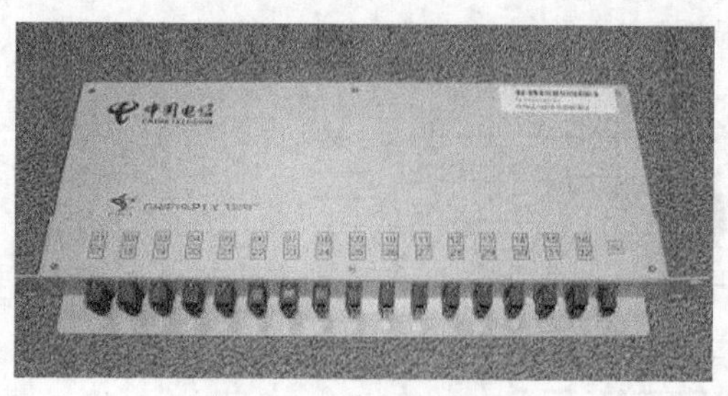

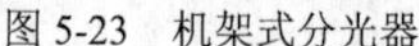

图 5-23　机架式分光器

图 5-24　托盘式分光器

④ 插片式分光器。采用盒体封装，可安装于分路箱的插槽内，一般为成端型，如图 5-25 所示。

⑤ 微型分光器。体积小，可安装在光缆接头盒的熔纤盘内，实现反光功能，如图 5-26 所示。

图 5-25　插片式分光器

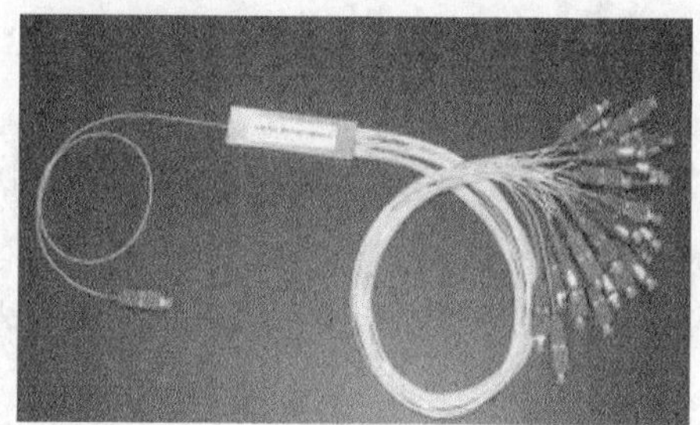

图 5-26　微型分光器

## 5.1.5　光分配网

### 1．光分配网（ODN）网络结构

从网络结构上来看，光分配网（ODN）从局端到用户端可分为馈线光缆子系统、配线光缆子系统、引入光缆子系统和光纤终端子系统 4 个部分，如图 5-27 所示。

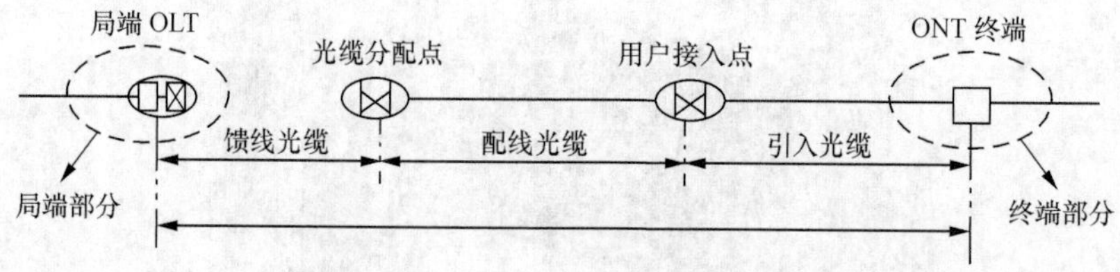


图 5-27　ODN 网络结构图

馈线光缆子系统由连接光分路器和中心机房的光缆和配件组成，包括光缆接头盒、光缆交接箱、配线箱、ODF。配线光缆子系统由楼道配线箱，连接楼道配线箱和光分配点的光缆、分光器及光缆连接配件组成。光纤配线设施可以是光缆接头盒、光缆交接箱、ODF 等，一般不直接入户。配线光缆子系统是 EPON 的 ODN 应用中最关键的一个环节，也是配置最为灵活的一个环节，其连接从光缆交接箱过来的配线光缆，用光分路器进行分配，完成对多用户的光纤线路分配功能。引入光缆子系统由连接用户光纤终端插座和楼道配线箱的光

缆及配件组成，是直接入户的光缆。光纤终端子系统是独立的需要设置终端设备的区域，由一个或者多个光纤端接信息插座（见图 5-28）及连接到 ONU 的光纤跳线组成。

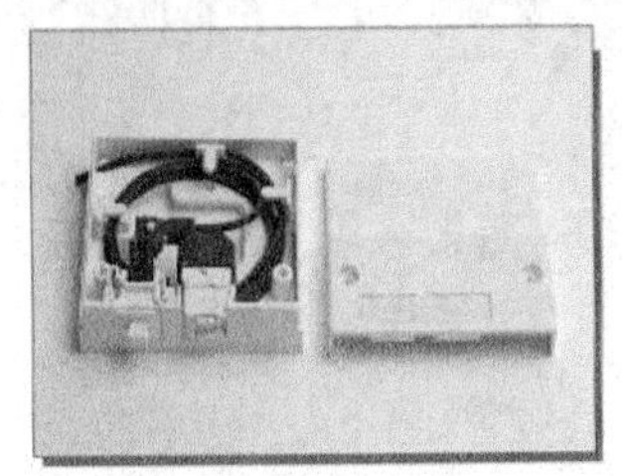

图 5-28　信息插座

### 2．ODN 的分光方式

ODN 网络可采用一级分光或二级分光。根据分光器安装的位置不同，一级分光又可分为小区一级集中（或相对集中）分光、一级分散分光等几种方式。

一级集中（或相对集中）分光是指分光器集中安装在小区的一个（或几个）光交接箱/间内，目前主要应用于别墅（含联排）小区、多层住宅小区。

一级分散分光是指每栋楼均集中设置一个安装分光器的光交接箱/间，楼内每隔几层设置一个分光器节点，分光器安装在垂直光缆与水平蝶形引入光缆成端的分纤盒内，目前主要应用于高层住宅小区。

二级分光是指在小区内设置一个一级分光点，每栋楼内集中设置一个二级分光点，目前主要应用于中低层住宅小区，以及采用 FTTH“薄覆盖”方式改造的现有住宅小区。

分光方式的选择及分光器的设置对 ODN 的建设成本及维护难度均有较大影响，但也受到开发商物业、楼宇内弱电间/井空间、小区管道资源等多方面实际条件的限制。可根据实际情况制定分光方式的总体原则，在设计施工中根据总体原则灵活选择。

几种常用的分光结构如图 5-29 所示。

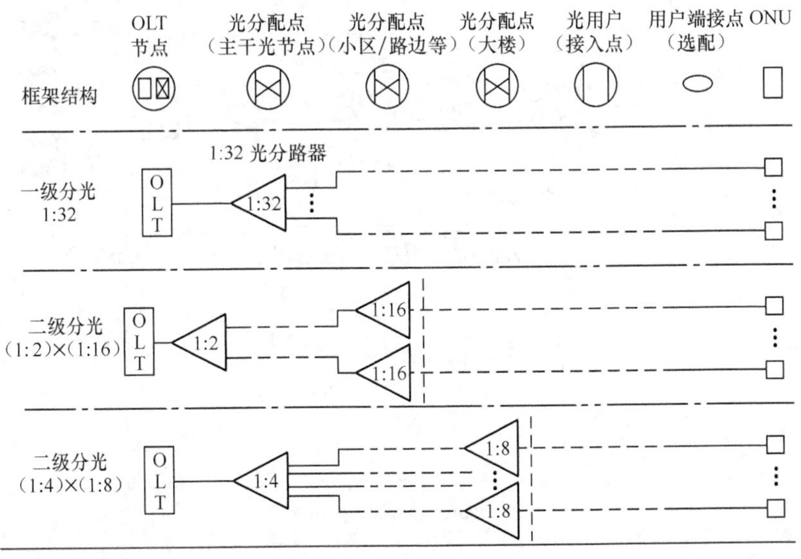


图 5-29　几种分光结构示意图

总分光比要根据 EPON 系统设备支持能力和带宽规划进行设置。对于 EPON 系统，分光比可最多支持 1×64。在总分光比一定的前提下，可以有一级分光、二级分光等多种分光结构，如总分光比为 1×64，一级分光为 1×64；二级分光可为 4×16、8×8、16×4 等 3 种方式。

**归纳思考**

- 光分配网的网络结构中由哪些光缆系统组成？
- 如何合理选择分光方式？

一级集中分光方式需要占用较多的配线光缆，光缆施工中熔接芯数较多，但在减少故障点、故障定位、EPON 系统带宽优化方面比二级分光方式更有优势；从提高光缆使用效率角度出发，在用户较分散时，或用户分布较集中、规模较大但布线条件受限（如楼内布线管孔孔径不足）时，在组网时应尽量采用二级分光方式；原则上不采用三级及三级以上的分光方式。

## 5.2 EPON 的工作原理

**重点掌握**

- 如何分离用户与局端两个方向的数据。
- OLT 与 ONU 之间的数据传送方式。

从 OLT 到多个 ONU 为下行数据传输，从 ONU 到 OLT 为上行数据传输。EPON 系统中使用单芯光纤，在一根光纤上传送上、下行两种波长来区分上下行两个方向的数据。上行波长采用 1 310nm，下行波长采用 1 490nm，另外，还可以在这根光纤上下行叠加 1 550nm 的波长来传递 CATV 电视信号，如图 5-30 所示。

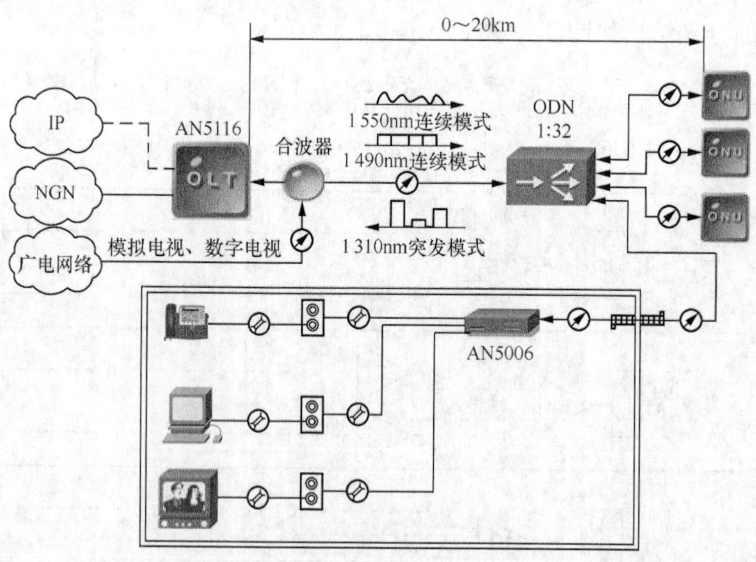


图 5-30 EPON 的工作原理

从图 5-29 中可以看出，网络侧的数据业务、语音业务数据流通过 OLT 的上联接口，通

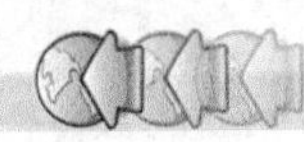

过 OLT 内部的连接，传输到 OLT 的 EPON 端口，以 1 490nm 波长下行传输，同时来自广电网络视频业务数据流的以 1 550nm 波长下行传输，通过一个合波器将两个波长耦合进一根光纤进行传输，通过 ODN 传送到多个 ONU 或者交换机，从而实现用户对 3 种业务的需求。同样的从 ONU 到 OLT 的数据传输过程和以上相反，只是由于从 OLT 到多个 ONU 之间只有一根光纤，从而采用了和下行传输不同的波长 1 310nm 进行传输。

EPON 是一个点到多点的系统，一个 OLT 对应多个 ONU，如何保证各 ONU 发送数据时彼此不冲突，同时，又能保证 ONU 能够正确接收到发给自己的数据。

### 5.2.1　EPON 上行工作原理

上行方向即从 ONU 到 OLT 的方向，EPON 系统上行采用时分多址接入技术分时隙给 ONU 传输上行流量。由于上行方向是多个 ONU 向一个 OLT 发送数据。为了避免上行信号在到达 OLT 时发生碰撞和提高带宽利用率，所有 ONU 的上行发送要受 OLT 的统一控制，OLT 通过报告/授权机制来控制 ONU 的发送。OLT 给 ONU 分配发送窗口（称为时隙），时隙长度是根据 OLT 同一 EPON 接口下所有 ONU 报告所需要的带宽，结合 ONU 距离 OLT 远近和动态带宽算法计算而确定的。每一个 ONU 只能等到分配的时隙开始后才能打开激光器并以线速发送数据，当分配的时隙结束后 ONU 将立即关闭激光器，如图 5-31 所示。

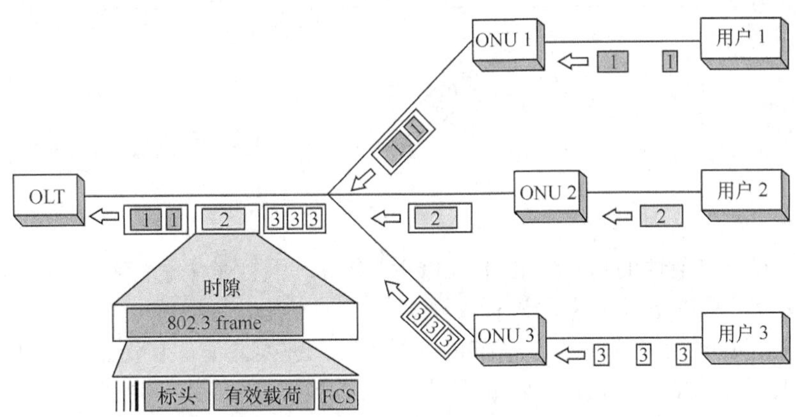

图 5-31　EPON 上行工作原理

当 ONU 在注册时成功后，OLT 会根据系统的配置，给 ONU 分配特定的带宽，在采用动态带宽调整时，OLT 会根据指定的带宽分配策略和各个 ONU 的状态报告，动态的给每一个 ONU 分配带宽。带宽对于 EPON 层面来说，就是多少可以传输数据的基本时隙，每一个基本时隙单位时间长度为 16ns。在一个 OLT 端口（EPON 端口）下面，所有的 ONU 与 OLT EPON 端口之间时钟是严格同步的，每一个 ONU 只能够在 OLT 给他分配的时刻上面开始，用分配给它的时隙长度传输数据。通过时隙分配和时延补偿，确保多个 ONU 的数据信号耦合到一根光纤时，各个 ONU 的上行包不会互相干扰。

对于上行方向安全性的考虑，ONU 不能直接接收到其他 ONU 上行的信号，所以 ONU 之间的通信，都必须通过 OLT，在 OLT 可以设置允许和禁止 ONU 之间的通信，在缺省状态下是禁止的，所以安全方面不存在问题。

### 5.2.2 EPON下行工作原理

下行方向即从OLT到ONU的方向，采用广播数据传输技术。当OLT启动后，它会周期性的在本端口上广播允许接入的时隙等信息。ONU上电后，根据OLT广播的允许接入信息，发起注册请求，OLT通过对ONU的认证，允许ONU接入，并给请求注册的ONU分配一个本OLT端口唯一的一个逻辑链路标识（LLID）。数据从OLT到多个ONU以广播式下行，根据IEEE802.3ah协议，每一个数据帧的帧头包含前面注册时分配的、特定ONU的逻辑链路标识（LLID），该标识表明本数据帧是给ONU（ONU1、ONU2、ONU3……ONU*n*）中的唯一一个。另外，部分数据帧可以是给所有的ONU（广播式）或者特殊的一组ONU（组播），在光分路器处，流量分成独立的3组信号，每一组载有所有指定ONU的信号。当数据信号到达ONU时，ONU根据自己的LLID，在物理层上做判断，接收给它的包，摒弃那些给其他ONU的包。在图5-32中，ONU1收到包1、2、3，但是它仅仅发送包1给终端用户1，丢弃包2和包3。

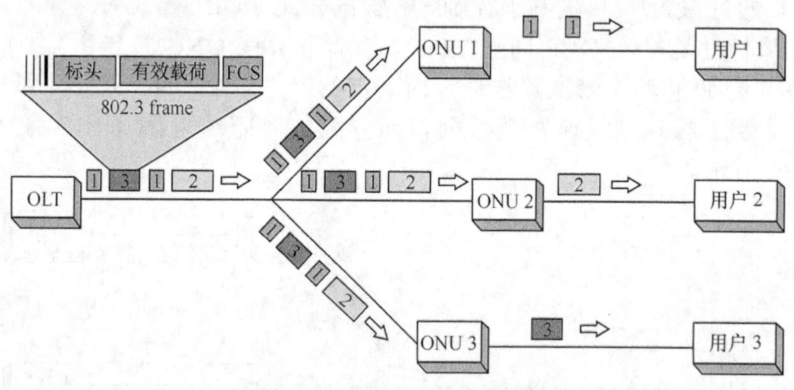

图5-32　EPON下行工作原理

对于下行方向安全性的考虑，由于EPON网络，下行是采用广播方式传输数据，为了保障信息的安全，从以下几个方面进行保障。

① 所有的ONU接入的时候，系统可以对ONU进行认证，认证信息，可以是ONU的一个唯一标识（如MAC地址或者是预先写入ONU的一个序列号），只有通过认证的ONU，系统才允许其接入。

② 对于给特定ONU的数据帧，其他的ONU在物理层上也会收到数据，在收到数据帧后，首先会比较LLID（处于数据帧的头部）是不是自己的，如果不是，就直接丢弃，数据不会上二层，这是在芯片层实现的功能，对于ONU的上层用户，如果想窃听到其他ONU的信息，除非自己去修改芯片来实现。

③ 加密。对于每一对ONU与OLT之间，可以启用128位的AES加密。各个ONU的密钥是不同的。

④ VLAN隔离。通过VLAN方式，将不同的用户群、或者不同的业务限制在不同的VLAN，保障相互之间的信息隔离。

警　示

出于安全性考虑，ONU不能直接接收到其他ONU上行的信号；ONU接入系统时要进行认证；采取必要的加密措施或者进行信息隔离等。

# 5.3　EPON 的关键技术

探讨

- EPON 的帧结构与以太网的帧结构有什么不同？
- EPON 的开展需要哪些技术支持？

## 5.3.1　逻辑链路标识

传统的以太网是点到点（P2P）的网络，为了将点到多点（P2MP）拓扑引入以太网，IEEE802.3ah 扩展了传统以太网的物理层、MAC 层和 MAC 控制子层，并定义了一个新的多点 MAC 控制子层及多点控制协议（MPCP）。EPON 就是建立在 IEEE802.3ah 标准上的，OLT 在 MAC 层为每一个 ONU 创建一个虚拟 MAC 实体，从而在 OLT 与 ONU 之间建立了一个虚拟的链路逻辑连接，每一个逻辑链路都用唯一的一个标识符，即逻辑链路 ID（Logical Link，ID: LLID）来标识。OLT 与 ONU 之间的逻辑链路是在 ONU 的自动发现与注册阶段确立的，当 OLT 接受一个 ONU 的注册请求时，就给这个 ONU 分配新的 LLID。

在 EPON 系统中，LLID 是由网管通过 OLT 分配的。OLT 可以通过 LLID 辨别帧是由哪个 ONU 发来的，或者通过修改帧中的 LLID 将帧转发到相应的 ONU 处。于是，我们就能够建立起 OLT 到 ONU、ONU 到 OLT 的通路，完成 OLT 与 ONU 之间，以及 ONU 与 ONU 之间的通信。

传统以太网的 MAC 帧结构如图 5-33 所示，DA 为目的地址，SA 为源地址，FCS 为差错校验。EPON 的 MAC 帧结构如图 5-34 所示，CRC8 为 8 位循环冗余校验码，用于对从 SLD 域到 LLID 域之间的数据流进行校验。如果出现 CRC 校验错，数据包将被丢弃。如果校验正确，数据包将被转送。SLD 是 LLID 定界符，用来指示 LLID 和 CRC 的位置。

| 前导码<br>7 字节 | 帧定界符<br>1 字节 | DA<br>6 字节 | SA<br>6 字节 | 长度/类型<br>2 字节 | 数据<br>46～1500 字节 | 填充<br>不定 | FCS<br>4 字节 |
|---|---|---|---|---|---|---|---|

图 5-33　传统以太网的 MAC 帧结构

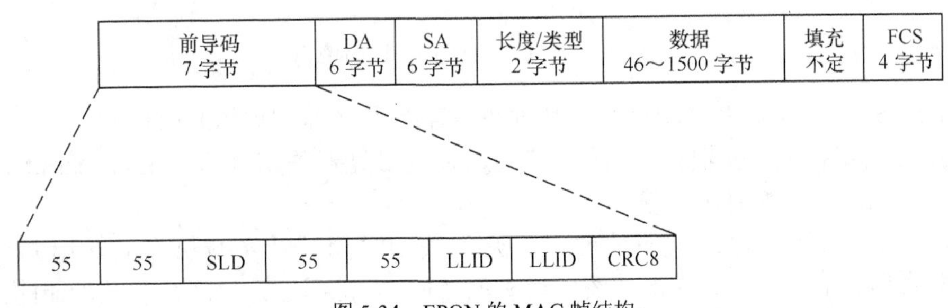


图 5-34　EPON 的 MAC 帧结构

从 EPON 的 MAC 帧结构图中可以看出，每个 EPON MAC 帧中有 16 字节的 LLID，即

OLT 的每个 EPON 口可以有 32 768 个 LLID。在 ONU 注册成功后会分配一个唯一的 LLID，在数据传输时，在每一个分组开始之前添加一个 LLID，替代以太网前导符的最后两个字节。ONU 在收到数据帧后，首先会比较 LLID（处于数据帧的头部）是不是自己的，如果不是，就直接丢弃。

## 5.3.2 数据突发发送与接收技术

**探讨**

*所有采用 TDMA 技术的 PON 均要面临上行信号的突发发送和 OLT 侧突发接收的问题，如何解决？*

### 1. ONU 上行数据突发发送

突发发送是指 ONU 的光模块并不是连续发送信号，而只能在 OLT 分配的发送窗口开始时打开光模块，在发送窗口结束时关闭光模块。否则多个 ONU 的空闲信号将可能淹没正常发送 ONU 的数据信号，导致系统无法正常工作。

图 5-35 为 ONU 光模块工作时序示意图。从图中可以看出，ONU 的激光器打开关闭都是需要一个过程的，即图中的 $T_{Laster\ On}$ 和 $T_{Laster\ Off}$。再加上 OLT 接收机同步所需要的时间，因此，ONU 真正能够发送有效数据的时间要比授权窗口短。由于 EPON 的传输速率在 1Gbit/s 以上，要求 ONU 的激光器必须具备纳秒级的响应速度，且 ONU 的激光器打开和关闭的速度越快，有效数据发送时间就越长，能够利用有效的上行带宽就越大。因此，提高 ONU 激光器的打开和关闭的时间是突发发送技术的关键。另外，由于激光器在关闭时会冷却，在打开时温度会上升，因此在刚开始发送信号时，它的发射功率会有波动。因此要求激光器的发送光功率在打开后能迅速稳定。

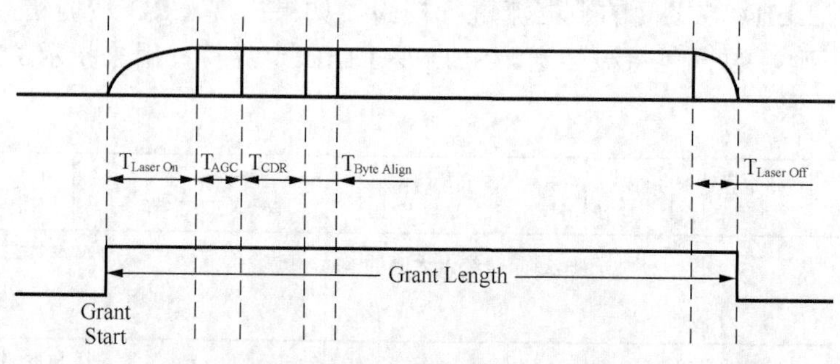


图 5-35 ONU 光模块工作时序示意图

在图 5-35 中，$T_{AGC}$ 为自动增益控制时间，$T_{CDR}$ 是快速时钟恢复时间，$T_{Byte\ Align}$ 为字节对齐时间，$T_{Laster\ On}$ 为激光器打开时间，$T_{Laster\ Off}$ 为激光器关闭时间，Grant Strart 为授权开始，Grant Length 为授权时隙长度。

突发发送是对激光器的响应速度（打开和关闭时间）及发射机自动输出光功率控制（APC）电路都提出了新的要求。传统发射机的 APC 电路都是针对连续发送设计的，其偏置电流恒定不变，不能适应突发模式快速响应的需求。针对这种情况通常有两种解决方案。

方案一采用数字 APC 电路。在每个 ONU 突发发送期间特定时间点对激光器的输出光

信号进行采样，根据激光器输出光功率的具体样值，按一定的算法对激光器的直流偏置进行调整。采样值在两段数据发送时间间隔内保存，这就解决了突发模式下的自动功率控制问题。

方案二是对传统连续模式的 APC 电路进行改进，使其能工作于突发模式之下。连续模式的 APC 回路之所以不能正常工作在突发模式下，是由于当激光器关闭时，直流偏置切断，当激光器被重新打开时，自动功率控制回路已丢失了原来的状态，直流偏置呈现不连续的变化。只要能在激光器关闭期间保持自动功率控制回路的状态不变，当激光器被重新打开时，自动功率控制回路就能在前一个突发间隔结束状态的基础上继续工作，直流偏置的变化将是一个连续的过程，因而自动功率控制回路将能稳定工作在突发模式下。

这两种方案均能实现纳秒级的响应速度，满足 EPON 高速率突发发送的要求。

### 2. OLT 上行数据突发接收

上行信号的突发接收包括两个层面，一个是时序，另一个是功率。由于 ONU 发送数据是突发不连续的，因此 OLT 接收机处的光信号在时序上也是时断时续的。另外，每个 ONU 与 OLT 之间的距离不同，最大的差分距离（即最远的 ONU 与 OLT 的距离和最近的 ONU 与 OLT 的距离之差）可以达到 20km。再加上光路上还会有不同数量的连接器和衰减器，以及 ONU 光模块发射光功率本身的差异，都会导致 OLT 的接收机接收到的信号光功率不是连续变化的，而是在每一个时隙都有较大的突变。如果 OLT 接收机逻辑 1 的判断电平调整为适合于距离较近的 ONU 的高功率信号，就有可能将距离较远的 ONU 的逻辑 1 错误地判断为 0。相反，如果接收机调整为正确接收远距离 ONU 的弱信号，它就有可能将强信号的逻辑 0 误读为逻辑 1。因此 OLT 的接收机必须能根据每个时隙接收到的信号强度快速地调整判决门限，即所谓的突发接收。

连续接收和突发接收的比较如图 5-36 所示。

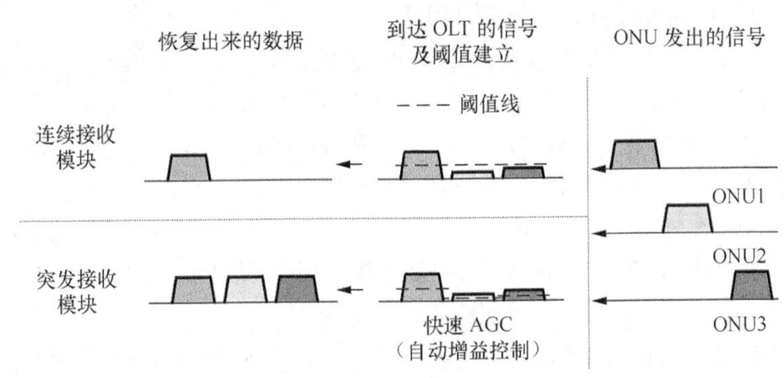


图 5-36　连续接收与突发接收比较

OLT 光接收器件支持突发模式，能在 $10^{-12}$ 误码率条件下正确接收不同 ONU 发来的、信号光强度差别高达 20dB 左右的光信号，同时保证来自不同 ONU 的突发信号可在较短时间间隔内正确接收。因此要求 OLT 的接收机具有以下特性。

① 较宽的动态范围。

② OLT 光接收机的快速功率恢复。要求 OLT 在每个接收时隙的开始处迅速调整 0、1 判决门限，快速的自动增益控制（AGC）和判决门限调整。

③ 快速时钟恢复（CDR）功能。

## 5.3.3 多点控制协议

重点掌握

- MPCP 6 种消息控制帧的作用。
- ONU 自动发现与注册的过程。

### 1. MPCP MAC 控制帧的结构

由于 EPON 是点到多点（P2MP）的网络结构，为了局端设备控制多个 ONU 定义了多点控制协议（Multi-Point Control Protocol，MPCP），MPCP 在 OLT 和 ONU 之间规定了一种控制机制来协调数据的发送和接收。MPCP 数据单元（MPCP DATA UNITs，MPC PDU）为 64 字节的 MAC 控制帧，帧结构如图 5-37 所示。

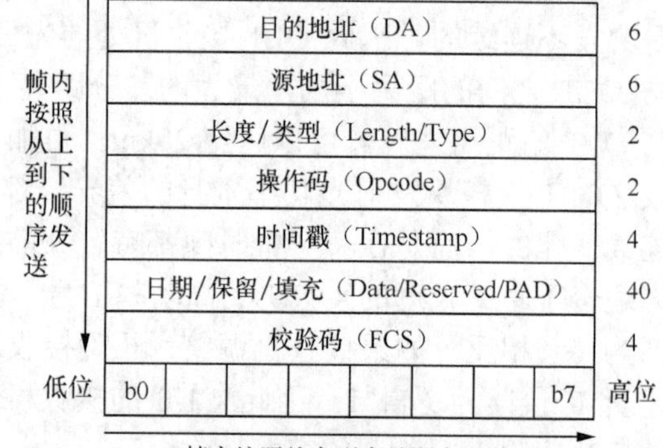

图 5-37　MPCP 数据单元帧的结构

① 目的地址（DA）。MPC PDU 中的 DA 为 MAC 控制组播地址，或者是 MPC PDU 的目的端口关联的实际使用的 ONU 的 MAC 地址。

② 源地址（SA）。MPCPDU 中的 SA 是和发送 MPC PDU 的端口相关联的单独的 MAC 地址。对于源于 OLT 端的 MPC PDU，源地址可以是任意一个单独 MAC 的地址，所有这些 MAC 可以共享一个单一的单播地址。

③ 长度/类型（Length/Type）。MPC PDU 都进行类型编码，并且承载 MAC_Control_Type 域值。

④ 操作码（Opcode）。操作码指示所封装的特定 MPC PDU，区分 MAC 控制帧类型。0001 为 PAUSE 帧，0002 为 GATE 帧，0003 为 REPORT 帧，0004 为 REGISTER_REQ 帧，0005 为 REGISTER 帧，0006 为 REGISTER_ACK 帧。

⑤ 时间戳（Timestamp）。在 MPC PDU 发送时刻，时间戳域传递 localTime 寄存器中的内容。该域长度为 32bit，对 16bit 发送进行计数。时间戳计时步进值为 16bit（注：时间戳域由 MAC 控制产生，并且通过客户端接口时不可见）。

⑥ 日期/保留/填充（Data/Reserved/PAD）。这 40 个 8 位字节用于 MPC PDU 的有效载荷。当不使用这些字节时，在发送时填充为 0，并在接收时忽略。

⑦ 校验码（FCS）：该域为帧校验序列，一般由下层 MAC 产生，使用 CRC32。

### 2. MPCP 控制帧的类型

MPCP 定义了 6 种消息控制帧，分别是 GATE、PAUSE、REPORT、REGISTER_REQ、REGISTER、REGISTER_ACK，他们用于 OLT 和 ONU 之间的信息交换。

（1）GATE

选通消息控制帧，OLT 发出，接收到 GATE 帧的 ONU 立即或者在指定的时间段发

送数据。

（2）REPORT

报告消息控制帧，ONU 发出，向 OLT 报告 ONU 的状态，包括该 ONU 同步于哪一个时间戳，以及是否有数据需要发送。

（3）REGISTER_REQ

注册请求消息控制帧，ONU 发出，注册规程处理过程中请求注册。

（4）REGISTER

注册消息，OLT 发出，在注册规程处理过程中通知 ONU 已经识别了注册请求。

（5）REGISTER_ACK

注册确认消息控制帧，ONU 发出，在注册规程处理过程中表示注册确认。

（6）PAUSE

暂停消息控制帧，接收方在功能参数表明的时间段停止发送非控制帧的请求。

多点 MAC 控制的关键是它能够对多个 ONU 进行仲裁并选出一个发送器。OLT 通过指配授权来控制 ONU 的发送。GATE 消息指示 ONU 的发送窗口，包括窗口的开始时间和长度。当 ONU 的 localtime 计数器和 GATE 消息中的 start_time 相同时，ONU 就开始发送。ONU 将给发送的结束留有足够的余量，从而保证在授权的长度间隔用完前关闭激光器。多个授权可以被传给每个 ONU。OLT 不应该发送多于 ONU 注册进程中声明支持的最大授权个数的授权。为了维护 ONU 端的看门狗定时器，将周期性地产生授权。为此空的 GATE 消息也会定期发送。

### 3. ONU 自动发现技术与注册

发现是指新连接或者非在线的 ONU 接入 PON 的进程。该进程由 OLT 发起，它周期性地产生合法的发现时间窗口（Discovery Time Windows），使 OLT 有机会检测到非在线的 ONU。发现时间窗口的周期没有定义，由厂商决定。

在 EPON 系统中，最开始的也是至关重要的一步就是要解决光网络单元 ONU 的注册问题。为实现 EPON 系统良好的可扩展性和方便的操作维护管理，在系统开通运行后，随业务发展需要增加新的 ONU 或故障修复后的 ONU 要重新加入到系统时，希望这些 ONU 能够自动地加入而不影响正常工作的 ONU，因此，ONU 的自动加入是 EPON 系统的关键技术之一。ONU 自动发现与注册过程如图 5-38 所示。

① OLT 通过广播一个发现 GATE 消息来通知 ONU 发现窗口的周期。该消息包含发现窗口的开始时间和长度。

② 非在线 ONU 接收到该消息后将等待该周期的开始，然后向 OLT 发送 REGISTER_REQ 消息（REGISTER_REQ 消息中包括 ONU 的 MAC 地址及最大等待授权（Pending Grant）的数目）。

值得注意的是发现窗口是唯一有多个 ONU 同时访问 PON 的窗口，因此这些发送可能发生冲突。为了减少发送冲突，每个 ONU 在发送 REGISTER_REQ 消息前应该等待一段随机大小的时间，该时间段小于发现时间窗口的长度。在一个发现时间周期内 OLT 可能会接收到多个有效的 REGISTER_REQ 消息。

③ OLT 接收到有效的 REGISTER_REQ 消息后，将注册该 ONU，分配和指定新端口的标识（LLID），并将相应的 MAC 和 LLID 绑定。

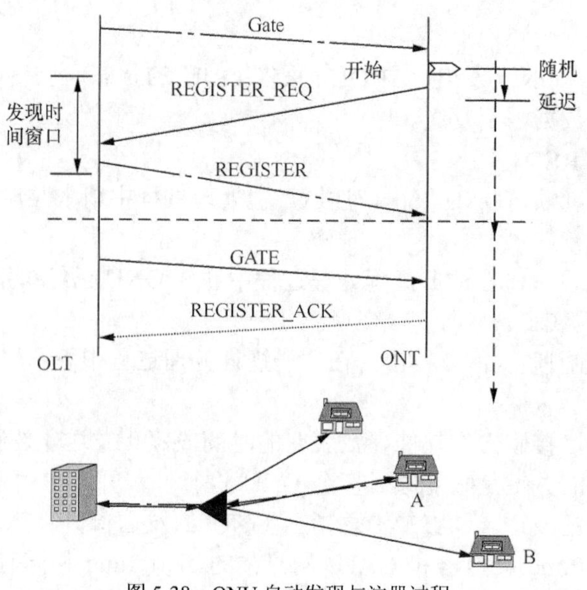


图 5-38　ONU 自动发现与注册过程

④ OLT 向新发现的 ONU 发送注册消息，该消息包含 ONU 的 LLID 以及 OLT 要求的同步时间。同时，OLT 还对 ONU 最大等待授权的数目进行响应。现在 OLT 已经有足够的信息用于调度 ONU 访问 PON，并发送标准的选通（GATE）消息让 ONU 发送 REGISTER_ACK。当接收到 REGISTER_ACK，该 ONU 的发现进程就完成了，该 ONU 被注册，并且可以开始发送正常的消息流。

⑤ OLT 可以要求 ONU 重新进行发现进程并重新注册。同样，ONU 也可以通知 OLT 请求注销。然后 ONU 可以通过发现进程进行重注册。对于 OLT，REGISTER 消息可以指示一个值，重注册或者注销，强制接收到该消息的 ONU 进行重注册。对于 ONU，REGISTER_ACK 消息包含注销位，该比特通知 OLT 应该注销本 ONU。

## 5.3.4　测距技术

探讨

- 为何需要测距？
- 如何进行测距？
- 何时进行测距？

### 1．测距和时间补偿

EPON 的上行方向是一个多点到点的网络，由于各 ONU 与 OLT 之间的物理距离不同，如果仅仅是让每一个 ONU 依次发送，而不考虑不同 ONU 之间传播延迟差异的话，那么来自不同的 ONU 的信号就很有可能在到达 OLT 时发生冲突，如图 5-39 所示。

图 5-39 中，$T_{down}$ 和 $T_{up}$ 分别表示下行传输延时和上行传输延时。通常使用两根光纤或两个不同的波长来分别传输上行信号和下行信号，因此上行传输延时和下行传输延时不一定相等。

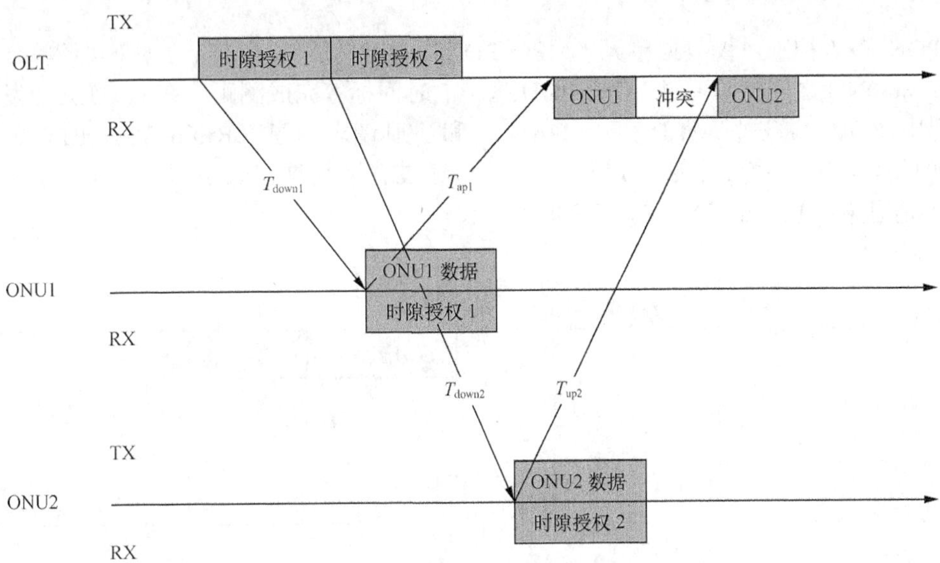


图 5-39　上行方向数据冲突示意图

为了避免上行信号的冲突，将各 ONU 时隙之间的保护时间设置为最远 ONU 的往返时间（RTT）值，这样光纤上总是只有一个 ONU 的上行信号在传输，就不会发生碰撞。但是这对 EPON 系统的上行带宽是较大的浪费。因此，OLT 需要有一定的功能，测量每一个 ONU 与 OLT 之间的距离，即 RTT，对测得的 RTT 进行补偿，并通知每个 ONU 调整发送时间，以保证该 ONU 的上行信号在规定的时刻到达 OLT 光接收机，而不发生相互冲突。这种测量 ONU 的逻辑距离，然后将 ONU 都调整到与 OLT 的逻辑距离相同的地方的过程就是测距（Ranging）。

造成各个 ONU 之间的 RTT 不同的原因除了物理距离的不同外，环境温度的变化和光器件老化等也是因素之一，ONU 的 RTT 值也会发生变化，如果这种变化得不到及时的纠正，累积多了也会引起上行冲突发生。因此测距的程序也相应地分成两个阶段：第一阶段是 ONU 在开始发送数据之前的初始测距。该阶段在系统初始安装、网络增加新的 ONU 或 ONU 重新加电时进行，对 ONU 的物理距离差异进行延时补偿；第二阶段是在 ONU 上有业务运行的情况下实时进行的动态测距，以校正由于环境温度变化和器件老化等因素引起的时延漂移。

用 $T_{\text{eqd}}$ 表示 ONU 在进行了 RTT 补偿后的均衡环路延时，所有的 ONU 都应该具有相同且恒定的 $T_{\text{eqd}}$，即 $T_{\text{eqd}}$ 不随环境温度的变化而变化。为此，就要给每一个具有不同 $\text{RTT}_i$ 的 $\text{ONU}_i$ 插入一个补偿延时 $\text{Eqd}_i$，$\text{Eqd}_i$ 是可以实时调整的，它应该满足

$$\text{Eqd}_i = T_{\text{eqd}} - \text{RTT}_i$$

当 OLT 通过测距过程得到了 $\text{ONU}_i$ 初始的或实时的 $\text{RTT}_i$ 后，就可以通过上式计算出 $\text{ONU}_i$ 需要的 $\text{Eqd}_i$。$\text{ONU}_i$ 在发送所有的数据之前都延时 $\text{Eqd}_i$，这样所有 ONU 的均衡环路延时都成为 $T_{\text{eqd}}$ 这个固定值，从而使得 OLT 到每一个 ONU 的逻辑距离相同，避免了上行的数据冲突，如图 5-40 所示。

## 2. EPON 测距的原理

EPON 多点控制协议数据单元（MPC PDU）中定义了 4 个字节的时间标签域。EPON 的 OLT 和 ONU 之间就是通过 MPC PDU 携带的时间标签完成测距。在 ONU 开始发现和注册过程中，OLT 通过发现门消息（GATE）和注册请求消息（REGISTER_REQ）来完成 ONU 的初始测距。在正常通信过程中，OLT 通过普通数据 GATE 和 ONU 的报告（REPORT）消息来不断修正 ONU 的 RTT 值。

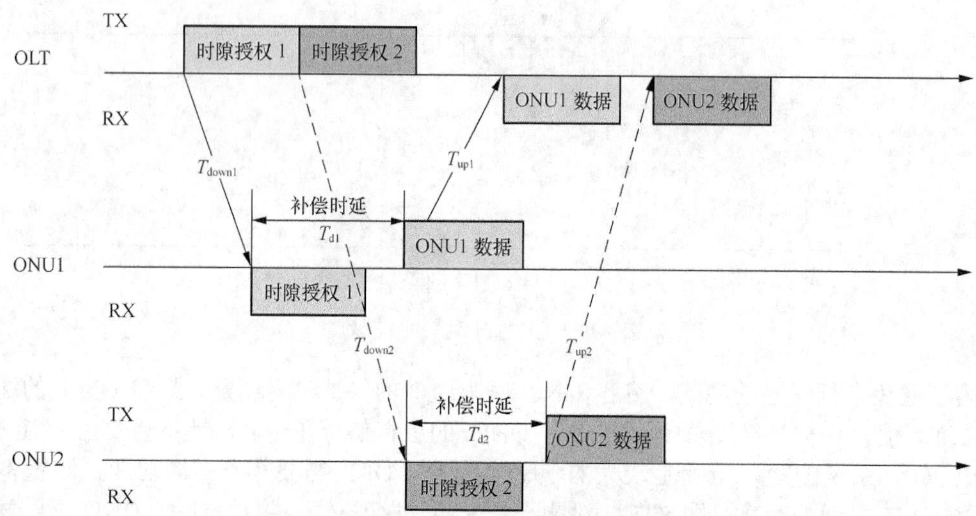


图 5-40　EPON 上行时隙同步示意图

OLT 有一个 32bit 的本地时钟计数器，该计数器对时间量子（TQ，1TQ = 16ns）计数。当 OLT 发送 MPC PDU 时，它就将本地时钟计数器的值插入到其时间标签域中（帧的第一个字节从 MAC 控制子层发送到 MAC 层的时间作为设定时间标签的参考时间）。ONU 中也有一个 32 比特的本地时钟计数器，这个计数器也是对时间颗粒计数。但是，ONU 无论何时接收到 OLT 发送的 MPC PDU，都要将这个帧所携带的新的时间标签值来刷新自己的本地时钟计数器的值，这样做的好处就是能及时地修正 ONU 时钟的漂移，使远端和局端的时钟偏差保持在一个允许的范围内。如果 ONU 发现自己的本地时钟与新接收到的 OLT 的时钟的偏差超过了允许的范围，便认为发生了本地故障。当 ONU 发送 MPC PDU 时，它也要将自己的时钟计数器的值插入到时间标签域中。OLT 将对接收到的 ONU 的时间标签进行检查，如果 ONU 的时间标签与 OLT 的本地时钟之差超过了允许的范围，OLT 将认为该 ONU 已经失步，OLT 将会要求该 ONU 重新注册，并不再为该 ONU 分配上行带宽。

若 ONU 发送的 MPC PDU 的时间标签值偏差在 OLT 的允许范围内，则 OLT 就要开始计算 ONU 的 RTT 值。RTT 等于 OLT 本地计时器的值与接收到的 ONU MPC PDU 时间标签值之间的差。EPON 测距的原理如图 5-41 所示。

在图 5-41 中，$T_R$ 为 ONU 总的响应时间，$T_{down}$ 为下行传输延时，$T_{up}$ 为上行传输延时，$T_{wait}$ 为 ONU 接收到 OLT 的 MPCP 消息（一般为 GATE 消息）到发送窗口开始之间的等待

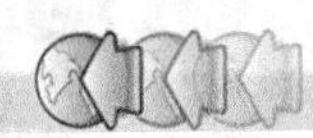

时间。OLT 在本地时间为 $t_0$ 时，给 ONU 发送一个 MPCP 帧，它携带的时间标签值为 TS= $t_0$。经过 $T_{down}$ 时间的传输延时后，这个 MPCP 帧到达 ONU。ONU 将本地时间计数器的值更新为 $t_0$，然后就等待。等待 $T_{wait}$ 时间后，这个 ONU 的发送窗口开始了，它就发送数据和 MPCP 帧，并将本地时钟计数器的值 $t_1$ 插入到加 MPCP 帧的时标域。ONU 发出的 MPCP 帧经过 $T_{up}$ 时间的传播延迟后到达 OLT。

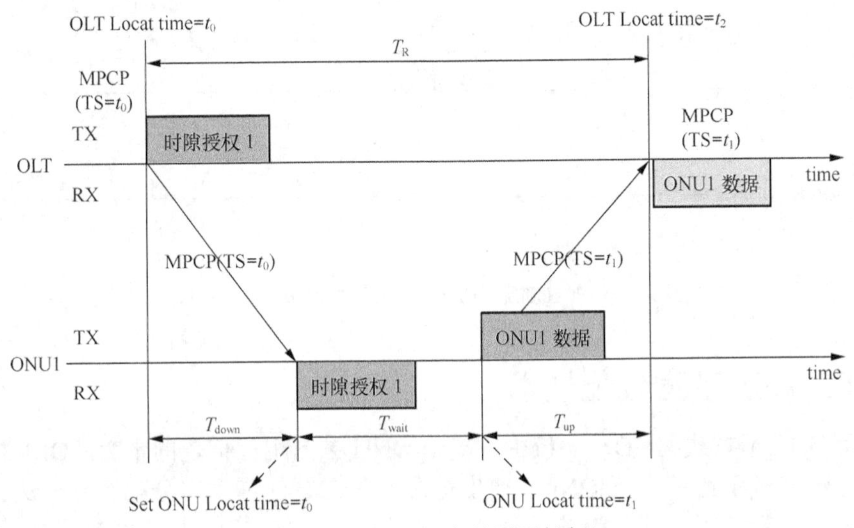

图 5-41　EPON 时间标签测距法原理

测距的目的是计算 ONU 到 OLT 之间的 RTT 值。由图 5-41 可以看出，$RTT = T_{down} + T_{up} = T_R - T_{wait}$，由于 $T_R = t_2 - t_0$，$T_{wait} = t_1 - t_0$，因此有

$$RTT = (t_2 - t_0) - (t_1 - t_0) = t_2 - t_1$$

从上式可以看出，OLT 用收到 ONU 的 MPCP 时，本地时钟计数器的绝对时标值减去收到的 MPCP 中时间标签域的值，就可以得到 ONU 的 RTT 值了。

当 OLT 通过本地绝对时间与接收到的 ONU 的 MPCP 帧中携带的时间标签之差，得到这个 ONU 的 RTT 值后，OLT 就是要计算出每一个 ONU 的上行时隙的开始时间和长度，使不同 ONU 的时隙到达 OLT 的接收机时，是一个连着一个，中间仅仅相隔一个较小的保护带。这样不仅能够避免各 ONU 之间的冲突，还能够最大限度地利用上行带宽。

如果 OLT 希望在本地时间 $t_2$ 开始接收到某一个 ONU 的数据，那么它就必须命令这个 ONU 在 $t_1$ 时刻就开始发送数据。

图 5-42 是利用 RTT 补偿实现上行时隙同步的示意图。图中 OLT 在本地时间为 $T = 100$ 时分别给 ONU1 和 ONU2 发送了长度为 20 和 30 的授权，并且期望在本地时间为 200 时接收到 ONU1 的数据，而且还希望 ONU2 的上行发送时隙能够紧接着 ONU1 的上行发送时隙，即在本地时间为 220 时，接收完 ONU1 的数据，就马上开始接收 ONU2 的数据（图中是没有考虑保护带的情况）。OLT 通过测距过程得知 ONU1 的 RTT 为 16，ONU2 的 RTT 为 28，因此 OLT 给 ONU1 的授权的开始时间为 $200-16 = 184$，给 ONU2 的授权的开始时间为 $220-28 = 192$。

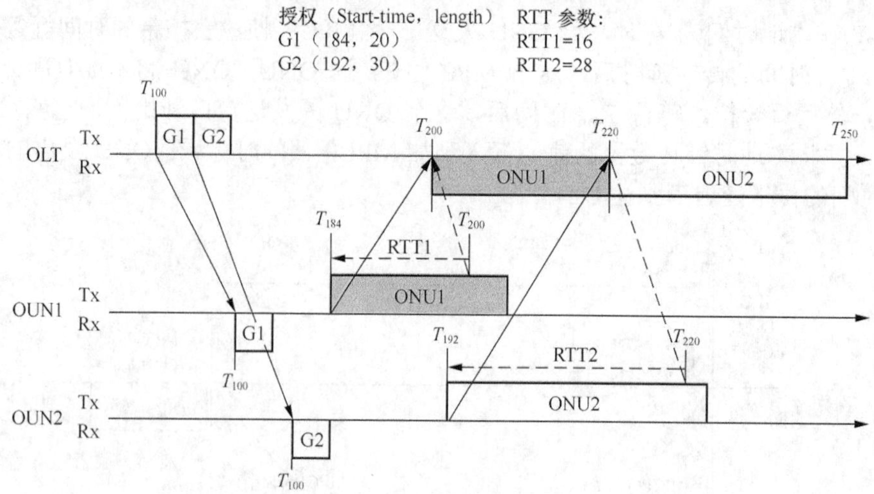


图 5-42 EPON 利用 RTT 补偿实现上行时隙同步的示意图

## 5.3.5 动态带宽分配技术

在采用 TDMA 方式的 PON 系统中，多个 ONU 共享上行信道的带宽，OLT 按照一定的规则将上行带宽分配到每一个 ONU。带宽分配有静态分配和动态分配两种方法。静态带宽分配方案将上行带宽固定划分为若干份分配给每一个 ONU，此方案非常适合传统的 TDM 业务，因为这些业务的带宽需求是恒定的。但是数据业务的特点之一就是具有很强的突发性，流量不是恒定不变的。因此静态带宽分配方案对于 IP 数据业务占主导地位的现代通信网而言，会造成网络带宽的极大浪费，导致网络带宽利用率低下。

因此在 EPON 系统中一般都采用动态的带宽分配（DBA），或者动态带宽分配和静态带宽分配相结合的方案。DBA 能够根据 ONU 上流量大小实时地（通常是毫秒级）调整上行带宽分配给 ONU，其优点是能够实现高效的上行带宽利用率和良好的服务质量保证。

### 1．DBA 机制

DBA 有两种机制：一种是报告机制，另一种是不需要报告的机制。

报告机制的 DBA 在即 EPON 中称为报告/授权机制，在 GPON 中称为状态汇报（SR）机制。

图 5-43 是采用报告机制进行上行带宽 DBA 的示意图。首先 OLT 发起命令，要求 ONU 将各自的队列状态上报给 OLT，即 ONU 报告带宽需求。OLT 根据收集到的带宽需求信息，通过 DBA 算法，并且参考业务 QoS 和 SLA 等参数（例如最大最小带宽、时延敏感性、最大突发等），计算出分配给每一个 ONU 的带宽，然后换算成时隙大小通过授权信息发送给 ONU。

在 EPON 中由专门的 MPCP 消息完成带宽的报告和分配，完成带宽需求上报和时隙分配的消息分别为报告消息（REPORT）和门消息（GATE）。

在不需要报告的 DBA 机制中，OLT 不要求 ONU 上报本地队列排队情况，即便 ONU 报告了带宽需求，OLT 也不予理会。OLT 监控一段时间内本地接收到的每一个 ONU 上行数据的波动情况，然后通过特定算法预测出下一个时间段内每一个 ONU 流量的波动趋势或者

带宽需求，据此换算成时隙分配给 ONU。

不需要报告的机制需要非常复杂的流量统计和预测算法，否则将影响带宽分配的及时性和有效性，因此在实际实现中很少采用。几乎所有的商用 EPON 系统都是采用报告机制 DBA。

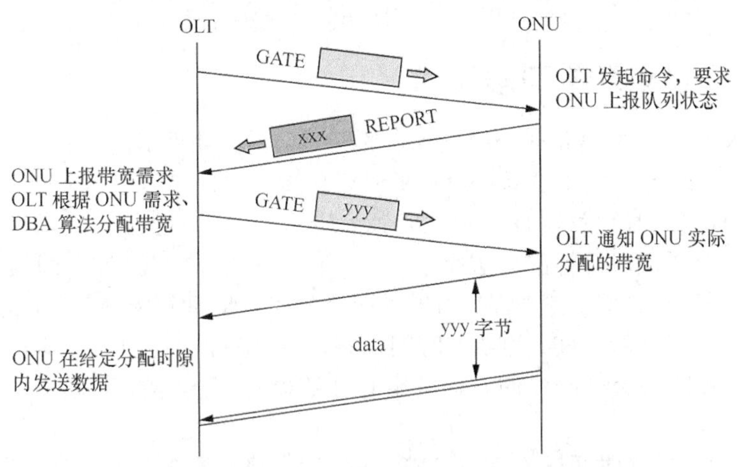


图 5-43　EPON 采用报告机制进行上行带宽 DBA 的示意图

### 2．带宽管理机制

通信网中的主要业务包括语音、数据和视频，这些业务的特点各不相同。语音业务带宽需求很低，但是对时延很敏感；数据业务的突发性强；视频业务对带宽和抖动的需求都很高；El 专线业务需要长期的固定带宽。为了能够更好地承载这些业务，在 EPON 系统采用了将上行带宽划分成不同种类的方法，不同种类的带宽分别采用不同的分配机制。

在 EPON 中通常将上行带宽分为 3 种类型：固定带宽、保证带宽、尽力而为带宽。

固定带宽（Fixed Bandwidth）采用静态分配方式，完全预留给特定 ONU 或者 ONU 的特定业务，即使这个特定的 ONU 或者特定业务没有上行流量，OLT 仍然将固定带宽换算成时隙大小分配给这个特定 ONU 或者某一个 ONU 的特定业务。固定带宽不能为其他 ONU 使用。固定带宽主要用于 TDM 业务或者特定高优先级业务或者承载此类业务的 ONU，以确保该业务的 QoS。

保证带宽（Assured Bandwidth）是在系统上行流量发生拥塞的情况下仍然能够保证 ONU 可获得的带宽，由 OLT 根据 ONU 报告的队列信息进行授权。但是保证带宽不是恒定不变分配给 ONU 的。当 ONU 的实际业务流量未达到保证带宽时，其剩余带宽将被分配给其他有需求的 ONU。

尽力而为带宽（Best Effort Bandwidth）由 OLT 根据 EPON 系统中全部在线 ONU 的报告信息以及总的剩余上行带宽情况分配给 ONU。当扣除了全部的固定带宽，并且在确保系统下所有 ONU 都能够获得保证带宽的前提下，系统中剩下的剩余带宽可以分配给有需求的 ONU。尽力而为带宽通常分配给优先级低的业务。为了保证公平性，即使系统上行带宽剩余，一个 ONU 获得的尽力而为带宽也不应超过所设定的最大值。

一个 ONU 可以获得上述 3 种带宽中的一种或者多种组合。EPON DBA 通常支持上述 3 种带宽类型的组合。对一个特定的 ONU，能够提供 Fixed + Assured、Fixed + Best Effort、

Fixed + Assured + Best Effort、Assured + Best Effort 等多种带宽类型组合的业务。

归纳思考

EPON 中上行带宽分为固定带宽、保证带宽、尽力而为带宽 3 种类型。语音业务、数据业务、视频业务应该如何进行带宽分配？

## 5.3.6 EPON 系统同步技术

由于 EPON 的上行线路是一个多点到点的网络结构，并采用 TDMA 方式传输数据，每个 ONU 发送时隙必须与 OLT 的系统分配的时隙保持一致，以防止各个 ONU 上行数据发生碰撞，所以 ONU 侧的时钟应与 OLT 侧的时钟同步。

EPON 系统是采用时钟标签来进行系统同步的。OLT、ONU 都有同频系统时钟，OLT 以一定的时间给每个 ONU 发送当前 OLT 的时钟数值（时间标签值），ONU 收到该时间标签后，用此标签值来刷新 ONU 的当前时间标签，这样就保证了 ONU 以落后于 OLT 一定的时间同 OLT 在时间上是同步的。这种定时计数器是有一定的误差的，但是不影响系统的同步。

OLT 在 $T_1$ 时刻发送时间标签 $T_1$，ONU 收到后会将自己的时钟计数器替换成 $T_1$，在 $T_2$ 时刻发送时间标签 $T_2$，ONU 收到后也会将自己的时钟计数器替换成 $T_2$，如图 5-44 所示。下行时间标签封装在 OLT 发给 ONU 的包含 ONU 发送开始时间和结束时间的 GATE MAC 控制中（下行 MPCP 帧有两种：GATE、REGISTER），并以此来控制 OLT 和 ONU 的系统时钟同步。

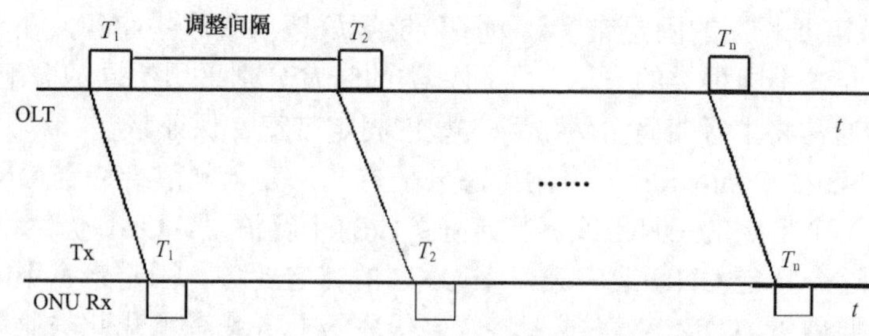


图 5-44　时间标签系统同步

## 5.3.7 EPON 网络保护

为提高网络可靠性和生存性，在 EPON 系统中采用光纤保护倒换机制，倒换类型分为以下三大类。

### 1. 主干光纤冗余保护

主干光纤冗余保护由 OLT 检测线路状态是否进行倒换保护，OLT 采用单个 PON 端口，内置 1 × 2 开关，来实现倒换时切换，相应的光分路器要使用 2:$N$ 光分路器，对于 ONU 无特殊要求，其结构如图 5-45 所示。

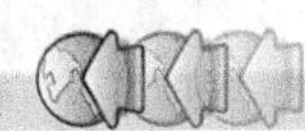

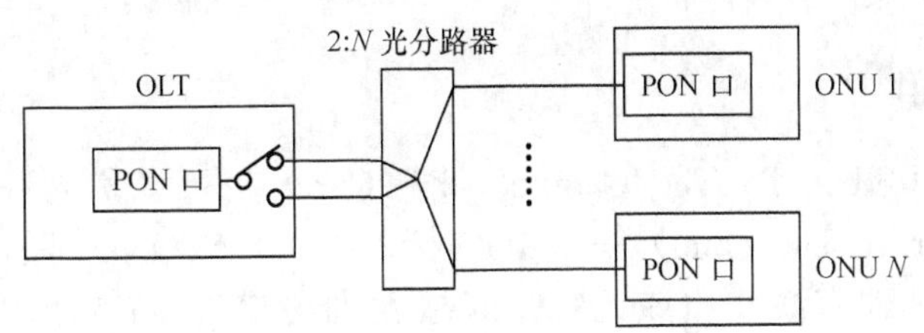

图 5-45　主干光纤冗余保护示意图

### 2. OLT PON 口＋主干光纤冗余保护

OLT 采用主用和备用两个 PON 端口，备用的 OLT PON 端口处于冷备用状态，由 OLT 检测线路状态、OLT PON 端口状态，由 OLT 判断是否进行保护倒换应。使用 2:N 光分路器，对于 ONU 无特殊要求，结构如图 5-46 所示。

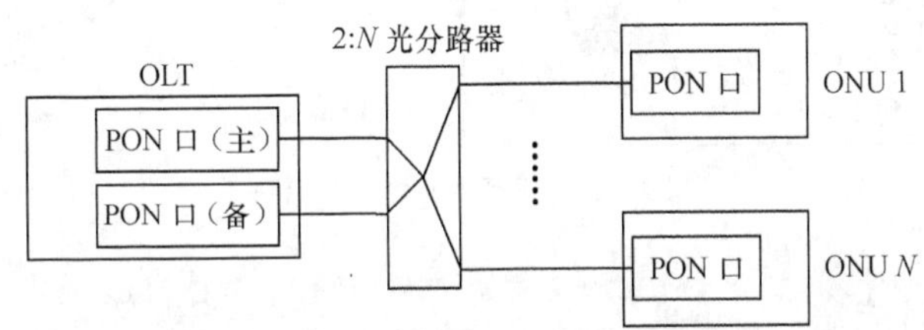

图 5-46　OLT PON 口＋主干光纤冗余保护示意图

### 3. 全保护

OLT 采用主用和备用两个 PON 端口，ONU 双光模块，也可以是 ONU 有主备两个 PON 口。同时主干光纤、光分路器、配线光缆全部采用双备份冗余保护。主、备用的 OLT PON 端口均处于工作状态，使用 2 个 1:N 光分路器，在 ONU 的 PON 端口前内置开关装置，由 ONU 检测线路状态，并决定主用线路，倒换应由 ONU 完成，结构如图 5-47 所示。

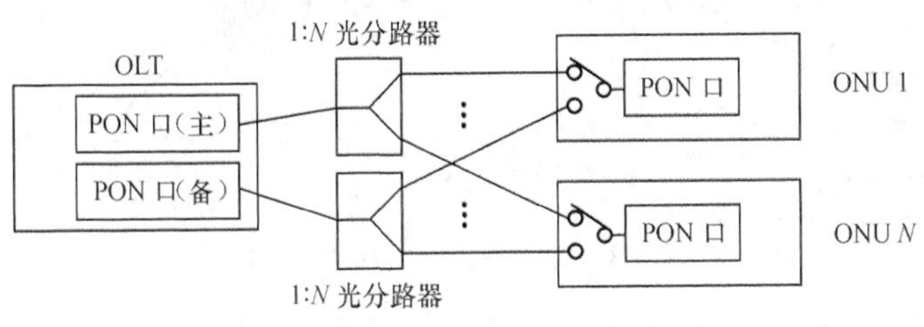

图 5-47　全保护示意图

# 5.4　EPON 的网络应用

## 5.4.1　EPON 系统典型应用模式

EPON 主要用于光纤接入，FTTx（Fiber To The x）是对宽带光接入网的各种形态的一种统称。根据光纤所到达的物理位置不同，FTTx 存在多种应用类型，具体分类如下。

### 1. 光纤到交接箱

光纤到交接箱（Fiber To The Cabinet，FTTCab）也可以称为 FTTN（Fiber To The Node）、FTTZ（Fiber To The Zone）等，AG（接入网关）或 ONU 部署在交接箱，光终接设备或 ONU 下采用其他有线介质或无线方式接入到用户，AG 或 ONU 离用户的距离在 0.5km～2km 范围，其结构如图 5-48 所示。

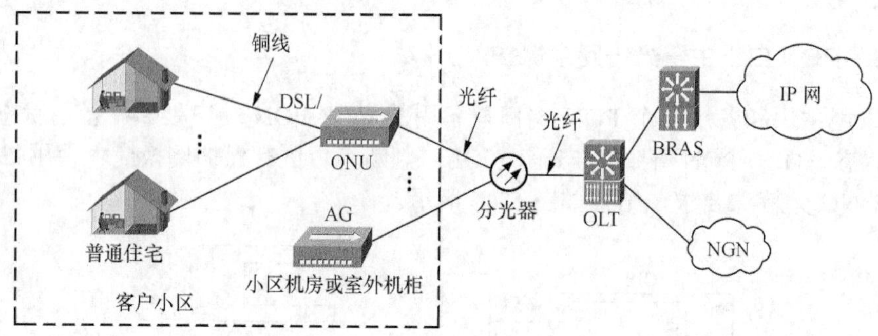


图 5-48　光纤到交接箱示意图

### 2. 光纤到楼宇/分线盒

光纤到楼宇/分线盒（Fiber To The Building/Curb，FTTB/C）是光纤到用户引入点或分配点，AG 或 ONU 下采用其他有线介质或无线方式接入用户，AG 或 ONU 离用户的距离在 0.5km 以内，其结构如图 5-49 所示。

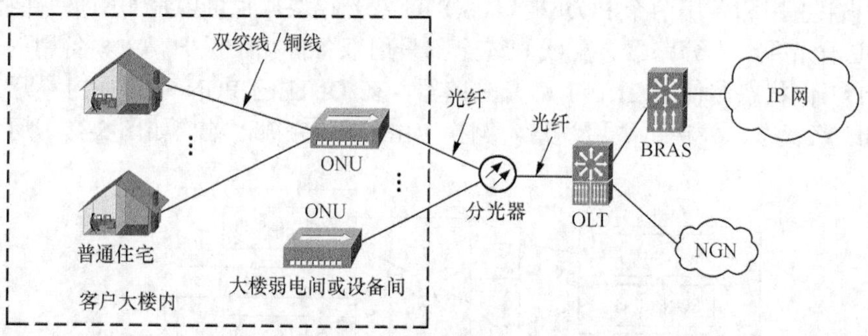


图 5-49　光纤到楼宇/分线盒示意图

根据光缆到最终用户的距离不同，光纤到楼宇（FTTB）可以分为光纤到楼头/楼边、光纤到楼层/单元两种类型。

光纤到楼头/楼边是指光纤到达楼侧、楼旁路边，距离最终用户距离在 0.5km 以内。

光纤到楼层/单元则是指光纤延伸到了距离用户更近的楼层或单元内，距离最终用户距离在 0.1km 以内。

FTTB/FTTC/FTTCab 模式下的 ONU 为 MDU 型，主要用于多个住宅用户，具有宽带接入终端功能，具有多个（至少 8 个）用户侧接口，即可集成小型 DSLAM 模块形成 PON + ADSL 模式，也可集成以太网 LAN 口形成 PON + LAN 模式。可选具有 POTS 接口支持话音业务或具有 RF 接口支持 CATV 业务，主要应用于 FTTB/FTTC/FTTCab 的场合。

### 3. 光纤到家庭用户

光纤到家庭用户（Fiber To The Home，FTTH）是利用光纤传输媒质连接通信局端和家庭住宅的接入方式，引入光纤由单个家庭住宅独享，其结构如图 5-50 所示。这种模式下的 PON 口上行的 ONU 具有家庭网关功能，通常为 HGU 型 OUN，通常具有 4 个以太网接口、1 个 WLAN 接口和至少 1 个 USB 接口，提供以太网/IP 业务，可选具有 POTS 接口支持话音业务或具有 RF 接口支持 CATV 业务等。

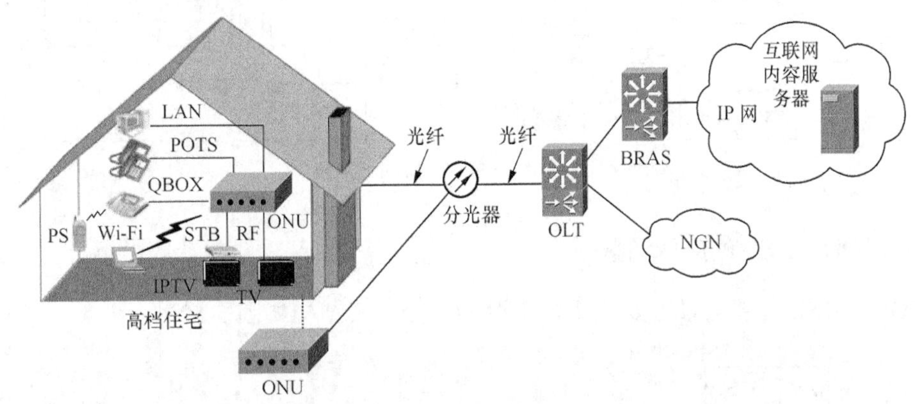


图 5-50 光纤到家庭用户示意图

### 4. 光纤到公司/办公室

光纤到公司/办公室（Fiber To The Office，FTTO）结构与 FTTH 结构类似，不同之处是将 ONU 放在大企事业用户（公司、大学、科研究所和政府机关等）终端设备处，ONU/ONT 之后的设备或网络由用户管理，提供一定范围的灵活业务。

## 5.4.2 EPON 的主要应用场景

### 1. EPON＋LAN 的应用场景

该应用场景主要应用于新建小区场合，它满足高带宽业务接入要求，节省纤芯和上行数据端口资源，建网成本较 FTTH 模式低。末端采用 5 类网线，铜线接入距离在 100m 以内，一般 ONU 设备放在楼内，如图 5-51 所示。

OLT 集中放置在中心机房，ODN 组网一般采用一级分光方式、集中设置并尽量靠近用户。对于中低速率用户（16Mbit/s 以下的下行速率），每 EPON 口建议支持 256 个用户数；对于高速率用户（20Mbit/s 以上的下行速率），每 EPON 口建议支持 128 个用户数。

ONU 设备尽量靠近用户，考虑到五类线的距离限制，铜缆长度不超过 100m，可以放在楼道或者弱电井，内置 IAD 时，可只用一根五类线入户，8 芯中的 4 芯用来传数据，其余芯可以用于承载电话。考虑到用户带宽、ONU 分布情况，每个 PON 口携带 MTU 不超过 16 个。

当 ODN 网沿道路铺设时，利用现有管线，在个别情况下可能会采用链型组网形式，使用相同规格的非等分 Splitter。

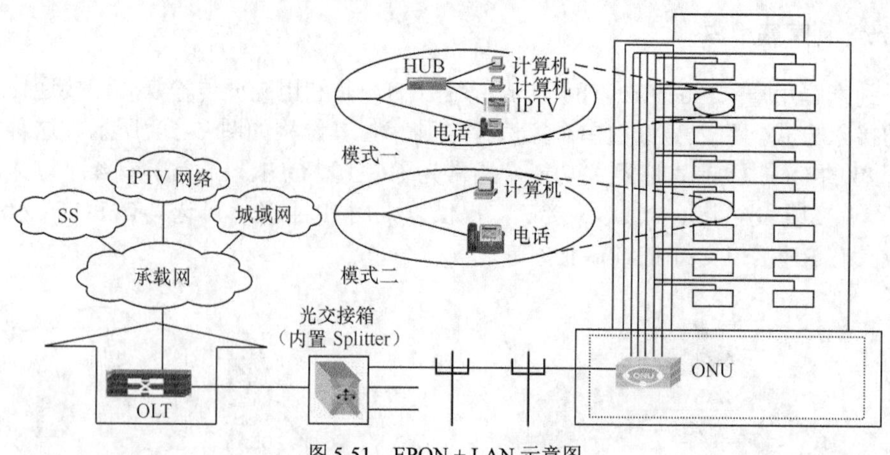


图 5-51　EPON＋LAN 示意图

## 2．EPON＋DSL 的应用场景

EPON＋DSL 应用场景主要应用以下两种场合，其结构如图 5-52 所示。

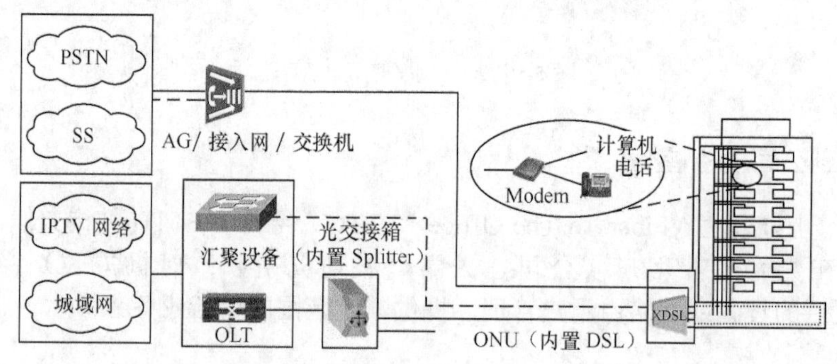


图 5-52　EPON＋DSL 示意图

① 老城区改造。"光进铜不退"，保留铜缆，宽带下移，解决宽带提速问题，语音提供方式不变。

② 新建区域。"光进铜退"，接入节点下移到楼内或者小区，家庭网关提供基于 VoIP 的语音，无需再铺设主干电缆。

OLT 集中放置在中心机房，ODN 组网一般采用一级分光方式、集中设置并尽量靠近用户。对于中低速率用户（16Mbit/s 以下的下行速率），每 EPON 口建议支持 256 个用户数，采用 ADSL2＋方式；对于高速率用户（20Mbit/s 以上的下行速率），每 EPON 口建议支持 128 个用户数，采用 VDSL2 方式。

ONU 设备尽量靠近用户。并结合已建的铜缆分配点的位置及供电情况，ONU 容量较为灵活，在楼道或者低压井进行建设，铜缆长度 100m 到数百米。考虑到用户带宽、ONU 容量、ONU 拓扑分布等情况，建议每个 PON 口携带 ONU 不超过 8 个。

当 ODN 网沿道路铺设时，利用现有管线，在个别情况下可能会采用链型组网形式，使用相同规格的非等分 Splitter。

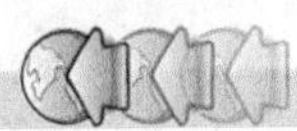

### 3．光纤到村

光纤到村（Fiber To The Village，FTTV）是指在进行农村信息化建设过程中，光纤到达行政村，有条件的区域到达自然村。以光纤替换传统主干铜缆，有效防止铜缆被盗。AG 或 ONU 下采用现有铜双绞线或无线方式，每个 AG 或 ONU 下支持一个行政村的用户数，其结构如图 5-53 所示。

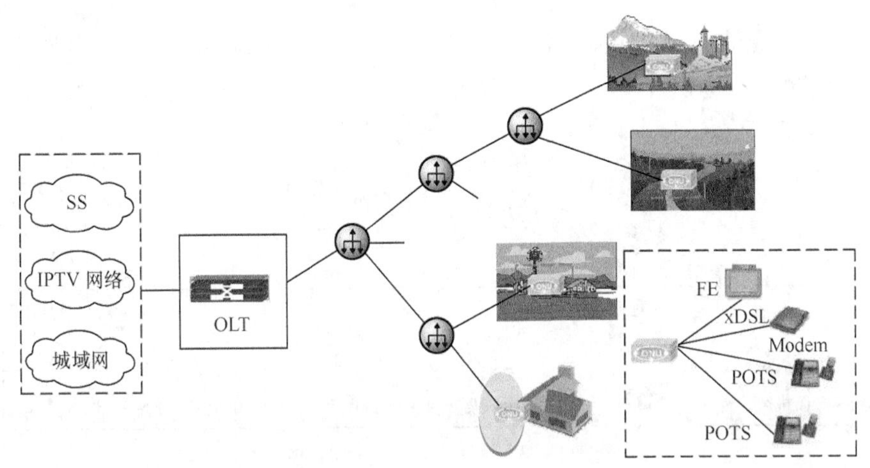


图 5-53　光纤到村示意图

OLT 集中放置在镇、县级中心机房，ODN 组网一般采用多级分光方式、链型组网，有条件时也可采用双纤迂回路由，光缆覆盖镇区和集镇，有条件时可以覆盖到行政村。

用户基本按需提供 2～4Mbit/s 的下行带宽，考虑到集线比，每 EPON 口可支持 1 024 个用户数。对于 DSL 接入，采用 ADSL2＋方式。ONU 尽量靠近行政村，建议在村中心进行建设，铜缆长度不超过 1 000m；ONU 内置 AG，建议宽窄带比例至少 1∶2，可达 1∶4；考虑到用户的带宽和 ONU 容量，每个 EPON 口携带 ONU 不超过 8 个。

### 4．其他应用场景

EPON 作为一种宽带接入技术，可以适用于各种语音、数据、视频等多业务的综合，随着通信应用的推广，EPON 的应用场景越来越多，如 3G 基站传输（见图 5-54）、“全球眼”接入（见图 5-55）等。

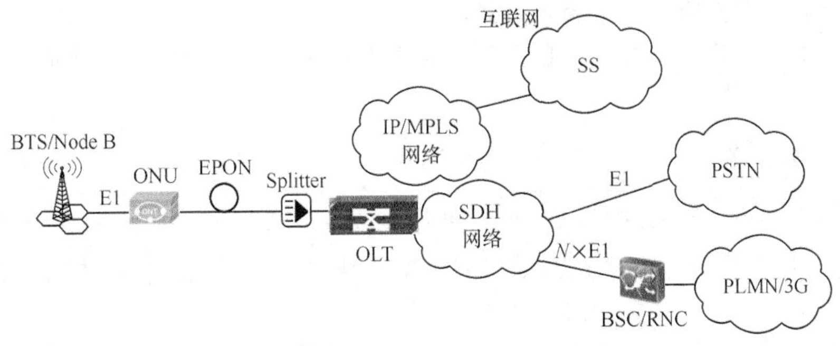


图 5-54　3G 基站传输示意图

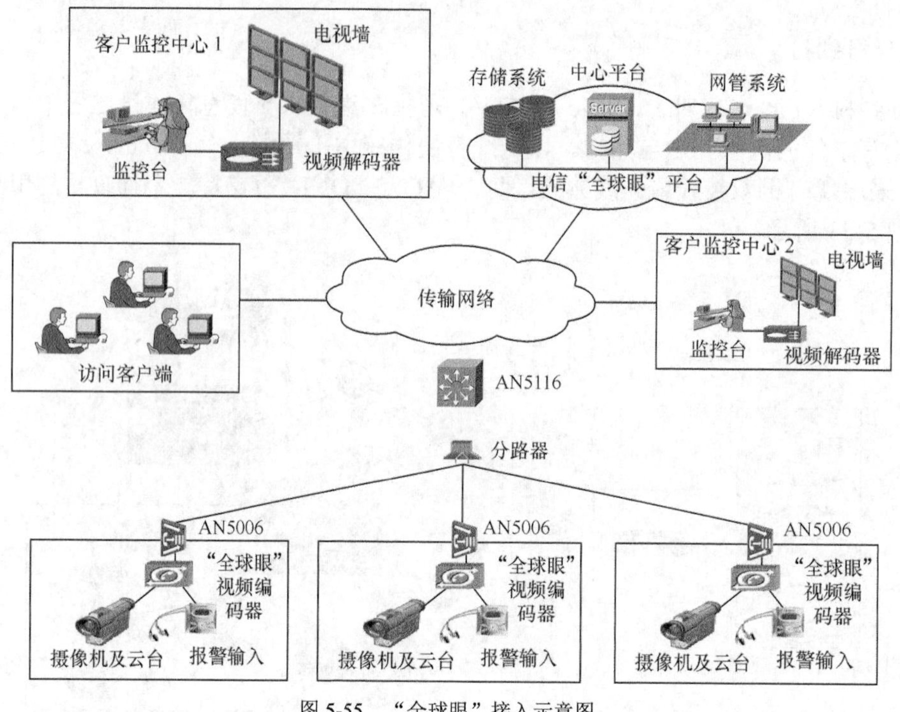


图 5-55 “全球眼”接入示意图

**归纳思考**

- 在我国接入网技术建设过程中，对于新建小区和旧城区改造的接入方式如何选择？
- EPON 有哪些应用场景？

## 实做项目及教学情境

**实做项目一：考察 OLT、ONU 和分光器产品。**

目的与要求：通过调查，认识产品型号、类别及应用场合。

**实做项目二：考察光交接箱、分纤盒、信息插座、综合信息箱等无源光器件。**

目的与要求：通过调查，认识器件实物和应用场合。

**实做项目三：调查所在小区接入方式。**

目的与要求：充分了解 EPON 的应用场景和应用模式及相应的网络构成。

## 小结

1. EPON 技术采用点到多点的用户网络拓扑结构，无源光纤传输方式，在以太网上提供数据、语音和视频等全业务接入。

2. EPON 系统由光线路终端设备（OLT）、光分配网（ODN）和光网络单元（ONU）

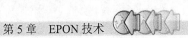

组成，为单纤双向系统。OLT 是 EPON 系统局端处理设备，是系统核心组成部分。通常 OLT 位于中心局内。ONU 是 EPON 系统中靠近用户侧的终端处理设备。ODN 位于 OLT 和 ONU 之间，将一个 OLT 和多个 ONU 连接起来，提供光传输通道，分光器是 ODN 中的重要器件。

3．EPON 中的无源光器件有光纤光缆、光纤配线设备、光纤连接器和无源光分路器。

4．光分配网（ODN）从局端到用户端可分为馈线光缆子系统、配线光缆子系统、引入光缆子系统和光纤终端子系统 4 个部分。

5．ODN 网络可采用一级分光或二级分光。根据分光器安装的位置不同，一级分光又可分为小区一级集中（或相对集中）分光、一级分散分光等几种方式。

6．从 OLT 到多个 ONU 为下行数据传输，从 ONU 到 OLT 为上行数据传输。EPON 系统中使用单芯光纤，在一根光纤上传送上、下行两种波长来区分上下行两个方向的数据。

7．EPON 系统上行采用时分多址接入技术分时隙给 ONU 传输上行流量；下行方向采用广播数据传输技术。

8．EPON 是建立在 IEEE 802.3ah 标准上的，OLT 在 MAC 层为每一个 ONU 创建一个虚拟 MAC 实体，从而在 OLT 与 ONU 之间建立了一个虚拟的链路逻辑连接，每一个逻辑链路都用唯一的一个标识符，即逻辑链路 ID（Logical Link，ID: LLID）来标识。

9．由于 EPON 是点到多点（P2MP）的网络结构，为了局端设备控制多个 ONU 定义了多点控制协议（MPCP），MPCP 在 OLT 和 ONU 之间规定了一种控制机制来协调数据的发送和接收。

10．EPON 的上行方向是一个多点到点的网络，由于各 ONU 与 OLT 之间的物理距离不同，为了避免来自不同的 ONU 的信号可能在到达 OLT 时发生冲突，要进行测距和时间补偿。

11．在 EPON 系统中一般都采用动态的带宽分配（DBA），或者动态带宽分配和静态带宽分配相结合的方案。DBA 能够根据 ONU 上流量大小实时地（通常是毫秒级）调整上行带宽分配给 ONU，实现高效的上行带宽利用率和良好的服务质量保证。

12．EPON 的上行线路是一个多点到点的网络结构，并采用 TDMA 方式传输数据，每个 ONU 发送时隙必须与 OLT 的系统分配的时隙保持一致，以防止各个 ONU 上行数据发生碰撞。

13．为提高网络可靠性和生存性，在 EPON 系统中采用主干光纤冗余保护、OLT　PON 口 + 主干光纤冗余保护和全保护三种光纤保护倒换机制。

14．EPON 主要用于光纤接入，FTTx 是对宽带光接入网的各种形态的一种统称。根据光纤所到达的物理位置不同，FTTx 存在多种应用类型。

## 思考与练习题

5-1　简述 EPON 网络构成，并说明其中各部分的作用。

5-2　无源光器件有哪些？各适用于什么场合？

5-3　简述光分配网的结构组成。

5-4　ONU 有哪些类型？各适用于什么场合？

5-5　简述 EPON 上、下行工作原理。

5-6　简述 ONU 的注册过程。

5-7　简述 EPON 的测距方法。

5-8　简述 EPON 的动态带宽分配原理。

5-9　如何实现 OLT 与 ONU 时钟同步？

5-10　列举 EPON 的典型应用模式。

5-11　列举 EPON 的主要应用场景。

# 第 6 章

# GPON 技术

**本章教学说明**

- 简单介绍 GPON 技术标准和层次模型
- 重点介绍 GPON 的帧结构和 GEM 帧结构
- 概括介绍 GPON 的业务映射
- 重点介绍 GPON 的关键技术
- 简单介绍 EPON 与 GPON 的比较

**本章内容**

- GPON 技术概述
- GPON 的帧结构及业务映射
- GPON 的关键技术
- EPON 与 GPON 的比较

**本章重点、难点**

- GPON 的帧结构和 GEM 帧结构
- GPON 的关键技术
- GPON 与 EPON 的区别

**本章目的和要求**

- 掌握 GPON 的帧结构和 GEM 封装过程
- 理解 GPON 的关键技术
- 了解 GPON 与 EPON 的区别

**本章实做要求及教学情境**

- 调查运营商 GPON 应用情况，了解 GPON 的应用场合
- 归纳总结 GPON 和 EPON 的异同点，进一步认识两者的区别
- 搜集不同厂家的 GPON 设备资料，了解 GPON 的行业发展动态，撰写总结报告

**本章学时数：4 学时**

全业务接入网（FSAN））论坛于 2002 年 9 月提出了吉比特的无源光网络（Gigabit-capable Passive Optical Networks，GPON）方案，ITU 为 GPON 技术制定并发布了 ITU-T G.984.x 系列标准，GPON 和 EPON 的主要区别主要体现在帧封装格式不同，GPON 的网络应用同 EPON，本章不再介绍。

# 6.1 GPON 技术概述

探讨

- 什么是 GPON?
- GPON 技术标准是由谁制定的?
- GPON 与 EPON 在层次结构上有什么不同?

## 6.1.1 GPON 的技术标准

GPON 支持更高的速率和对称/非对称工作方式，同时还有很强的支持多业务（ATM 业务、TDM 业务及 IP/Ethernet 业务）和 OAM 的能力。它以 ATM 信元和 GEM（Generic Encapsulation Method，通用封装方法）承载多业务，对各种业务类型都能提供相应的 QoS 保证，支持商业和居民业务的宽带全业务接入。

ITU 为 GPON 技术制定并发布了 ITU-T G.984.x 系列标准，具体包括 G.984.1、G.984.2、G.984.3 和 G.984.4。

（1）G.984.1

G.984.1 是 GPON 技术标准概述部分，定义了千兆比特无源光网络的总体特性。该标准主要规范了 GPON 系统的总体要求，包括 OAN 的体系结构、业务类型、SNI 和 UNI、物理速率、逻辑传输距离以及系统的性能目标。G.984.1 对 GPON 提出了总体目标，要求 ONU 的最大逻辑距离差可达 20km，支持的最大分路比为 16，32 或 64，不同的分路比对设备的要求不同。从分层结构上看，ITU 定义的 GPON 由 PMD 层和 TC 层构成，分别由 G.984.2 和 G.984.3 进行规范。

（2）G.984.2

G.984.2 是千兆比特无源光网络的物理媒质相关（PMD）层规范，主要规范了 GPON 系统的物理层要求。G.984.2 要求，系统下行速率为 1.244Gbit/s 或 2.488Gbit/s，上行速率为 0.155Gbit/s，0.622Gbit/s，1.244Gbit/s 或 2.488Gbit/s。标准规定了在各种速率等级下 OLT 和 ONU 光接口的物理特性，提出了 1.244Gbit/s 及其以下各速率等级的 OLT 和 ONU 光接口参数。但是对 2.488Gbit/s 速率等级，并没有定义光接口参数，原因在于此速率等级的物理层速率较高，对光器件的特性提出了更高的要求，有待进一步研究，从实用性角度看，在 PON 中实现 2.488Gbit/s 速率等级将会比较难。

（3）G.984.3

G.984.3 是千兆比特无源光网络的传输汇聚（TC）层规范，规定了 GPON 的 TC 子层、帧格式、测距、安全、动态带宽分配（DBA）、操作维护管理功能等。G.984.3 引入了一种新的传输汇聚子层，用于承载 ATM 业务流和 GEM 业务流。GEM 是一种新的封装结构，主要用于封装那些长度可变的数据信号和 TDM 业务。G.984.3 中规范了 GPON 的帧结构、封装方法、适配方法、测距机制、QoS 机制、加密机制等要求，是 GPON 系统的关键技术要求。

（4）G.984.4

G.984.4 是 GPON 系统管理控制接口（OMCI）规范，提出了对 OMCI 的要求，目标是实现多厂家 OLT 和 ONT 设备的互通性。该建议指定了协议无关的管理信息库（MIB）管理实体，模拟了 OLT 和 ONT 之间信息交换的过程。

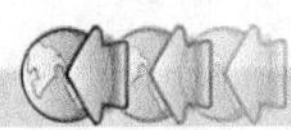

### 6.1.2　GPON 的层次模型

GPON 使用 GEM 协议进行封装，其协议参考模型如图 6-1 所示。GPON 由控制/管理平面（C/M 平面）和用户平面（U 平面组成）组成。C/M 平面管理用户数据流，完成安全加密等 OAM 功能；U 平面完成用户数据流的传输。用户平面分为物理媒介相关子层（Physical Medium Dependent Sublayer，PMD）、GPON 传输汇聚子层（GPON Transmission Convergence，GTC）和高层；GTC 子层又进一步细分为 GTC 成帧子层和 GTC 适配子层，高层的用户数据和控制/管理信息通过 GTC 适配子层进行封装。

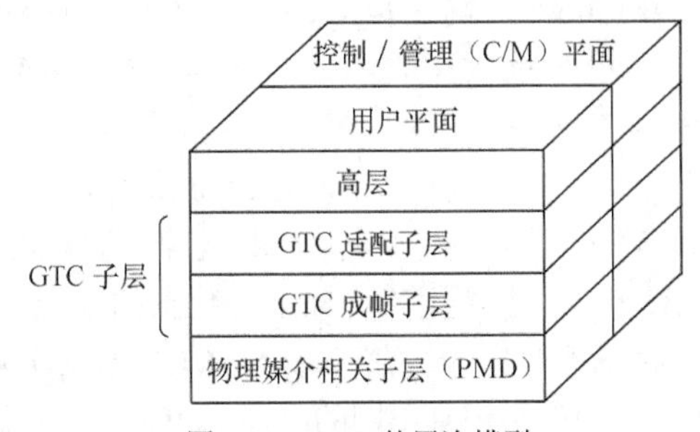

图 6-1　GPON 的层次模型

GTC 成帧子层完成 GTC 帧的封装、终结所要求的 ODN 传输功能，PON 的特定功能（如测距、带宽分配等）也在 PON 的成帧子层终结，在适配子层看不到。GTC 的适配子层提供协议数据单元与高层实体的接口。ATM 和 GEM 信息在各自的适配子层完成业务数据单元与协议数据单元的转换。

GPON 有两种传输模式：一种是 ATM 模式，信元封装在 ATM 块中传输；另一种是 GEM 模式，GEM 帧封装在 GEM 块中传输。GPON 在传输过程中可以用 ATM 模式，也可以用 GEM 模式，也可以共同使用两种模式，使用哪种模式在 GPON 初始化的时候进行选择。虽然 GPON 可以使用 GEM 和 ATM 两种传输模式，但是 GEM 是针对 GPON 制定的传输模式，它可以实现多种数据的简单、高效的适配封装，将变长或者定长的数据分组进行统一的适配处理，并提供端口复用功能，提供和 ATM 一样的面向连接的通信。

## 6.2　GPON 的帧结构及业务映射

重点掌握

- GPON 的复用结构。
- GPON 的帧结构。
- GEM 帧封装过程。

### 6.2.1　GPON 的复用结构

GPON 的上、下行工作原理和 EPON 一样，采用 WDM 实现一根光纤上传输上、下行两个方向的数据，下行采用广播的方式，ONU 选择性接收，上行采用 TDMA 方式实现不同的 ONU 在不同的时间上传数据。

GPON 采用 GEM 传输模式时，GEM 从帧结构而言和其他的数据封装方法类似，但是 GEM 是内嵌在 PON 中的，也就是在 ONU 跟 OLT 的两个 PON 口之间才能被识别。为了说明传输过程，就要引入一些基本概念来说明 OLT 到 ONU 之间的数据复用关系，如图 6-2 所示。

① IF pon。GPON 接口，存在于 OLT 和 ONU 中，OLT 一个 PON 接口下由多个 ONU 接

入，不同的 ONU 用 ONU-ID 标识，在一个 PON 口下唯一，不同 PON 口之间独立使用

② GEM Port。GEM 端口，ONU 和 OLT 之间数据传输的通道，不同的业务可以通过一个 GEM port，也可以通过多个 GEM port 传输，是 OLT 到 ONU 之间的业务的最小承载单位，不同的 GEM Port 用 Port-ID 标识。

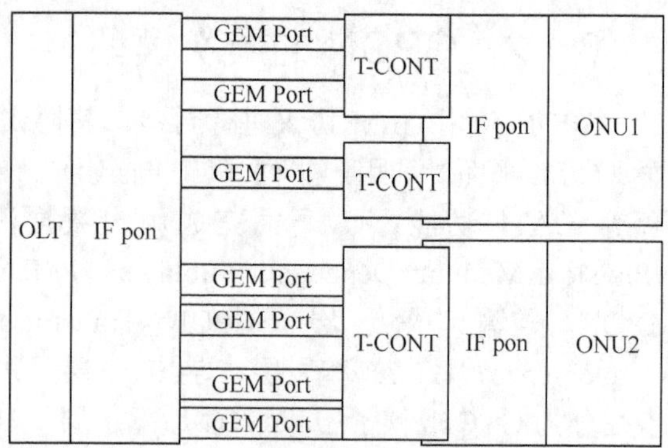

图 6-2 OLT 到 ONU 间复用结构示意图

③ T-CONT。Transmission Containers，传输容器，是一种承载业务的缓冲区（Buffer），主要用来传输上行数据的单元。是一种承载业务的缓存。每个 ONU 根据实际硬件不同，T-CONT 的数量不同，每个 ONU 用 T-CONT ID 来识别不同的缓存；OLT 用 ALLOCATE ID 来统一标识该 PON 口下的所有 ONU 的 T-CONT。

业务根据映射规则先映射到 GEM Port 中，然后再映射到 T-CONT 中进行上行传输。GEM port 可以灵活的映射到 T-CONT 中，一个 GEM Port 可以映射到一个 T-CONT 中去，多个 GEM Port 也可以映射到同一个 T-CONT 中。一个 ONU 的 GPON 接口中可以包含一个或多个 T-CONT。

## 6.2.2 GPON 的帧结构

GPON 帧分为上行帧和下行帧，每个帧都是 125μs，如图 6-3 所示。下行帧最多为 38 878 字节，上行帧最多为 19 438 字节，所以 GPON 的最大下行速率为 38 878 × 8×8 000 = 2.48 832（Gbit/s）；最大上行速率为 19 438 × 8×8 000 = 1.24416（Gbit/s）。GPON 提供的上行、下行速率如表 6-1 所示。

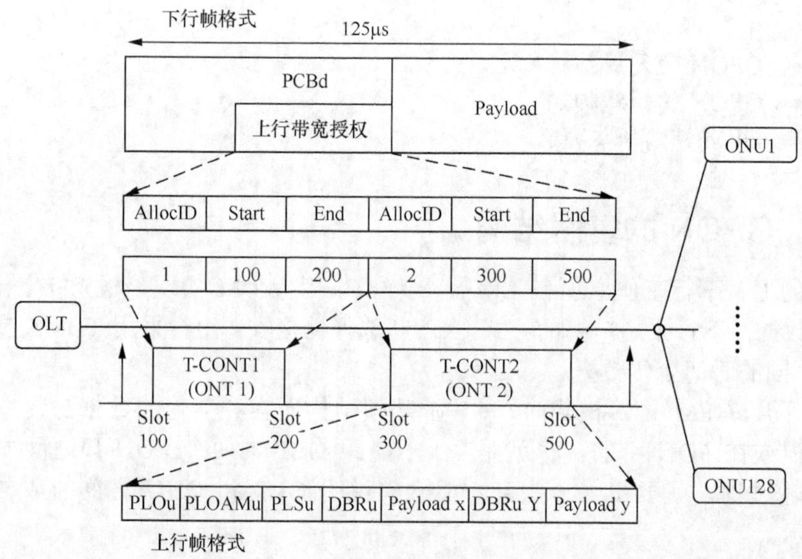

图 6-3 GPON 帧结构示意图

表 6-1　　GPON 的传输速率表

| 上行速率（Gbit/s） | 下行速率（Gbit/s） |
|---|---|
| 0.15552 | 1.24416 |
| 0.62208 | 1.24416 |
| 1.24416 | 1.24416 |
| 0.15552 | 2.48832 |
| 0.62208 | 2.48832 |
| 1.24416 | 2.48832 |
| 2.48832 | 2.48832 |

上行 1.24416Gbit/s、下行 2.48832Gbit/s 是目前支持的主要速率，可升级到 10G GPON。

下行帧结构包括 GTC Header（GTC 帧头）和 GTC Payload（GTC 信息净荷），其中信息净荷用来装载 ATM 信元或者 GEM 帧，帧头部分包括如下方面。

① 下行物理控制块（Physical Control Block downstream，PCBd）用来实现传送 OLT 与 ONU 之间的同步、超帧指示、下行物理层 OAM（PLOAM）、差错检验和下行信息净荷长度等信息。

② 上行带宽授权（Upstream Bandwidth Map）用来给 ONU 的上行数据指定传输时隙。图 6-3 中，Alloc ID 为 1 的 T-CONT 为 1 的 ONU 1 的上行开始时隙为 100，结束时隙为 200。

上行帧结构包括如下方面。

① PLOu（Physical Layer Overhead upstream）。上行物理层开销，用于突发传输同步，包含前导码、定界符、BIP、PLOAMu 指示及 FEC 指示，其长度由 OLT 在初始化 ONU 时设置，ONU 在占据上行信道后首先发送 PLOu 单元，以适 OLT 能够快速同步并正确接受 ONU 的数据。

② PLOAMu（PLOAM upstream）。用于承载上行 PLOAM 信息，包含 ONU ID、Message 及 CRC，长度为 13 字节。

③ PLSu。功率测量序列，长度为 120 字节，用于调整光功率。

④ DBRu。包含 DBA 域及 CRC 域，用于申请上行带宽，共 2 字节。

⑤ Payload 域。填充 ATM 信元或者 GEM 帧。

OLT 以广播的方式发送 PCBd，每个 ONU 都接收整个的 PCBd，然后 ONU 按照其中包含的相关信息进行动作。载荷部分，可以是 ATM 信元，也可以是 GEM 的多业务封装。

## 6.2.3　GEM 的帧结构

GEM 帧由 5 字节的帧头和 L 字节的净荷组成。GEM 帧头包括 PLI（净荷长度指示）、Port-ID（端口 ID）、PTI（净荷类型指示）和 13bit 的 HEC（头错误控制）5 个部分组成，如图 6-4 所示。

| PLI<br>12 bits | Port ID<br>12 bits | PTI<br>3 bits | HEC<br>13 bits | Fragment payload<br>L Bytes |
|---|---|---|---|---|

图 6-4　GEM 帧结构示意图

PLI（Payload Length Indicator）。指示的是净荷的字节长度。由于 GEM 块是连续传输的，所以 PLI 可以视作一个指针，用来指示并找到下一个 GEM 帧头。PLI 由 12bit 组成，所以后面的净荷最大字节长度是 4095 个字节。如果数据超过这个上限，GEM 将采用分片机制。

Port ID。12bit 的 Port-ID 可以提供 4096 个不同的端口，用于支持多端口复用，相当于 APON 中的 VPI。

PTI（Payload Type Indicator）。用来指示净荷的类型。PTI 最高位指示 GEM 帧是否为 OAM 信息，次高位指示用户数据是否发生拥塞，最低位指示在分片机制中是否为帧的末尾，当为 1 的时候表示帧的末尾。

HEC（Head Error Check）。有 13bit，它提供 GEM 帧头的检错和纠错个功能。

### 6.2.4 GEM 的分片机制

由于用户数据帧的长度是随机的，如果用户数据帧的长度超过 GEM 协议规定的净荷长度就要采用 GEM 的分片机制。GEM 的分片机制把超过长度限制的用户数据帧分割成若干分割块，并且在每个块的前面都插入一个 GEM 帧头。如前所述，PTI 的最低有效位就是用来指示这个分割块是否为用户数据帧的最后一个分割块。值得注意的是，每一个 GEM 块都是连续的、不跨越帧界的传输。分片过程中要注意当前 GTC 帧净荷中的剩余时间，以便合理分片。当高优先级的用户传输结束后剩余 4 个字节或更少（GEM 帧头有 5 个字节），就要用空闲帧进行填充，接收机将会识别出这些空闲帧，并丢弃。

在 GTC 系统中使用分片机制有两个目的：一个是在每个分片前面都加上一个 GEM 帧头，另一个是对于一些时间比较敏感的信号，比如说语音信号，必须以高优先级进行传输，而分片能保证这一点。它把语音信号总是在净荷区的前部发送，GTC 帧的帧长是 125μs，延时比较小，从而能保证对于语音业务的 QoS。

### 6.2.5 业务在 GPON 中的映射方式

#### 1. TDM 业务在 GPON 中的映射方式

TDM 业务先导入缓存中进行排队，并且按照固定的字节数复用到 GEM 帧中进行传输，如图 6-5 所示。这种方式不对具体的 TDM 业务进行感知，只进行透传处理。GEM 帧具有定长的特点，对 TDM 业务传输非常有利。

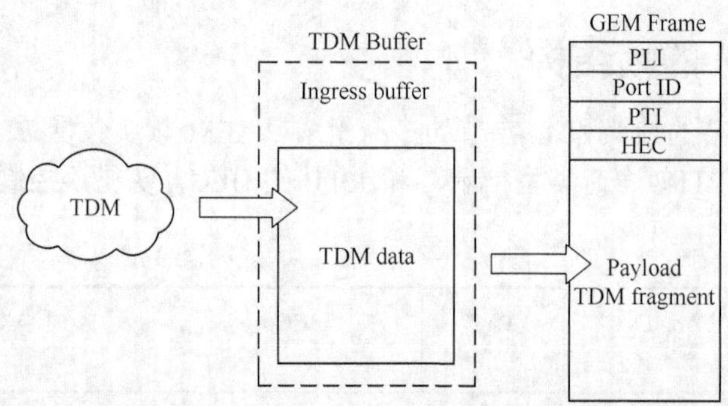


图 6-5 TDM 业务在 GPON 中的映射方式示意图

### 2．以太网业务在 GPON 中的映射方式

GPON 系统对以太网帧进行解析，将数据部分直接映射到 GEM Payload 中去进行传输，如图 6-6 所示。GEM 帧会自动封装头信息，映射的格式清晰，设备很好实现，兼容性好。

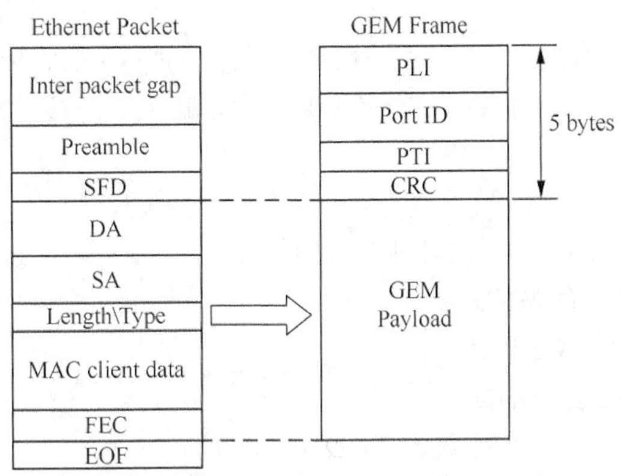


图 6-6　以太网业务在 GPON 中的映射方式示意图

GPON 技术特征如下。

① 传输汇聚子层（TC 子层）可支持 GEM 和 ATM 两种帧封装方式。

② 支持下行线路速率 2.488Gbit/s，上行线路速率 1.244Gbit/s。

③ 支持 1:64 分路比下 20km 的传输距离，支持 1:128 分路比下 10km 的传输距离。

④ 现有设备采用 TDM over GEM 技术（也称为 Native 方式）或电路仿真方式承载 E1 业务。

⑤ ODN 类型分为 A、B、B＋和 C 四大类，目前 B＋类为主流，光功率预算大于 28dB。

在产业化方面，芯片厂商已经推出成熟的系列化的 GPON 芯片，多家设备厂商均可提供成熟的 GPON 产品。北美和欧洲多家电信运营商开始规模部署商用 GPON 网络。

## 6.3　GPON 的关键技术

GPON 的关键技术和 EPON 一样，也包括测距技术、突发发送与突发接收、多点控制协议、动态带宽分配技术、系统时钟同步技术、网络保护技术、QoS 处理等，下面就 GPON 特殊的关键技术进行说明。

### 6.3.1　测距技术

**探讨**

- 各个 ONU 和 OLT 的距离都不一样，光信号在光纤上的传输时间不一样，到达各 ONU 的时刻不一样。
- OLT 给每个 ONU 分配不同的时隙来发送上行的数据，如何保证各 ONU 能够精确定位时隙？
- 多个 ONU 的上行数据如何不冲突，实现帧同步？

OLT通过Ranging测距过程获取ONU的往返延迟RTD（Round Trip Delay），从而指定合适的均衡延时参数EqD（Equalization Delay），保证每个ONU发送数据时不会在分光器上产生冲突。Ranging的过程需要开窗，即Quiet Zone，暂停其他ONU的上行发送通道。OLT开窗通过将BWmap设置为空，不授权任何时隙来实现。

OLT通过Ranging获取ONU的往返延迟RTD（Round Trip Delay），计算出每个ONU的物理距离。

通过RTD和EqD，使得各个ONU发送的数据帧同步，保证每个ONU发送数据时不会在分光器上产生冲突。相当所有ONU都在同一逻辑距离上，在对应的时隙发送数据即可。

ONU的激活进程在OLT控制下工作，ONU应答OLT启动的消息，激活进程如图6-7所示，大致步骤如下。

① OLT开窗广播给所有ONU。

② ONU上报序列码给OLT。

③ OLT分配ONU ID给ONU。

④ OLT和ONU进行测距（计算出TRD和EqD）。

⑤ OLT创建OMCI管理通道。

⑥ OLT请求密码（可选）。

⑦ ONU上报密码（可选）。

⑧ 注册成功。

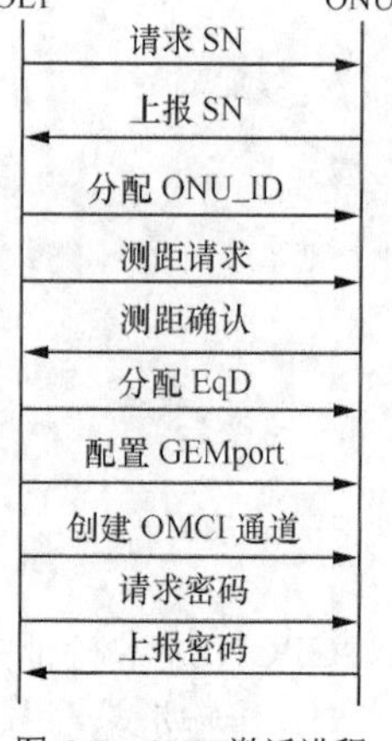


图6-7 ONU激活进程

### 6.3.2 动态带宽分配技术

**探讨**

- 语音业务与数据业务和视频业务分配的带宽有什么不同？
- GPON是如何进行带宽管理的？

DBA策略分为非状态报告DBA（Non Status Report DBA，NSR-DBA）和状态报告DBA（Status Report DBA，SR-DBA）两种方式，DBA利用下行帧PCBd中的BWmap来控制每个ONT上T-CONT的发送，从而达到带宽动态分配的目的。NSR-DBA通过在OLT侧检测每个T-CONT的拥塞状态来进行带宽分配。SR-DBA是T-CONT向OLT发送数据时汇报T-CONT buffer的当前状态，OLT根据汇报调整带宽分配。

T-CONT可以动态接收OLT下发的授权，来管理PON系统传输汇聚层的上行带宽分配，改善PON系统中的上行带宽，T-CONT的带宽类型如下。

（1）固定带宽（Fixed Bandwidth，FB）。预留的或者循环申请的带宽，能够保证最低的传送延迟。就算没有数据发送，其带宽也会预留不被其他T-CONT使用。

（2）确定带宽（Assured Bandwidth，AB）。如果ONT的T-CONT buffer中有数据发送，则总能得到有效的调度。如果T-CONT buffer中没有数据则其带宽将被其他T-CONT使用。

（3）尽力而为带宽（Best Effort Bandwidth，BE）。如果没有高优先级的带宽使用，则尽力而为带宽将得到调度。

保证带宽是确定带宽和固定带宽的总和；剩余带宽是PON口带宽去掉固定带宽或者确定带宽以及其他保留的带宽后的带宽。最大带宽和最小带宽是对每个ONU的带宽进行极限

限制，保证带宽根据业务的优先级不同而不同，一般语音业务的优先级最高，视频业务优先级次之，数据业务的优先级最低。

## 6.3.3　GPON 网络保护方式

### 1．光纤备份方式

光纤备份如图 6-8 所示。设备没有任何备份措施，主干光纤故障后，由人工切换至备用光纤，业务肯定中断，中断时间取决于线路恢复时间。如果到用户的线路故障，业务就会中断，无法备份。

### 2．OLT 端口备份方式

OLT 端口备份如图 6-9 所示，OLT 设备上有两个 GPON 接口，此种保护方式仅限于主干光纤出现故障时，系统会自动切换到备用系统，实现了对骨干光纤的保护。保护对象仅限于 OLT 与 ODN 之间的光纤故障和 OLT 单板硬件故障，对其他类型的故障没有涉及，可能存在严重安全隐患，无法满足客户需求，无法定位故障。

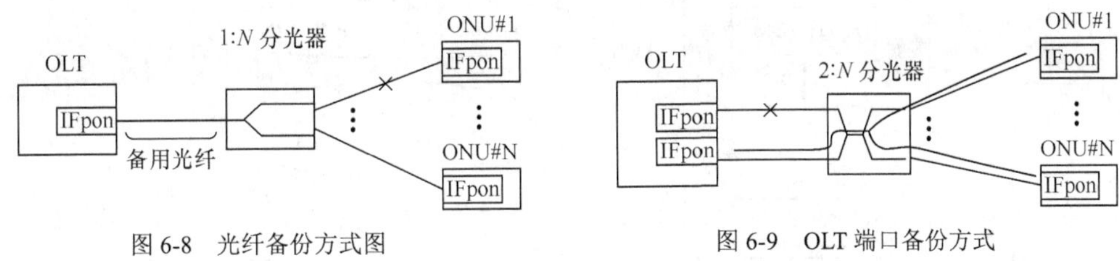


图 6-8　光纤备份方式图　　　　图 6-9　OLT 端口备份方式

### 3．全备份方式

全备份方式如图 6-10 所示，OLT 和 ONT 上均有两个 GPON 接口。OLT 的 GPON 接口要工作在 1:1 模式下。此种保护方式一种全保护光纤倒换方式，OLT 与 ONU 之间有完全不同的两条通路，可以保证各种故障都得到恢复。

当 ONU 的主用 PON 口或用户线路故障时，ONU 会自动将业务倒换到备用 PON 口上，业务通过备用线路和 OLT 的备份端口上行。业务基本不会中断。实现难度较大，成本较高。其中一个端口始终处于空闲状态，造成系统带宽利用率低。

### 4．混合备份方式

全备份方式如图 6-11 所示，OLT 上有两个 GPON 接口。OLT 的 GPON 接口要工作在 1＋1 模式下。此种保护方式一种全保护光纤倒换方式，OLT 与 ONU 之间有完全不同的两条通路，可以保证各种故障都得到恢复，包括无源分光器故障，链路都可以自动恢复。此种网络中支持 ONU 混合方式，可以是带一个 PON 口的，也可以是带两个 PON 口的，根据用户的实际需要选择。实现难度较大，成本较高。

归纳思考

- GPON 网络保护方式分为光纤备份方式、OLT 端口备份方式、全备份方式和混合备份方式。
- 在实际应用中如何合理选择网络保护方式？

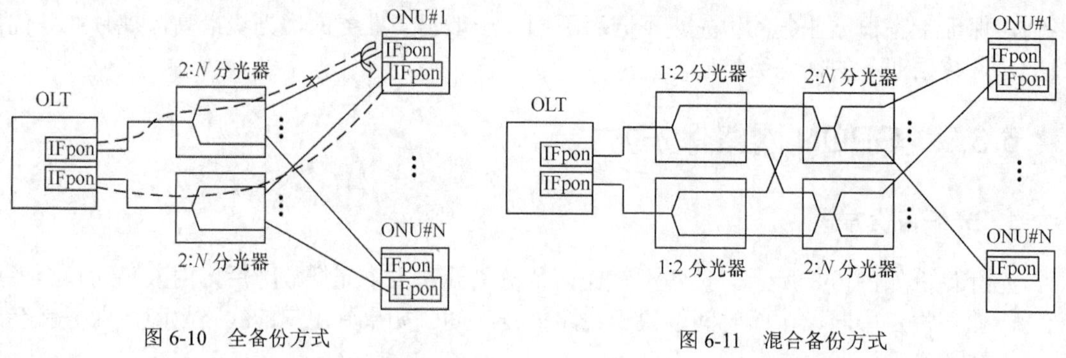

图 6-10 全备份方式　　图 6-11 混合备份方式

## 6.3.4 GPON 中的 QoS 处理

GPON 中的 QoS 处理分为 GTC 层、GEM 帧和 ETH/TDM 的不同层次的 QoS 处理，如图 6-12 所示。

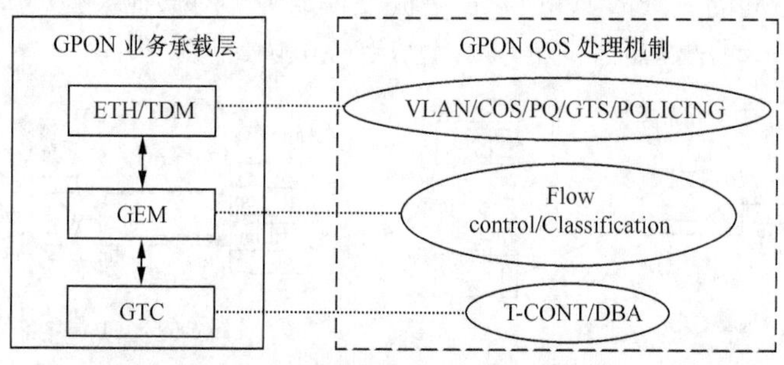


图 6-12 GPON 中的 QoS 处理

### 1．GTC 层次的 QoS 处理

PON 系统架构是下行方向为广播方式，上行方向为 TDMA 方式，所以只对上行方向的业务流提供 QoS 处理。QoS 处理的最小单元是 T-CONT，T-CONT 可以看作是 ONU 业务流的承载容器，调度机制是 DBA（动态带宽分配）。DBA 的算法是 GTC 的 QoS 处理性能的关键。

### 2．GEM 帧的 QoS 处理

在 GEM 层主要是针对每个 GEM Port 进行业务流分类，类似于 DSLAM 的单 PVC 多业务的处理方式。针对流分类后的业务分别进行优先级修改、流量监管和转发处理。

### 3．ETH/TDM 的 QoS 处理

TDM 业务（非电路仿真 QoS 处理方式）为面向连接，系统可以通过静态配置带宽严格保证面向连接的 QoS。ETH 业务（包括电路仿真方式的 TDM 业务）主要是基于二层 VLAN 等标识进行业务的 QoS 处理。

QoS 主要处理机制分为流分类、监管、队列调度、拥塞处理、整形，它们的实现复杂度是影响 QoS 处理性能的关键。

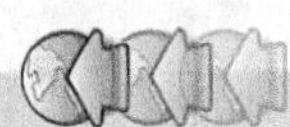

# 6.4　GPON 与 EPON 的比较

警　示

GPON 和 EPON 在网络组成、应用场合等都是一致的，它们的主要区别在于数据的封装格式不同。

EPON、GPON 这两种主流光接入技术的比较如表 6-2 所示。

表 6-2　光接入技术特性比较

| 比较项目 | EPON | GPON |
|---|---|---|
| 标准 | IEEE 802.3ah | ITU G.984.4 |
| 网络结构 | 点到多点 | 点到多点 |
| 线路速率 | 上行：1.25Gbit/s<br>下行：1.25Gbit/s | 上行：1.244Gbit/s<br>下行：2.488Gbit/s |
| 分路比/传输距离 | 1:32 分路比下 20km<br>1:64 分路比下 10km | 1:64 分路比下 20km<br>1:128 分路比下 10km |
| 业务能力 | IP、E1、语音 | IP、E1、语音 |
| 对 E1 的支持能力 | 基于电路仿真（CES）方式实现 | 基于 Native 方式和电路仿真（CES）方式实现 |
| QoS 特性 | 满足现网业务 QoS 要求 | 满足现网业务 QoS 要求 |
| 管理维护能力 | 主要通过扩展 OAM 进行管理 | 主要通过 OMCI 协议进行管理 |
| 互通 | 行业标准已发布 | 行业标准正在制定中 |

## 实做项目及教学情境

**实做项目一：调查运营商 GPON 应用情况。**

目的与要求：通过调查，了解 GPON 的应用场合。

**实做项目二：归纳 GPON 和 EPON 的异同点。**

目的与要求：通过课下自学，归纳总结，进一步认识两者的区别。

**实做项目三：搜集不同厂家的 GPON 设备资料。**

目的与要求：了解 GPON 的行业发展动态，撰写总结报告。

## 小结

1．GPON 支持更高的速率和对称/非对称工作方式，支持多业务（ATM 业务、TDM 业务及 IP/Ethernet 业务），同时具有强大的 OAM 能力。它以 ATM 信元和 GEM 承载多业务，对各种业务类型都能提供相应的 QoS 保证，支持商业和居民业务的宽带全业务接入。

2．ITU 为 GPON 技术制定并发布了 ITU-T G.984.x 系列标准，具体包括 G.984.1、G.984.2、G.984.3 和 G.984.4。

3．GPON 由控制/管理平面（C/M 平面）和用户平面（U 平面组成）组成。C/M 平面管理用户数据流，完成安全加密等 OAM 功能；U 平面完成用户数据流的传输。用户平面分为物理媒介相关子层（PMD）、GPON 传输汇聚子层（GTC）和高层；GTC 子层又进一步细分为 GTC 成帧子层和 GTC 适配子层，高层的用户数据和控制/管理信息通过 GTC 适配子层进行封装。

4．GPON 采用 GEM 传输模式时，业务根据映射规则先映射到 GEM Port 中，然后再映射到 T-CONT 中进行上行传输。

5．GPON 帧分为上行帧和下行帧，每个帧都是 125μs。GPON 的最大下行速率为 2.48832Gbit/s；最大上行速率为 1.24416Gbit/s。

6．GEM 帧由 5 字节的帧头和 L 字节的净荷组成。GEM 帧头包括 PLI（净荷长度指示）、Port-ID（端口 ID）、PTI（净荷类型指示）、和 13bit 的 HEC（头错误控制）五个部分组成。

7．GEM 的分片机制把超过长度限制的用户数据帧分割成若干分割块，并且在每个块的前面都插入一个 GEM 帧头。

8．OLT 通过 Ranging 获取 ONU 的往返延迟 RTD（Round Trip Delay），计算出每个 ONU 的物理距离。通过 RTD 和 EqD，使得各个 ONU 发送的数据帧同步，保证每个 ONU 发送数据时不会在分光器上产生冲突。

9．DBA 利用下行帧 PCBd 中的 BWmap 来控制每个 ONT 上 T-CONT 的发送，从而达到带宽动态分配的目的。NSR-DBA 通过在 OLT 侧检测每个 T-CONT 的拥塞状态来进行带宽分配。SR-DBA 是 T-CONT 向 OLT 发送数据时汇报 T-CONT buffer 的当前状态，OLT 根据汇报调整带宽分配。

10．GPON 网络保护方式分为光纤备份方式、OLT 端口备份方式、全备份方式和混合备份方式。

11．GPON 中的 QoS 处理分为 GTC 层、GEM 帧和 ETH/TDM 的不同层次的 QoS 处理。

## 思考与练习题

6-1　简述 GPON 的层次模型，并说明各层的作用。

6-2　简单说明 GPON 业务数据从 ONU 传递到 OLT 的过程。

6-3　简要说明 GEM 帧结构。

6-4　什么是 GEM 的分片机制？

6-5　简述 TDM 业务在 GPON 中的映射过程。

6-6　简述以太网业务在 GPON 中的映射过程。

6-7　简述 GPON 测距方法。

6-8　简述 GPON 动态带宽分配原理。

6-9　GPON 的网络保护方式有哪些？

6-10　总结归纳 GPON 和 EPON 的异同点。

6-11　调查运营商 GPON 的发展情况。

# 第 7 章 其他有线接入技术

**本章教学说明**

- 重点介绍接 HFC 接入、电力线接入的基本原理
- 简要介绍 HFC 频谱划分
- 结合实际介绍 HFC、电力线接入组网

**本章内容**

- HFC 技术
- 电力线接入技术

**本章重点、难点**

- HFC 接入基本原理
- 电力线接入基本原理

**本章目的和要求**

- 掌握 HFC 接入基本原理
- 了解 HFC 频谱划分
- 理解 CMTS + CM、EPON + EoC 实现 HFC 双向改造的组网方式
- 掌握电力线接入基本原理
- 了解不同场景下电力线接入组网方式

**本章实做要求及教学情境**

- 查找 HFC 网络双向改造所需设备
- 查找、比较电力线接入设备

**本章学时数：4 学时**

## 7.1 HFC 技术

### 7.1.1 HFC 的基本原理

**探讨**

HFC 指什么？它和传统 CATV 网络有什么异同？

混合光纤/同轴电缆（Hybrid Fiber-Coaxial，HFC）接入网，是一种光纤和同轴电缆相结合的混合网络。它是在传统的有线电视（Community Antenna TeleVision，CATV）网络上进

行改造而来的。HFC 先将光缆敷设到居民小区，然后通过光电转换节点，利用有线电视的同轴电缆网连接到用户。为了更好地理解 HFC 网络，先介绍一下我们熟悉的传统 CATV 网络。

#### 1. CATV 网络结构及其局限性

CATV 网络结构如图 7-1 所示。其中，前端是信号的接收和处理中心，它接收来自各种信号源（卫星、本地）的电视信号，并将接收到的信号调制到一个 8MHz 的频道上，各频道信号通过合路器，以频分复用的方式传送到干线同轴电缆。干线网是连接头端和信号分配点之间的缆线设备，每隔一段距离需要设置单向放大器，对视频信号进行放大。信号分配器将一路干线信号分成多路，以扩大信号覆盖范围。配线网连接信号分配点和分支器，包含主配线和一些单向放大器。分支器是用户的接入线，通过引入线连接用户家中的电视。CATV 网络使用同轴电缆传输信号，多采用树型（分支型）拓扑结构。

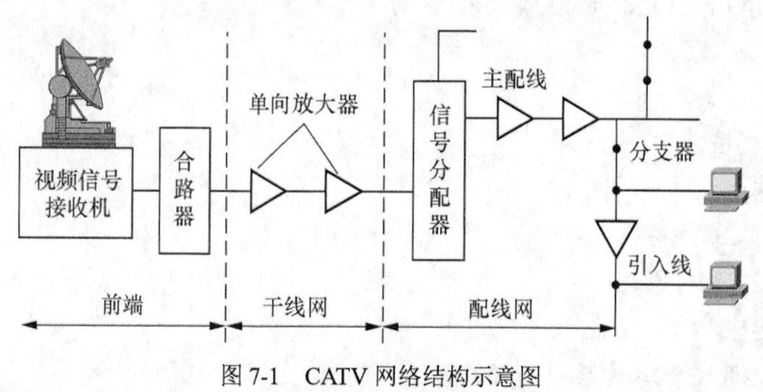


图 7-1　CATV 网络结构示意图

CATV 网络覆盖范围广，用户基础好，截至 2012 年 12 月底，我国有线数字电视用户市场规模达到 1.567 亿户，遍布各个社区乡镇；但传统的 CATV 网络只能实现单向视频业务，无法满足现代用户的交互式综合业务的需求，因此，对 CATV 的改造势在必行。

#### 2. HFC 网络结构及其原理

HFC 网络结构如图 7-2 所示。其中，前端除了接收来自各种信号源（卫星、本地）的电视信号，还接收来自电话网的话音信号和来自互联网的数据信号，并将接收到的信号调制到一个 8MHz 的频道上。干线网采用光纤作为传输介质，拓扑结构一般是星状拓扑，由于光纤传输的信号质量和可靠性都很高，所以干线网部分取消了放大器。配线网部分，光节点替代了传统 CATV 网络中的信号分配点，光节点一方面可以进行信号的光/电（下行方向）、电/光（上行方向）转换，同时还可以对信号有放大作用。配线网仍采用树状结构，用同轴电缆作为传输介质，但为了实现双向交互业务，放大器变成了双向放大器。HFC 网络具有传输双向业务的能力，目前我国的广播电视网都已经采用了 HFC 网络模式。

HFC 网络采用的是光纤到服务区结构，每个的光节点的覆盖范围为一个服务区。每个服务区第一个独立的子网，允许采用相同的频谱安排而互不影响。

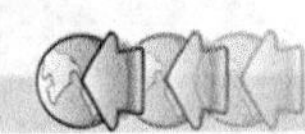

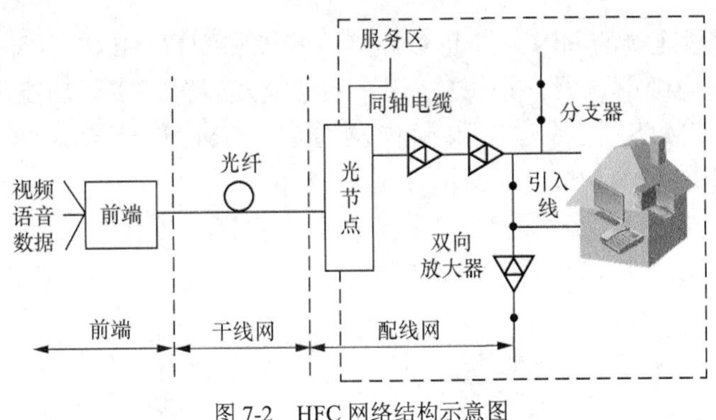

图 7-2　HFC 网络结构示意图

## 7.1.2　我国的 HFC 频谱划分

根据我国有线电视广播系统技术规范的规定，HFC 频带为 5～1 000MHz。

如图 7-3 所示，其中 5～65MHz 留给上行信号使用，称为回传通道（上行通道），主要用来传送电视、非广播业务及电话信号，并在该上行通道和下行通道之间保留一定的间隙。87～1000MHz 留给下行信号使用，称为正向通道（下行通道）。其中 87～108MHz 留给调频广播，108～550MHz 频段主要用来传输模拟 CATV 信号。由于我国采用 PAL-D 电视标准制式，每频道信号带宽为 6～8MHz，因此可安排传输 60～80 路电视节目。550～750MHz 频段主要用来传输附加的模拟 CATV 或数字广播电视信号，特别是用来传输视频点播（VOD）信号。该频段多采用 QAM（正交调幅）调制及时分复用技术，将多路信号时分复用后经 QAM 调制和 MPEG-2 图像信号压缩，频谱利用率可达（56bit/s）/Hz，从而允许在一个 6～8MHz 的模拟通路内传输 30～40Mbit/s 速率的数字信号。该信号大致相当于 6～8 路 MPEG-2 图像信号。因此在 550～750MHz 带宽内至少可以传输 200 路 VOD 信号或划分为 100～500 个数字电视频道，当然也可以利用这一带宽传输其他业务。750～1 000MHz 的频率用于各种双向通信业务，如个人通信等，并可用来分配可能出现的其他新业务。

图 7-3　HFC 频谱分配

## 7.1.3　HFC 网络双向改造组网

单纯的 HFC 网络并不能实现综合业务的接入，需要再其基础上进一步进行双向改造，主要的双向改造方式有 CMTS + CM 和 EPON + EoC 两类。

### 1．CMTS + CM 组网

CMTS 是电缆调制解调器前端系统，通常放置在本地有点电视公司的机房中，CMTS 与

电话交换网、互联网连接的同时，还负责连接、管理和配置 HFC 中所有用户端 CM。CM（Cable Modem）是电缆解调器，是 HFC 用户数据收发装置，主要功能是通过 QAM 调制解调方式，与前端 CMTS 设备建立数据收发通道，CM 有外置式和内置式两种类型。CMTS + CM 系统组网结构如图 7-4 所示。

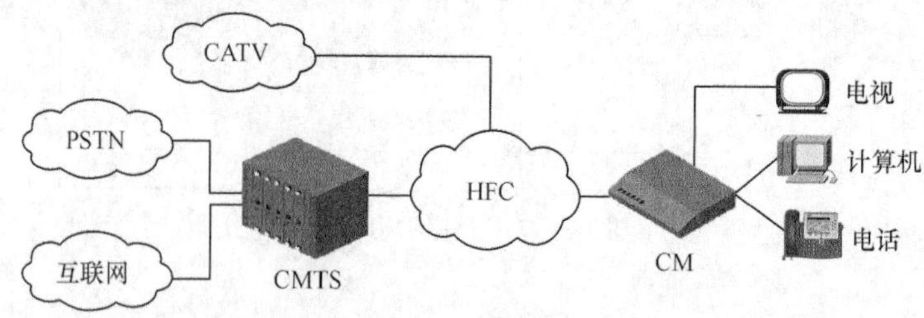


图 7-4　CMTS + CM 组网结构

这种组网方式的优势是可以利用传统 CATV 网络提供双向通信，适合低密度网络覆盖区域；大面积覆盖低开通率情况下所需成本较低，只需在前期进行少量投入即可在全网进行业务开通；技术标准及产品相对成熟。缺点是需要对 HFC 光电传输的链路部分进行双向改造；来自众多用户、所有路由的电缆侵入噪声及网络设备自身产生的干扰噪声会影响系统的带宽和性能，与此同时，对于同轴电缆及接头的质量也具有较高的要求，维护量较大；由于带宽有限，可以开通的用户量受限；系统若需扩容，则需要较大的成本。

### 2. EPON + EoC 组网

EoC（Ethernet over Coax）是基于有线电视同轴电缆网使用以太网协议的接入技术。它是将以太数据信号经过调制后，使用频分复用技术，与有线电视信号在同一根同轴电缆中进行数据传输。其频率不占用有线电视频率段，和有线电视频率共存。EoC 可以和 EPON 技术配合实现 HFC 网络双向接入，组网结构如图 7-5 所示，其中广播/点播节目通过独立的光纤传送。

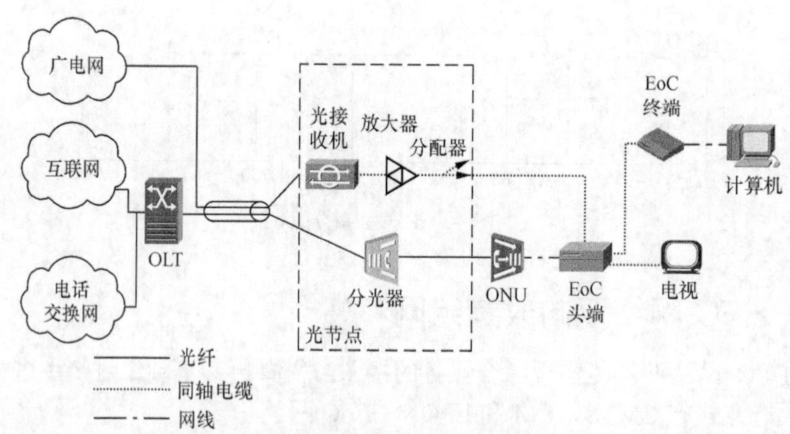


图 7-5　EPON + EoC 组网结构

EoC 头端部署在小区楼道，将 CATV 信号和数据信号进行合成，通过原有 HFC 线缆传

送到用户侧，最终通过用户侧的 EoC 终端分离出 CATV 信号和数据信号。用户数字电视点播信号通过 EoC 方式上行。EoC 充分利用现有网络的同轴电缆、分配器资源，能够有效节省建网成本。

目前国内外研究的 EoC 技术方案可分为无源 EoC 和有源 EoC。

无源 EoC 技术最显著的特点是其用户端为无源器件。其优点是系统支持每个客户独享 10Mbit/s 的网络传输速率；用户端是无源终端，系统具有较高的稳定性，缩减了运营维护成本；工程安装无需重新铺设五类线，有效地解决了住宅内布线困难的问题，降低了成本。其缺点是无法适用于广电常见的树状网络且抗扰能力差。

有源 EoC 也称为调制 EoC，它抗扰能力强；能够通过分支器透传；适用于广电的星型与树型两种网络；且双向改造过程简单快捷；改造成本要低得多，其可以通过原有的 HFC 网络，在同轴线中增设上传通道，无需重新进行布线，降低了改造成本。

# 7.2　电力线接入技术

## 7.2.1　电力线接入基本原理

电力线通信技术一般被称为 PLC（Power Line Communication），是利用配电网中低压线路传输高速数据、语音、图像等多媒体业务信号的一种通信方式。该技术是将载有信息的高频信号加载到电力线上，用电线进行数据传输，通过专用的电力线调制解调器将高频信号从电力线上分离出来，传送到终端设备。

PLC 技术分为窄带 PLC 和宽带 PLC。窄带 PLC 是指工作频率在 500kHz，通信速率在 1Mbit/s 以下的电力线通信技术，主要用于电力网中的自动抄表、电费费率控制和设备状态监视等场合；宽带 PLC 是指工作在 2MHz 以上，通信速率高于 1Mbit/s 的电力线通信技术，它通过应用宽带数字调制技术，有效提高了 PLC 的传输速率，主要应用于因特网高速接入、视频点播、视频监视和数字家庭联网等。全球主要的 PLC 标准有 HomePlug AV、UPA PLC 和 HD-PLC 3 种，传输速率都可达 200Mbit/s。宽带 PLC 网络接入原理如图 7-6 所示。

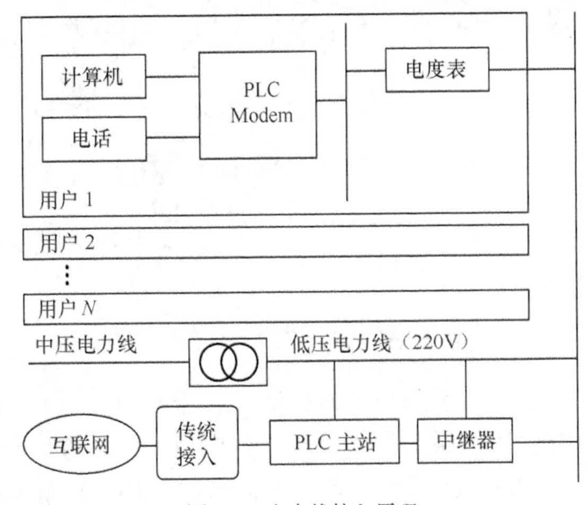

图 7-6　电力线接入原理

在配电变压器低压出线端安装 PLC 主站，将电力线高频信号和传统的光缆等宽带信号进行互相转换。PLC 主站的一侧通过电容或电感耦合器连接电力电缆，输入/输出高频 PLC 信号；另一侧通过传统通信方式，如光纤、HFC、ADSL 等连接至互联网。在用户侧，用户的计算机通过以太网接口、USB 接口或无线方式与 PLC Modem（电力调制解调器）相连，普通话机通过电话线接口连至 PLC 调制解调器，而 PLC Modem 直接插人墙上插座。PLC Modem 俗称“电力猫”。如果 PLC 高频信号衰减较大或干扰较大，可以在适当的地点加装中继器以放大信号。

与其他接入技术相比，电力线宽带接入网络具有以下优势。

① 充分利用现有的低压配电网络基础设施，无需任何布线。

② 电力线是覆盖范围最广的网络，它的规模是其他任何网络所无法比拟的。

③ PLC 属于"即插即用"，不用拨号过程，接入电源就等于接入网络。

## 7.2.2 电力线接入组网

### 1. 高层楼宇组网方式

高层楼宇中用户密度大且集中，楼内地下室通常有独立的配电间，一台配电变压器将 10kV 电压转变为 220V 民用电压。楼内有多条电力线通向住户，每条电力线为一层或相邻几层的住户输电。楼层的竖井有配电箱，箱内有楼层总电表和各户的分电表。

如图 7-7 所示，组网可以采用 FTTB + PLC 的方案。光纤到楼，使用光纤调制解调器或光纤收发器实现与 PLC 网络的连接。楼内采用 PLC 接入，以配电网物理网络为基础，将配电网分为不同的用户接入共享区域，根据实际情况确定接入方案。PLC 局端设备放在地下室的配电间内，使用同一条电力线的一层或相邻几层用户作为一共享区域，共用一台 PLC 局端设备。用户端设备 PLC Modem 从电力线中分离出数据信号，通过网线或无线信号与用户计算机相连。

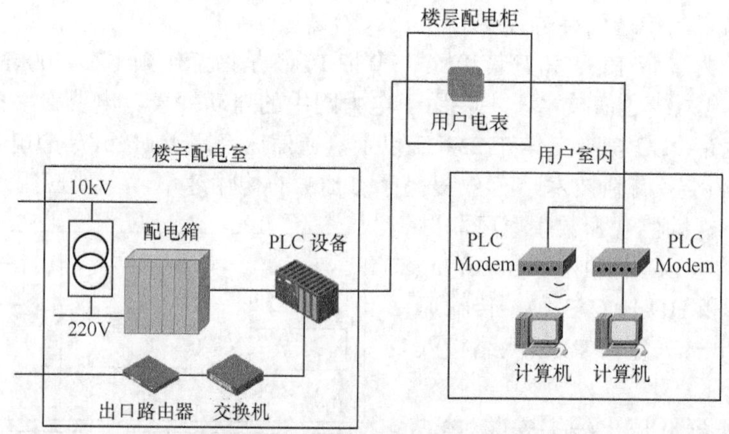


图 7-7 高层住宅楼 PLC 组网示意图

### 2. 低层小区组网方式

低层小区用户相对分散，一台配电变压器负责 5～6 栋楼，每单元有一条电力线从底层一直到达顶层，在每楼层有该层用户的电表，一层有单元所有用户的总电表。

如图 7-8 所示，低层小区可以采用 FTTB + PLC 或光纤到变压器 + PLC 的方案，小区通过光纤与 PLC 网络连接。以配电网物理网络划分为基础；一个单元放置一台 PLC 局端设备，用户共享电力线。用户较少时可以扩大共享范围，几个单元甚至几栋楼实现共享。当用户增多时再根据用户的分布灵活划分共享范围。PLC Modem 通过网线或无线信号与用户计算机相连，多个 PLC Modem 可组成小型局域网。

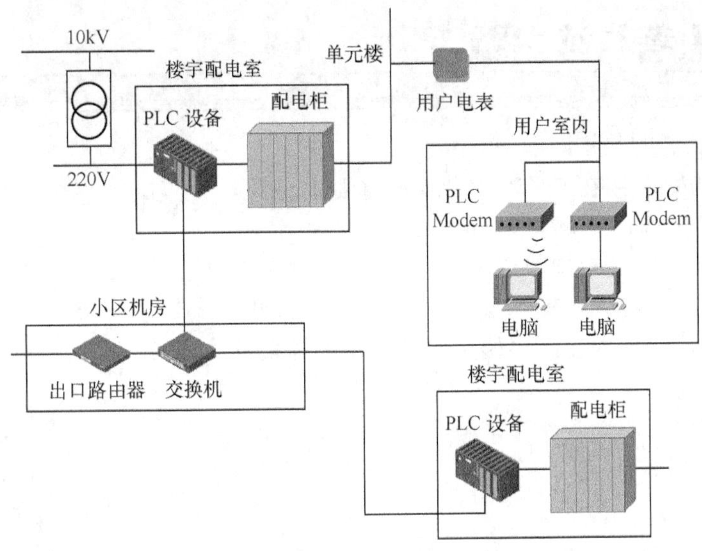


图 7-8　低层小区 PLC 接入组网

## 实做项目及教学情境

**实做项目一：查找 HFC 网络双向改造所需设备。**

目的：认识组网实际设备，深入理解 HFC 网络双向改造组网。

**实做项目二：查找、比较电力线接入设备。**

目的：认识电力线接入设备，了解其工作原理。

## 小结

1．混合光纤/同轴电缆（Hybrid Fiber-Coaxial，HFC）接入网是一种光纤和同轴电缆相结合的混合网络。它是在传统的有线电视（Community Antenna TeleVision，CATV）网络上进行改造而来的。HFC 先将光缆敷设到居民小区，然后通过光电转换节点，利用有线电视的同轴电缆网连接到用户。

2．根据我国有线电视广播系统技术规范的规定，HFC 频带为 5～1 000MHz。

3．单纯的 HFC 网络并不能实现综合业务的接入，需要再其基础上进一步进行双向改造，主要的双向改造方式有 CMTS + CM 和 EPON + EoC 两类。

4．电力线通信技术一般被称为 PLC（Power Line Communication），是利用配电网中低压线路传输高速数据、语音、图像等多媒体业务信号的一种通信方式。该技术是将载有信息的高频信号加载到电力线上，用电线进行数据传输，通过专用的电力线调制解调器将高频信号从电力线上分离出来，传送到终端设备。

## 思考与练习题

7-1　简述 HFC 的基本原理。

7-2　简述 HFC 网络在 CATV 网络上做了哪些改造。

7-3　简述我国的 HFC 频谱划分方案。

7-4　简述两种 HFC 双向改造方式。

7-5　简述电力线接入原理。

7-6　简述电力线接入在高层楼宇和低层小区场景下的组网。

# 第 8 章 无线接入技术

**本章教学说明**

- 重点介绍 WLAN 的基本概念、系统结构和 WLAN 技术
- 简要介绍 LMDS、MMDS
- 概括介绍近距离无线接入技术

**本章内容**

- WLAN 的基本概念、系统结构和 WLAN 技术
- LMDS、MMDS
- 近距离无线接入技术

**本章重点、难点**

- WLAN 的基本概念、系统结构
- WLAN 的技术标准

**本章目的和要求**

- 掌握 WLAN 的基本概念、系统结构
- 掌握 WLAN 技术
- 了解 LMDS、MMDS
- 了解蓝牙、ZigBee 和 RFID 技术

**本章实做要求及教学情境**

- 参观 WLAN 机房和认识 AP 的布放方式
- 在家庭或宿舍安装 AP 设备并实现宽带上网

**本章学时数：6 学时**

无线接入技术是指在接入网中全部或部分采用无线通信技术，如采用微波、红外线、激光等无线传输媒体替代有线网络中的电缆/光缆等。无线接入技术的应用范围很广泛，通常按照无线网络的覆盖范围分为无线广域网技术、无线城域网技术、无线局域网技术和无线个域网技术。本章主要介绍无线局域网、LMDS 和 MMDS 等宽带无线接入技术，以及 Zigbee、RFID 和蓝牙等近距离无线接入技术。

## 8.1 WLAN

### 8.1.1 WLAN 的基本概念

#### 1. WLAN 的概念

无线局域网（Wireless Local Area Network，WLAN）是利用无线技术实现快速接入以太

网的技术。利用 WLAN 技术，在不便敷设电缆或临时应用场合，可以建立本地无线连接，使用户以无线方式接入到局域网中。如在家庭、公司、学校的楼宇内，或者在机场、宾馆、网吧等公共场所。WLAN 具有安装便捷、使用灵活、经济节约、易于扩展等有线网络无法比拟的优点。

WLAN 既可以是整个网络都使用无线通信方式，称为独立式 WLAN；也可以是 WLAN 无线设备与有线局域网相结合，称为非独立式 WLAN。后者主要是为用户接入有线局域网提供了无线接入手段，目前在实际应用中以非独立式 WLAN 为主。

### 2. WLAN 的基本组成

WLAN 一般包括 3 种基本组件：无线接入点（Access Point，AP）、无线工作站（STA）和空中端口，如图 8-1 所示。

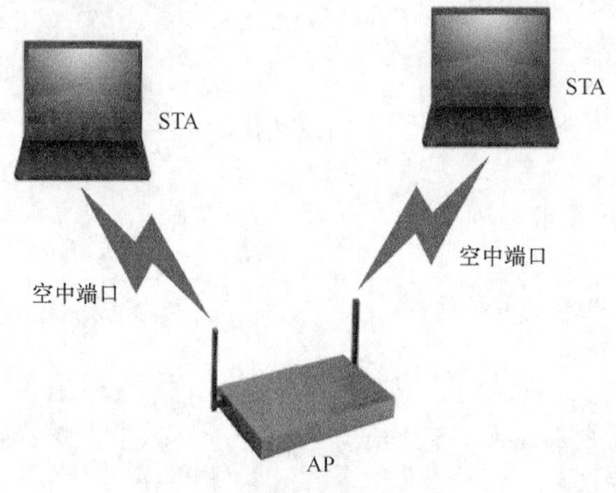


图 8-1　WLAN 的基本组成

（1）AP

AP 是 WLAN 的核心设备，是一种配备有 WLAN 适配器的网络设备，类似于移动通信中的基站，一般是固定的，它通过有线或无线的方式连接到有线网络上，是 WLAN 的用户设备进入有线网络的接入点。主要用于宽带家庭、大楼内部以及园区内部，典型距离覆盖几十米至上百米，目前主要技术为 IEEE 802.11 系列。

AP 也称无线网桥、无线网关。其传输机制相当于有线网络中的集线器，在 WLAN 中不停地接收和传送数据；每个无线 AP 基本上都拥有一个以太网接口，用于实现无线与有线的连接；任何一台装有无线网卡的 PC 均可通过 AP 来分享有线局域网络甚至广域网络的资源。大多数无线 AP 还带有接入点客户端（AP Client）模式，可以和其他 AP 进行无线连接，延展网络的覆盖范围。理论上，当网络中增加一个无线 AP 之后，即可成倍地扩展网络覆盖直径；还可使网络中容纳更多的网络设备。

根据应用场景不同，AP 通常可分为室内型和室外型。室内环境下覆盖范围通常在 30 米～100 米，室外环境最大覆盖范围可达到 800m。

（2）STA

STA 是 WLAN 的用户设备，是一种配备有 WLAN 适配器的终端设备，如笔记本电

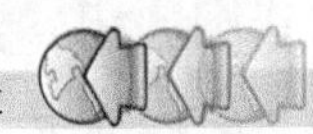

脑、智能手机等，一般 STA 具有移动性，WLAN 中的 STA 根据网络结构的不同，可以直接相互通信或通过无线 AP 进行通信。

（3）空中端口

空中端口是 WLAN 设备的信道，可以支持单个点对点连接。空中端口是可以相互通信的 WLAN 设备间的一种关联，可以通过它来建立单个无线连接的逻辑实体。STA 只有一个空中端口，只能支持单个无线连接；无线 AP 则需要具有多个空中端口，能够同时支持多个无线连接。可以把空中端口间的逻辑连接理解成有线局域网中的网段。

### 3．AC 的引入

（1）胖 AP 和瘦 AP

早期的 WLAN 中使用的是胖 AP（Fat AP）。胖 AP 又称无线路由器。无线路由器是纯无线 AP 与宽带路由器的一种结合体；它借助于路由器功能，可实现家庭无线网络中的 Internet 连接共享，实现 ADSL 和小区宽带的无线共享接入，另外，无线路由器可以把通过它进行无线和有线连接的终端都分配到一个子网，这样子网内的各种设备交换数据就非常方便。除无线接入功能外，一般具备 WAN、LAN 两个接口，并支持 DHCP 服务器、DNS 和 MAC 地址克隆，以及 VPN 接入、防火墙等安全功能。胖 AP 的特点是配置灵活、安装简单、性价比高，但 AP 之间相互独立，无法适合用户密度高、多个 AP 连续覆盖等环境复杂的场所。

纯无线 AP 通常称为瘦 AP（Fit AP），是电信级无线覆盖设备，由于数量众多，为方便管理，引入 AC（Access Point Controller，AP 控制器）设备，实行集中管理。瘦 AP 无须单独配置，只能配合 AC 使用，可以统一管理、统一部署整体 RF（射频）管理域。在应用环境方面，由于瘦 AP 通过 AC 实现了智能化的高效控制，减少了人工管理维护的难度，可以在所有情景下代替胖 AP。

因此，AP 包括胖 AP 和瘦 AP 两种。还有胖瘦一体的 AP 产品可以根据应用环境进行胖/瘦 AP 的相互转换。

（2）AC

AC 又称为无线交换机，是 WLAN 接入控制设备，如图 8-2 所示。AC 负责把来自不同 AP 的数据进行汇聚并接入互联网，同时完成 AP 设备的配置管理、无线用户的认证、管理及宽带访问、切换、安全等控制功能。AC 和 AP 之间可以跨过 BAS 进行管理。

图 8-2　AC 图片

AC 强大的管理和控制功能，能够构建出个性化、专业化的 WLAN 解决方案。

AC＋AP 架构的 WLAN 系统由 AC 与 AP 组成，用户只要通过配置 AC 就可以达到配置所有 AP 的目的。如果把 AC 比作一个胖 AP，那么瘦 AP 就像它的天线一样分布在各个位置。与移动通信系统相比，AC 相当于基站控制器，而瘦 AP 相当于基站。

重点掌握

理解并掌握 AP 与 AC 的功能。

（3）AC + AP 架构的优点

运营商部署的 WLAN 采用集中控制型 AC + AP 架构，具有以下几个优点。

首先是管理简单化。WLAN 设备的网管平台只需管理集中控制器 AC，就可间接地管理到轻量级 AP，这大大减轻后台（如网管平台）的压力。

其次，AP 是部署在公共场所，一般用户都有可能接触到 AP 设备，而 AC 设备是部署在机房，一般用户不可能接触到 AC 设备，将安全的管理和控制集中到 AC，更为安全。

最后，瘦 AP 的设备及维护成本低。

### 4．AC 与 AP 间通信的原理

首先，AP 与 AC 之间的通信过程包括 3 种情况。

（1）AP 启动过程

① AP 从 AC 或者 DHCP Server 那里获取一个 IP 地址。既然 AP 是一个无线信号接入点，是一个网络设备，要在 LAN 中进行正常的数据传送，必然需要一个合法的 IP 地址。为此在启动的时候，AP 需要从 DHCP 服务器中获得一个合法的 IP 地址。

② 与 AC 建立联系。AP 启动的过程中，会通过广播的方式获取 AC 下发的 IP 地址，从此把 AP 与 AC 绑定在一起。

③ 策略代码的比较与更新。AP 在绑定了 AC 之后，就会把其代码映象版本与本地版本进行比较。如果在连接之前，AC 中的某些策略发生了变更，则 AP 将会从 AC 中下载并启用最新的映象代码，也就是我们说的模板。不过要生效的话，AP 必须重启。

④ 隧道的建立。当以上 3 个步骤完成之后，AP 与 AC 之间会建立起两条隧道，分别为传送管理信息的控制报文隧道与传送用户数据的数据报文隧道。这两个隧道并不能够用来实现数据负载均衡，而是各有各的用途。即使在客户端数据交换频繁的时候，用来传输控制报文的隧道也不能用来数据报文传递。

（2）MAC 认证的流程

① 用户与接入点 AP 实现关联。

② AC 通过隧道协议获取用户的 MAC 地址信息。

③ 将用户的 MAC 地址信息作为 Radius Access_Request 的用户名和 Password 字段发往 Radius。

④ Radius 服务器对该用户名和 Password 进行验证，如果成功则发送 Radius Access-Accept 消息，如果失败则发送 Radius Access-Reject 消息，如果用户数次尝试失败无线控制器会通知 AP 发送 Dis-Association 消息，与用户断开空口连接。

⑤ AC 收到 Radius Access-Accept 消息后用户就可以根据赋予的权限访问网络资源，同时会发送出 Radius Accounting-Start 消息开始计费流程。

⑥ 当用户与 AP 无线关联中断后，AC 会检测到该用户状态并发送 Radius Accounting-Stop 消息，结束流程。

（3）数据传输过程

有 STA 连上 AP 要访问外网时：

① STA 发送出的数据报文首先会到达 AP 的无线端口；

② AP 会将报文进行重新封装；

③ 然后发送到 AC 的接收线程中去；

④ AC 收到的数据报文进行解封装；

⑤ 然后发送到 AC 所连接的外网中去。

在 AC 从外网收到数据时，也会经过上面一样的过程。

上述通信过程中，AC 与 AP 的数据交互类型有控制报文数据和数据报文数据两种。

控制报文数据是用来配置 AP 的参数与获得 AP 的信息。一般分为 Client 与 Server 两个进程来传，采用 TCP 连接。目前有 LWAPP（Light Weight Access Point Protocol，轻型接入点协议）、SLAPP（Secure Light Access Point Protocol，安全轻量接入点协议）、CAPWAP 隧道协议（CAPWAP（Control And Provisioning of Wireless Access Points）Tunneling Protocol）、WiCoP（Wireless LAN Control Protocol，无线局域网控制协议）等协议。

数据报文数据是用来转发从 AC 的 WAN 端进来的报文与从 AP 的无线端进来的报文。由内核隧道模块发送，采用 UDP 连接。

IETF 为了解决隧道协议不兼容问题造成的 A 厂家的 AP 和 B 厂家的 AC 无法进行互通，在 2005 年成立了 CAPWAP 工作组以标准化 AP 和 AC 间的隧道协议。通过 CAPWAP，有可能是不同厂商的 AC 和 AP 可以互相通信，不用再局限于相同厂商。

CAPWAP 协议的主要功能有：AP 自动发现 AC，AC 对 AP 进行安全认证，AP 从 AC 获取软件映像，AP 从 AC 获得初始和动态配置等。此外，可以支持本地数据转发和集中数据转发。

**探讨**

AC 和 AP 是如何通信的？有哪些情况？

## 8.1.2　WLAN 的网络结构

**重点掌握**

WLAN 按照网络拓扑结构可分为两类：自组织网络和有中心网络。

WLAN 按照网络拓扑结构可分为两类：自组织网络和有中心网络。

### 1．自组织网络

自组织网络又称 Ad hoc 网络、对等网络、无中心网络等。自组织网络不需要固定设备支持，各用户终端自行动态组网，通信时，可由其他用户终端进行数据的转发，如图 8-3 所示。自组织网络要求网络中任意两个站点均可直接通信。采用这种拓扑结构的网络一般使用公用广播信道，各站点都可竞争公用信道，而介质访问控制（MAC）协议大多采用 CSMA（载波监测多址接入）类型的多址接入协议。这种结构的优点是网络抗毁性好、建网容易、且费用较低。但当网中用户数（站点数）过多时，信道竞争成为限制网络性能的要害。并且为了满足任意两个站点可直接通信，网络站点布局受环境限制较大。因此，这种网络拓扑结构适用于用户数相对较少的网络。

## 2. 有中心网络

有中心网络又称基础结构网络（Infrastructure Network）。在有中心拓扑结构中，要求一个无线站点充当中心站，所有站点对网络的访问均由其控制。这样，当网络业务量增大时网络吞吐性能及网络时延性能的恶化并不剧烈。由于每个站点只需在中心站覆盖范围内就可与其他站点通信，故网络中心点布局受环境限制亦小。此外，中心站为接入有线主干网提供了一个逻辑接入点。有中心网络拓扑结构的弱点是抗毁性差，中心站点的故障容易导致整个网络瘫痪，并且中心站点的引入增加了网络成本。

在实际应用中，有中心的 WLAN 往往与有线主干网络结合起来使用。这时，中心站点充当无线局域网与有线主干网的转接器。

一个基本服务集 BSS（Basic Service Set）包括一个无线 AP 和若干个用户终端，所有的站点在本 BSS 以内都可以直接通信，但在和本 BSS 以外的站通信时，都要通过本 BSS 的基站。基本服务集内 AP 的作用和网桥相似。一个基本服务集可以是孤立的，也可与另外的一个或多个基本服务集，构成扩展的服务集 ESS（Extended Service Set），具体如图 8-4 所示。

图 8-3　自组织网络示意

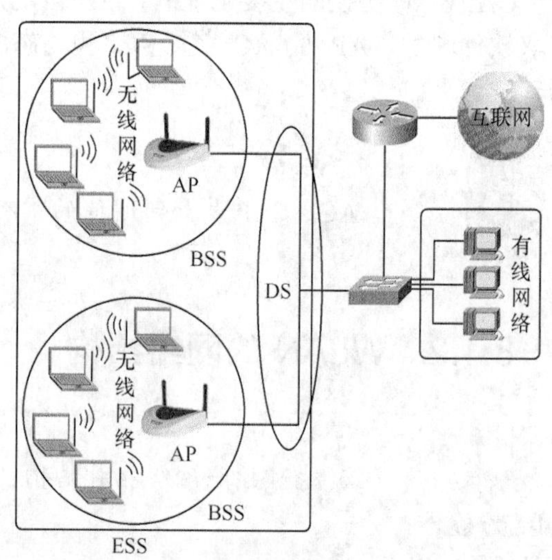


图 8-4　有中心网络示意

用户终端在有中心的 WLAN 网络覆盖范围内可以实现漫游，但是当从一个 BSS 移动到另一个 BSS 时需要由用户终端发起重关联，以便与所在的 BSS 中的 AP 建立无线连接。这样，用户终端在移动过程中能够保持网络连接。这就要求 BSS 之间应该有合理的交叠，AP 之间也需要相互协调，才能使用户透明地从一个 BSS 漫游到另一个 BSS。

## 3. AC+AP 架构的 WLAN

AC+AP 架构的 WLAN 仍然是有中心网络结构。只是在其中引入了具有管理功能的 AC。

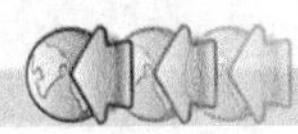

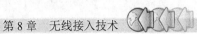

根据 WLAN 网络规模和拓扑结构特点，可以将 AC 部署在网络中的不同位置，AC 部署方案通常有以下 3 种：

方案一：二层直连方案。

方案二：AC 旁挂 BRAS 方案。

方案三：AC 位于城域网方案。

初期使用集中控制型 AC＋AP 进行 WLAN 建设，建议采用二层直连方案进行试点；规模发展时，须考虑 AC 位置上移。

（1）二层直连方案

该方案中 AC 位于汇聚交换机下。如 AC 位于大型场点（如高校），或位于电信机房，管理下联各场点 AP。AP 和 AC 间的连接最常用的情况就是进行 IPv4 二层网络连接，这种连接配置和使用方便、易于维护，是用户最常用的组网方案。具体如图 8-5 所示。

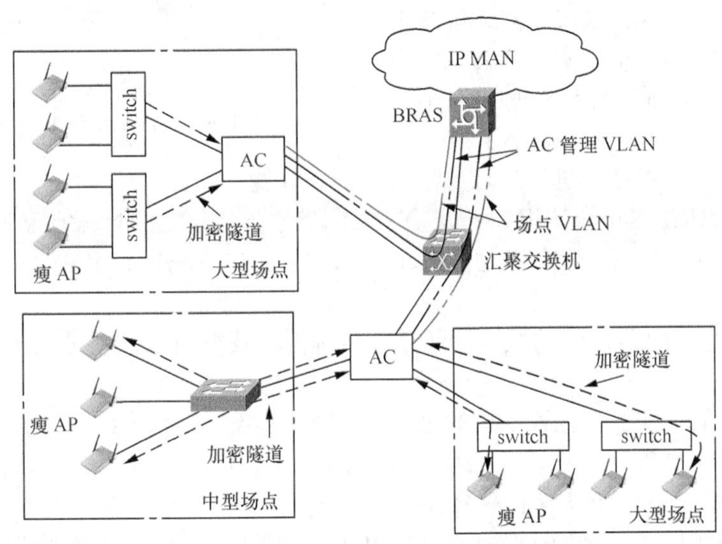


图 8-5　二层直连方案示意

二层网络的连接无需路由设备，一般仅需要在 AP 和 AC 间使用带 PoE（Power Over Ethernet）供电的二层交换机。PoE 接口就是能够给连接的网络设备如 AP 供电的以太网口。

直连型方案中，AC 位于大型场点，如：高校；或位于电信机房，下联多个场点的 AP。AC 作 DHCP Server，负责为 AP 分配私网地址；对于不同子网，需分配不同网段的地址。AP 通过 DHCP 获得 AC 分配的管理地址和 AC 的地址。AP 与 AC 建立加密隧道后，AC 根据用户无线报文的 BSSID 字段和 AP 的位置，映射为相应的业务 VLAN，不同场点可映射为不同 VLAN。BRAS 终结用户 VLAN，并对用户进行地址分配、认证和计费。

AC 配静态 IP 公网地址，及 AC 管理 VLAN，BRAS 作 ACL，允许 AC 与 AC 网管平台相互访问场点业务 VLAN，由 AC 发起终结在 BRAS 需规划 AC 管理 VLAN 和场点业务 VLAN。

用户终端由 BRAS 分配公网地址；由 BRAS 负责对用户认证、分配地址和管理。

直连型方案的特点：一台 AC 可管理一台 BRAS 下同一厂家 AP；对现网不需要改动。

（2）旁挂 BRAS 方案

该方案中 AC 旁挂在 BRAS 上。AC 管理同一 BRAS 下同一厂家 AP，本地网 WLAN 分散就近接入 BRAS，具体如图 8-6 所示。

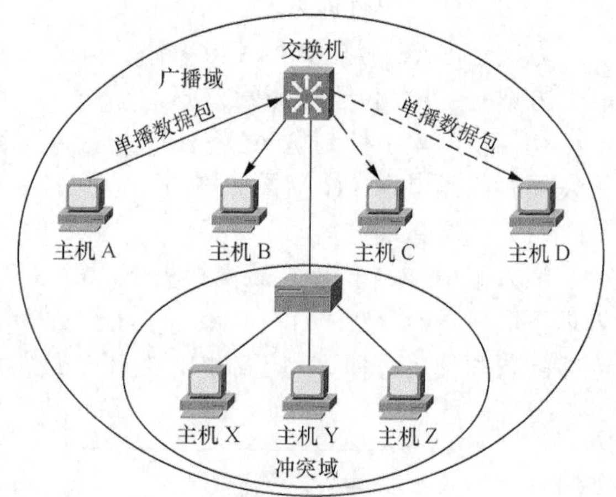


图 8-6　AC 旁挂 BRAS 方案示意图

在 AP 上配置 AC 的域名；在 DNS 服务器上配置 AC 的地址及相应的域名。AP 通过 DHCP 从 BRAS 获得管理地址；AP 通过地址解析（DNS）获得 AC 地址，并与 AC 建立加密隧道。AC 根据用户无线报文的 BSSID 字段和 AP 的位置，映射为相应的业务 VLAN，不同场点可映射为不同 VLAN。AC 转发用户流量到 BRAS。BRAS 终结用户 VLAN，并对用户进行地址分配、认证和计费。

BRAS 作 DHCP Server，规划一段 IP 地址段为 AP 分配公网地址/私网地址 BRAS 作 ACL；允许 AP 直接与 AC 建立隧道；允许 AP 访问 DNS 服务器；允许 AC 与 AC 网管平台相互访问。

AP 根据规划，配置 AC 的域名；通过域名解析，获得 AC 的地址 AP 与 AC 建立加密隧道。

在下联 AP 的交换机上配置 AP 的管理 VLAN，终结在 BRAS；AC 管理 VLAN 由 AC 发起，终结在 BRAS；场点业务 VLAN 由 AC 发起，终结在 BRAS。需要规划 AP 管理 VLAN、AC 管理 VLAN 和场点业务 VLAN。

用户终端由 BRAS 分配公网地址；由 BRAS 负责对用户认证、分配地址和管理。用户业务流量经隧道穿过 BRAS 到 AC，由 AC 集中转发到 BRAS 上公网。

旁挂 BRAS 方案的特点：一台 AC 可管理一台 BRAS 下同一厂家 AP；对现网不需要改动。

（3）AC 位于城域网方案

该方案中 AC 布署在城域网，就近连接 BRAS。可管理不同 BRAS 下 AP，AC 将用户的流量集中转发到就近一台 BRAS，由该 BRAS 为用户终端分配 IP 地址、并对用户进行管理，具体如图 8-7 所示。AC 位于城域网汇聚层，靠近 AC 接入的 BRAS1。

在 DNS 服务器上配置 AC 的域名及相应的地址。

BRAS 配置：将场点所在的 BRAS2、BRAS3 作 DHCP Server，各规划一段 IP 地址段为 AP 分配公网地址；并作 ACL，允许 AP 访问 DNS 服务器，允许 AP 直接与 AC 建立隧道。将接入 AC 的 BRAS1 作 DHCP Server，负责为用户终端分配公网 IP 地址。

AP 根据规划配置 AC 的域名；通过域名解析获得 AC 的地址。AP 与 AC 建立加密隧道。

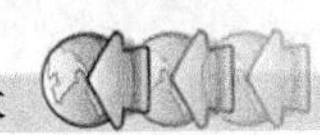

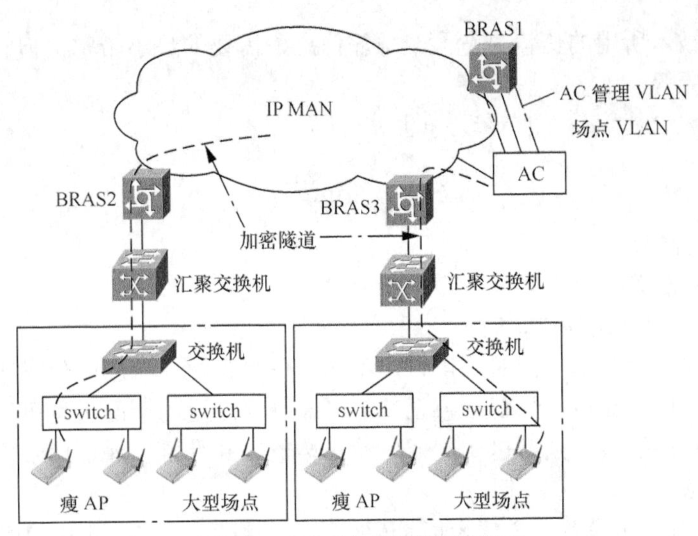

图 8-7　AC 位于城域网方案示意图

在下连 AP 的交换机上配置 AP 的管理 VLAN，终结在场点所在的 BRAS；AC 管理 VLAN 由 AC 发起，终结在接入 AC 的 BRAS；场点业务 VLAN 由 AC 发起，终结在接入 AC 的 BRAS1。需要规划 AP 管理 VLAN、AC 管理 VLAN 和场点业务 VLAN。

用户终端由接入 AC 的 BRAS 集中进行公网地址分配；由该 BRAS 负责对用户认证、分配地址和管理；用户业务流量经隧道穿过场点所在的 BRAS、城域网到达 AC，由 AC 集中转发到指定的 BRAS 集中上公网。

AC 位于城域网方案特点：一台 AC 可管理不同 BRAS 下同一厂家的瘦 AP，布署灵活；AC 数量少。

**探讨**

比较 3 种 AC 部署方案的优缺点。

## 8.1.3　WLAN 技术

### 1. WLAN 传输技术

WLAN 传输技术根据采用的传输媒体、选择的频段以及调制方式的不同分为很多种。WLAN 的传输媒体主要是微波和红外线。即使采用同类媒体，不同的 WLAN 标准采用的频段也有差异。对于采用微波的 WLAN 而言，按照调制方式又分为扩展频谱方式和窄带调制方式。

（1）扩频传输技术

扩展频谱（简称扩频）通信技术是一种信息传输方式。其系统占用的频带宽度远远大于要传输的原始信号带宽且与原始信号带宽无关。在发送端，频带的展宽是通过扩频码序列调制（扩频）的方法来实现的。在接收端，则用与发送端完全相同的扩频码序列进行相关解调（解扩）来恢复信息数据。扩频码序列是一种很窄的脉冲信号，它与传送的信息数据无关，相当于频带传输中的载波信号，起到扩展信号频谱作用。

有许多调制技术所用的传输带宽大于传输信息所需要的最小带宽，但它们并不属于扩频通信，如宽带调频等。

扩频通信的理论基础是香农定理，即

$$C = W\log_2^{(1+\frac{S}{N})}$$

式中：$C$——信道容量；

$W$——传输带宽；

$S/N$——信号功率/噪声功率。

由此可得：在信息速率一定时，可以用不同的信号带宽和相应的信噪比来实现传输，即信号带宽越宽则传信噪比可以越低，甚至在信号被噪声淹没的情况下也可以实现可靠通信。因此，将信号的频谱扩展，则可以实现低信噪比传输，并且可以保证信号传输有较好的抗扰干性和较高的保密性。

设 $W$ 代表系统占用带宽，$B$ 代表信息带宽，则一般认为：$W$ 与 $B$ 的比值 100 以上为扩频通信。扩频通信系统用 100 倍以上的信息带宽来传输信息，最主要的目的是为了提高通信的抗干扰能力，即在强干扰条件下保证安全可靠地通信。

扩频技术包括直接序列扩频（Direct Sequence Spread Spectrum，DSSS）、跳频扩频（Frequency Hopping，FH）、跳时扩频（Time Hopping，TH）、宽带线性调频（Chip Modulation，CM）以及各种扩频技术的混合方式，在 WLAN 中应用较多的是直接序列扩频和跳频扩频两种。

直接序列扩频使用伪随机码（PN Code）对信息比特进行模 2 加（⊕）得到扩频序列，然后扩频序列去调制载波发射，由于 PN 码往往比较长，因此，发射信号在比较低的功率上可以占用很宽的功率谱，即宽带低信噪比传输。PN 码的长度决定了扩频系统的扩频增益，而扩频增益又反映了一个扩频系统的性能。

直序扩频系统的解扩采用相关解扩，这是它与常规无线通信解调方式的根本不同。在接收端，接收信号经过放大混频后，经过与发射端相同且同步的 PN 码进行相关解扩，把扩频信号恢复出窄带信号，再对窄带信号进行相干解调解出原始信息序列。

用 11 位码长的扩频码来说，直接序列扩频与解扩的过程简单说就是，如果采用的信源发出“1”，则扩频调制为一个序列单元，如“11100010010”；信 源发出“0”，则扩频调制为一个反相的序列单元，如与上面对应的反相序列“00011101101”。在接收端，收到序列“11100010010”则恢复为“1”，收到序列“00011101101”则恢复为“0”。

跳频扩频，其实现方法是载频信号以一定的速度和顺序，在多个频率点上跳变传递，接收端以相应的速度和顺序接收并解调。这个预先设定的频率跳变的序列就是 PN 码。在 PN 码的控制下，收发双方按照设定的序列在不同的频点上进行通信。由于系统的工作频率在不停的跳变，在每个频率点上停留的时间仅为毫秒或微秒级，因此在一个相对的时间段内，就可以看作在一个宽的频段内分布了传输信号，也就是宽带传输。

跳频通信系统的频率跳频速度反映了系统的性能，好的跳频系统每秒的跳频次数可以达到上万跳。注意：跳频通信系统在每个跳频点上的瞬时通信实际上还是窄带通信。

（2）微波窄带调制技术

在采用窄带微波（Narrowband Microwave）的 WLAN 中，不做任何扩展频谱处理，直接将数据基带信号的频谱搬移到射频发射出去。相比扩频方式而言，窄带调制方式占用频带

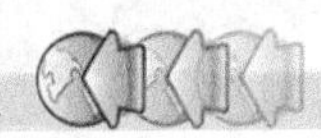

少，所以频谱利用率高。但是其抗干扰性能较差，使用需要获得国家无线电管理部门批准采用专用频段时尚可，若使用 ISM 频段，会受到附近使用同频段的仪器设备等的严重干扰，无法保障通信的可靠性。

（3）红外传输技术

在电磁波谱中，红外线频谱位于微波频谱和可见光频谱之间，不受无线电管理部门的限制，红外信号具有视距传播的要求，很难被窃听，对临近系统也不会产生干扰。大家熟悉的各种家电的遥控器几乎都采用的是红外传输技术。

采用红外传输技术的 WLAN，与微波方式相比，数据传输速率较高，具有较高的安全性，并且设备简单、便宜。但是传输距离和覆盖范围受限，通常红外 WLAN 的覆盖范围为一个房间之内。

### 2．WLAN 技术标准

**重点掌握**

IEEE 802.11 系列标准的工作频段和传输速率。

WLAN 的技术标准主要有 IEEE 802.11 系列和欧洲的 HyperLAN 系列。下面主要介绍 IEEE 802.11 系列标准。

IEEE 802.11 系列标准是国际电工电子工程学会（IEEE）为无线局域网络制定的媒体访问控制层（MAC）和物理层（PHY）标准。Wi-Fi（Wireless Fidelity，无线高保真的缩写，是 Wi-Fi 联盟的商标，通常人们将使用 IEEE 802.11 系列标准的网络称为 Wi-Fi。Wi-Fi 联盟的目的是改善基于 IEEE 802.11 标准的无线网络产品之间的互通性，对加盟厂商的 WLAN 兼容产品进行品牌认证。

媒体访问控制层（MAC）标准都是共用的。从物理层（PHY）上区分，IEEE 802.11 系列标准主要包括传统 IEEE 802.11 标准、IEEE 802.11a 标准、IEEE 802.11b 标准、IEEE 802.11g 标准、IEEE 802.11n 标准和 IEEE 802.11ac 标准。这些标准之间的区别主要体现在它们的工作频段、数据传输速率等方面，如表 8-1 所示。

表 8-1　　IEEE 802.11 系列标准主要技术指标比较

| 标准名称 | 提出时间 | 工作频段 | 最高传输速率 | 调制技术 | 无线覆盖范围 |
|---|---|---|---|---|---|
| IEEE 802.11 | 1997 年 | 2.4GHz 或红外 | 2Mbit/s | BPSK 和<br>DQPSK + DSSS；<br>GFSK + FHSS | N/A |
| IEEE 802.11b | 1999 年 | 2.4GHz | 11Mbit/s | CCK + DSSS | 100m |
| IEEE 802.11a | 1999 年 | 5GHz | 54Mbit/s | OFDM | 50m |
| IEEE 802.11g | 2003 年 | 2.4GHz | 54Mbit/s | OFDM；CCK | <100m |
| IEEE 802.11n | 2003 年草案<br>2009 年批准 | 2.4GHz 或 5GHz | 300Mbit/s | MIMO + OFDM | 几百米 |
| IEEE 802.11ac | 2011 年草案<br>待批准 | 5GHz | 1Gbit/s | MIMO + OFDM | 几百米 |

### 3. WLAN 安全技术

由于无线信号在传输过程中完全暴露在空中，因此无线网络比起有线网络更容易被入侵或侦听。除了采用最基本的 MAC 过滤和 SSID 匹配的安全措施外，WLAN 的安全技术主要包括以下几个方面。

（1）IEEE 802.1x 协议

IEEE 802.1x 协议起源于 IEEE 802.11 协议，IEEE 802.1x 协议的主要目的是为了解决无线局域网用户的接入认证问题，但由于它的原理对于所有符合 IEEE 802 标准的局域网具有普适性，因此后来它在有线局域网中也得到了广泛的应用。该协议是 IEEE 在 2001 年 6 月通过的正式标准，标准的起草者包括 Microsoft，Cisco，Extreme，Nortel 等。

IEEE 802.1x 称为基于端口的访问控制协议（Port based network access control protocol）。基于端口的访问控制（Port based network access control）能够在利用 IEEE 802 LAN 的优势基础上提供一种对连接到局域网（LAN）设备或用户进行认证和授权的手段。通过这种方式的认证，能够在 LAN 这种多点访问环境中提供一种点对点的识别用户的方式。这里端口是指连接到 LAN 的一个单点结构，可以是被认证系统的 MAC 地址，也可以是服务器或网络设备连接 LAN 的物理端口，或者是在 IEEE 802.11 无线 LAN 环境中定义的工作站和访问点。

IEEE 802.1x 认证的最终目的就是确定一个端口是否可用。对于一个端口，如果认证成功那么就“打开”这个端口，允许所有的报文通过；如果认证不成功就使这个端口保持“关闭”，此时只允许 IEEE 802.1x 的认证报文 EAPOL（Extensible Authentication Protocol over LAN）通过。

（2）WEP 协议

有线等效加密（Wired Equivalent Privacy，WEP）协议是为了保证 IEEE 802.11b 协议数据传输的安全性而推出的安全协议，该协议可以通过对传输的数据进行加密，这样可以保证无线局域网中数据传输的安全性。

WEP 是一种在接入点和客户端之间以“RC4”方式对分组信息进行加密的技术，密码很容易被破解。WEP 使用的加密密钥包括收发双方预先确定的 40 位（或者 104 位）通用密钥，和发送方为每个分组信息所确定的 24 位、被称为 IV 密钥的加密密钥。但是，为了将 IV 密钥告诉给通信对象，IV 密钥不经加密就直接嵌入到分组信息中被发送出去。如果通过无线窃听，收集到包含特定 IV 密钥的分组信息并对其进行解析，那么就连秘密的通用密钥都可能被计算出来。从目前来看，这种无线网络加密协议还有相当多的安全漏洞存在，使用该加密协议的无线数据信息很容易遭到攻击。

在无线局域网中，要使用 WEP 协议，首先要在无线 AP 内启用 WEP 功能，并记下密钥，然后在每个无线客户端启用 WEP，并输入该密钥。

（3）IEEE 802.11i 标准与 WPA/WPA2 协议

IEEE 802.11i 是 IEEE 在 2004 年 6 月批准的新一代 WLAN 安全标准。WPA（Wi-Fi Protected Access，Wi-Fi 保护访问）和 WPA2 是“Wi-Fi 联盟”制定的基于 IEEE 802.11i 标准的安全加密方式。

其实 2002 年 10 月提出的 WPA 只是 IEEE 802.11i 的草案 3，通过简单的固件升级，WPA 就能取代 WEP 使用在之前的产品上。WPA 采用了 TKIP 算法（其实也是一种“RC4”算法，相对 WEP 有些许改进，避免了弱 IV 攻击），还有 MIC 算法来计算效验和。

WPA 是继承了 WEP 基本原理而又解决了 WEP 缺点的一种新技术。由于加强了生成加

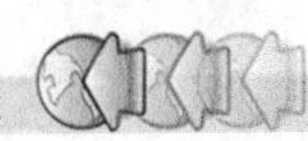

密密钥的算法，因此即便收集到分组信息并对其进行解析，也几乎无法计算出通用密钥。目前能破解 TKIP + MIC 的方法只有通过暴力破解和字典法。

WPA2 是 WPA 的升级版，目前新型的网卡、AP 都支持 WPA2 加密。WPA2 则采用了更为安全的算法。CCMP 取代了 WPA 的 TKIP，AES 取代了 WPA 的 MIC。同样的因为算法本身几乎无懈可击，所以也只能采用暴力破解和字典法来破解。虽然暴力破解和字典法破解很难，为安全起见，应该设置较为复杂的密码，比如加大密码长度并往密码中加入一些奇怪的字符。

WPA2 有两种风格：WPA2 个人版和 WPA2 企业版。WPA2 企业版需要一台具有 IEEE 802.1x 功能的 RADIUS（远程用户拨号认证系统）服务器。没有 RADIUS 服务器的 SOHO 用户可以使用 WPA2 个人版，其口令长度为 20 个以上的随机字符，或者使用 McAfee 无线安全等托管的 RADIUS 服务。

（4）WAPI

为了 WiFi 产品的安全因素及国内业界的经济利益，我国提出了一个完全自主知识产权的无线局域网标准安全协议，就是无线局域网鉴别和保密基础结构（WLAN Authentication and Privacy Infrastructure，WAPI）。WAPI 协议是针对 IEEE802.11 中 WEP 协议安全问题，在中国无线局域网国家标准 GB15629.11 中提出的 WLAN 安全解决方案。它的主要特点是采用基于公钥密码体系的证书机制，真正实现了移动终端（MT）与无线接入点（AP）间双向鉴别。WAPI 是我国在 2003 年推出的国家强制性标准。与 WiFi 联盟类似，国内业界的企业 2006 年成立 WAPI 联盟以推行 WAPI 产品的兼容认证。在手机终端上添加无线局域网的接入功能时，我国仅为支持 WAPI 标准的产品提供许可。

（5）VPN 技术

VPN（Virtual Private Network，虚拟专用网）是指利用公共网络资源，在公用 IP 网络中利用隧道技术构建的自己的专用网络。VPN 通过 DES、AES 等加密技术来保证专用数据传输的安全性。VPN 技术不属于 IEEE 802.11 标准，它可以替代 WEP、WPA 等解决方案，也可以与各类无线局域网安全协议互补使用。

隧道技术可以分别以第 2 层和第 3 层隧道协议为基础。第 2 层隧道协议对应于 OSI 模型中的数据链路层，使用帧作为数据交换单位，包括 PPTP、L2TP 和 L2F（第 2 层转发）等。第 3 层隧道协议对应于 OSI 模型中的网络层，使用包作为数据交换单位，包括 IP over IP 和安全 IP（Internet Protocol Security，IPSec）等。

VPN 技术最有代表性的有 IPSec VPN 和 SSL（Security Socket Layer，加密套接字协议层）VPN 两种。IPSec VPN 需要安装 IPSec VPN 客户端；SSL VPN 是一种无客户机的解决方案，SSL 协议被预装在主机的浏览器中，因此 SSL VPN 不受接入位置限制。

## 8.2　LMDS

### 8.2.1　LMDS 的基本概念

了 解

本地多路分配业务（Local Multipoint Distribution Services，LMDS）属于无线固定接入手段，是在近年来逐渐发展起来的一种工作于 10GHz 以上的频段、宽带无线点对多点接入技术。

所谓“本地”，是指单个基站所能够覆盖的范围，LMDS 因为受工作频率电波传播特性的限制，单个基站在城市环境中所覆盖的半径通常小于 5km；“多点”是指信号由基站到用户端是以点对多点的广播方式传送的，而信号由用户端到基站则是以点对点的方式传送；“分配”是指基站将发出的信号（可能同时包括话音、数据及互联网、视频业务）分别分配至各个用户；“业务”是指系统运营者与用户之间的业务提供与使用关系，即用户从 LMDS 网络所能得到的业务完全取决于运营者对业务的选择。

当 LMDS 工作在 24～38GHz 频段，即在毫米波的波段附近，可用频谱往往达到 1GHz 以上。LMDS 几乎可以提供任何种类的业务，支持双向话音、数据及视频图像业务，能够实现从 64kbit/s 到 2Mbit/s，甚至高达 155Mbit/s 的用户接入速率，具有很高的可靠性，被称为是一种“无线光纤”技术。LMDS 为某些布线施工困难的地区提供类似的带宽接入和双路能力。在不同国家或地区，电信管理部门分配给 LMDS 的具体工作频段及频带宽度有所不同，其中大约有 80%的国家将 27.5～29.5GHz 定为 LMDS 频段。

有关 LMDS 标准化由 ATM 论坛、数字音视频委员会（DAVIC）、欧洲电信标准协会（ETSI）、国际电信联盟（ITU）及美国电气与电子工程师协会（IEEE）等组织来进行，大多数标准化组织都采用 ATM 信元作为基本无线传输机制。

LMDS 利用地面转接站转发数据。LMDS 接入系统主要由带扇形天线的收发信机组成，其典型蜂窝半径为 4km～10km，在每个扇区传输交互式的数字信号，信号到达用户室外单元后，28GHz 的信号转换成中频 595MHz，在室内用同轴电缆将数字信号送至机顶盒（STB）。

## 8.2.2 LMDS 的系统结构

一个完善的 LMDS 网络是由 4 部分组成的：核心网络、基站、用户端设备及网管系统。LMDS 系统结构如图 8-8 所示。

（1）核心网络

为了使 LMDS 系统能够提供多样化的综合业务，核心网络可以由光纤传输网、ATM 交换或 IP 交换或 IP＋ATM 架构而成的核心交换平台及与互联网、公共电话网（PSTN）的互连模块等组成。

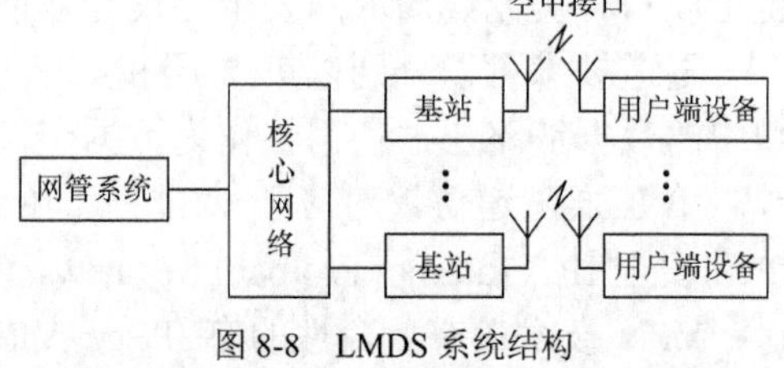

图 8-8　LMDS 系统结构

（2）基站

基站直接进入电信骨干网络或核心网络。由于 LMDS 直接支持 ATM 协议（无线 ATM），通过使用无线 ATM 协议，可以使链路效率得到提高。基站负责进行用户端的覆盖，并提供骨干网络的接口，包括 PSTN、互联网、ATM、帧中继、ISDN 等。基站实现信号在基础骨干网络与无线传输之间的转换。基站设备包括与基础骨干网络相连的接口模块、调制与解调模块及通常置于楼顶或塔顶的微波收发模块。

LMDS 系统的基站采用多扇区覆盖，使用在一定角度范围内聚焦的喇叭天线来覆盖用户端设备。基站的容量取决于以下技术因素：可用频谱的带宽、扇区数、频率复用方式、调制技术、多址方式及系统可靠性指标等，系统支持的用户数则取决于系统容量和每个用户所要求的业务。基站覆盖半径的大小与系统可靠性指标、微波收发信机性能、信号调制方式、

电波传播路径以及当地降雨情况等许多因素密切相关。

（3）用户端设备

用户端设备的配置差异较大，不同的设备供应商有不同的选择。一般说来都包括室外单元（含定向天线、微波收发设备）与室内单元（含调制与解调模块及与用户室内设备相连的网络接口模块。

（4）网管系统

网管系统是负责完成告警与故障诊断、系统配置、计费、系统性能分析和安全管理等功能。与传统微波技术不同的是，LMDS 系统还可以组成蜂窝网络的形式运作，向特定区域提供业务。当由多基站提供区域覆盖时，需要进行频率复用与极化方式规划、无线链路计算、覆盖与干扰的仿真与优化等工作。

大型的 LMDS 系统应有多个网管系统，分为中心网管系统和多个本地网管系统。此外，网管系统应有标准化的 $Q_3$ 接口。

（5）空中接口

空中接口指 LMDS 上下行链路。LMDS 无线收发双工方式大多数为频分双工（FDD）。下行链路，由基站到用户端设备一般通过时分复用（TDM）的方式进行复用；上行链路，多个用户端设备可通过时分多址（TDMA）、频分多址（FDMA）等多址方式与基站进行通信。FDMA 对于大量的连续非突发性数据接入较为合适；TDMA 则适于支持多个突发性或低速率数据用户的接入。LMDS 运营者应根据用户业务的特点及分布来选取适合的多址方式。

LMDS 系统可以采用的调制方式为相移键控 PSK（包括 BPSK、DQPSK 及 QPSK 等）和正交幅度调制 QAM（包括 4QAM 等）。

### 8.2.3　LMDS 技术的特点与业务

#### 1．LMDS 技术的特点

（1）LMDS 的优点

① 频率复用高、系统容量大。

② 工作频带宽、可提供宽带接入。

③ 运营商启动资金较小，后期扩容能力强，投资回收快。

④ 提供业务种类多、速度快。

⑤ 在用户发展方面极具灵活性和可扩展性。

（2）LMDS 的缺点

① LMDS 服务区覆盖范围较小，小区半径一般在 5km 左右，不适合远程用户使用。

② 不适用于降雨量大的地区，会受“降雨衰减”效应的限制，降雨衰减指的是雨滴对微波的散射和吸收所造成的信号失真的现象。

③ 不适用于地形、地物变化较大的地方，因为微波直线传输，所以只能实现视距接入，地形、地物的阻挡会使基站与远端站间的通信中断。

④ 传输质量在无线覆盖区边缘不稳定。

⑤ LMDS 仍属于固定无线通信，缺乏移动灵活性。

### 2. LMDS 业务

LMDS 提供的业务包括如下方面。

（1）语音业务

LMDS 系统可以实现 PSTN 主干网无线接入，可以提供高质量的语音服务。

（2）数据业务

LMDS 可以实现低速数据业务、中速数据业务、高速数据业务，并支持局域网互连，可以支持多种数据网协议，如帧中继、ATM、TCP/IP 等。

（3）互联网接入业务

LMDS 支持互联网宽带无线接入，最高速率可达 155Mbit/s。

（4）视频业务

LMDS 可以实现模拟和数字视频业务，如视频点播（VOD）、远程教育、远程医疗、会议电视、远程监控等。

# 8.3 MMDS

## 8.3.1 MMDS 的基本概念

了 解

MMDS 与 LMDS 类似，也是一种固定的点对多点宽带无线接入系统。在不同文献资料中 MMDS 的中英文名称有很多种，在我国广播电影电视总局的标准文件中为多路微波分配系统（Multichannel Microwave Distribution System）。MMDS 工作频段主要集中在 2～5GHz，由于 2～5GHz 频段受雨衰的影响很小，并且在同等条件下空间传输损耗比 LMDS 低，所以 MMDS 系统可应用于半径为 40km 左右的大范围覆盖。

## 8.3.2 MMDS 的系统结构

MMDS 系统分为模拟 MMDS 系统与数字 MMDS 系统。

MMDS 系统构成与 LMDS 相似，一般由基站、用户站和网管系统组成。双向业务的数字 MMDS 系统主要由 MMDS 收发信机、天线、变频器和机顶盒等设备组成，如图 8-9 所示。

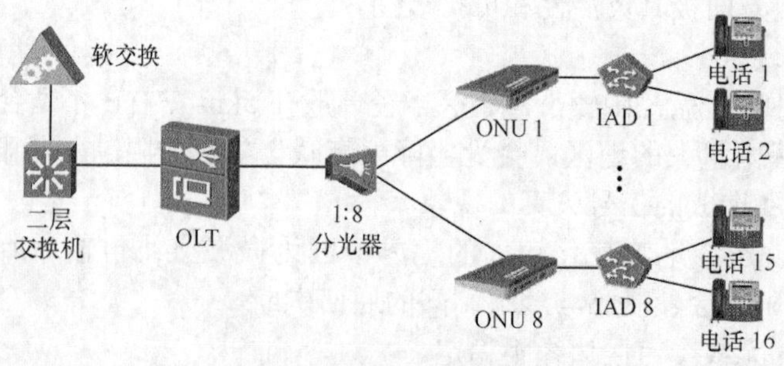


图 8-9 MMDS 的系统结构

（1）MMDS 收发信机

数字 MMDS 发射机的主要任务是将输入的视频、音频和数据信号，经 MPEG-2 数字压缩、数字复接和 QAM 调制，再经过上变频器后输出 MMDS 微波信号。数字 MMDS 发射机分为单频道 MMDS 发射机和宽频 MMDS 发射机。数字 MMDS 接收机在功能上与发射机是相对应的，与发射机的信号方向相反。

（2）天线

基站天线，提供水平或垂直极化、全向或不同方位角、不同辐射场形，不同天线增益的各种 MMDS 发射天线，与波导或同轴电缆连接有两种接口方式，有加压密封或非加压密封、顶端安装或侧面安装等各种形式，可根据各种 MMDS 系统要求选择，以求最佳覆盖。

用户站天线，可采用比较简单的屋顶天线。

（3）变频器

用于用户接收方向的变频器即降频变换器，是数字 MMDS 的下变频器，它将数字 MMDS 信号变换到射频（RF）数字信号，MMDS 最显著的特点就是各个降频器本振点可以不同，可由用户自选频点，即多点本振。反方向信号则通过上变频器来实现。

（4）机顶盒

数字 MMDS 机顶盒（STB）是数字 MMDS 接收解码器（又称数字 MMDS 解扰器）。MMDS 机顶盒一般分为电视机顶盒和网络机顶盒。

电视机顶盒将接收到的数字 MMDS 的下变频器输出的 RF 数字电视信号转换成模拟电视机可以接收的信号。

网络机顶盒内部还包含有操作系统和 IE 浏览软件，把电视机作为显示器使用，通过上行通道可以实现互联网接入。

## 8.3.3 MMDS 技术的特点与业务

### 1. MMDS 与 LMDS 技术的比较

高频段（26GHz）的 LMDS 技术和低频段（2.5GHz、3.5GHz）的 MMDS 技术比较如下。

① MMDS 与 LMDS 都是微波技术，视距传输。

② MMDS 与 LMDS 系统在容量上、传播距离上各有优势与劣势，MMDS 的传播距离可达 40km 的范围。我们注意到容量和传播距离是负相关的关系。

③ 在业务上，MMDS 系统适合于用户分布较分散、而业务需求却不大的用户业务群，而 LMDS 系统则适合于用户分布集中、业务需求量大的用户群。

④ 在成本上，MMDS 低于 LMDS。

⑤ MMDS 所能提供的数据带宽同样与可利用的频段、采用的调制方式（QPSK、16QAM 或 64QAM）和扇区数量有关。

### 2. MMDS 业务

MMDS 技术是以视距传输为基础的图像分配传输技术，MMDS 可提供模拟视频、数字视频、双向数据传输、因特网接入和电话业务等，还支持用户终端业务、补充业务、GSM 短消息业务和各种 GPRS 电信业务，适合于用户分布较分散，而业务需求却不大的用户群。

探讨

LMDS 和 MMDS 技术有何异同点？

# 8.4 近距离无线接入技术

了 解

- 蓝牙技术
- ZigBee 技术
- RFID 技术

随着信息家电和移动终端的普及，人们希望通过一个小型的、短距离的无线网络实现在任何时候、任何地点、与任何可交换信息的对象（包括人和嵌入式终端）之间进行通信或者获取想要的信息。这促使了蓝牙、ZigBee、RFID 等近距离无线通信技术的产生。近距离无线通信技术的特征和优点是低成本、低功耗和对等通信。近距离无线通信技术的发展又推动了物联网的发展和普及。

## 8.4.1 蓝牙技术

### 1．蓝牙的概念及背景

蓝牙（Bluetooth）是一种短距离（一般 10m 内）的无线通信技术。利用蓝牙技术能在包括移动电话、PDA、无线耳机（见图 8-10）、笔记本电脑、相关外设等众多设备之间进行无线信息交换，以取代原来所需的有线电缆。蓝牙这一名称来自于 10 世纪的一位丹麦国王哈拉尔蓝牙王（Harald Blatand），Blatand 译为英文意思是 Bluetooth（蓝牙）。还有个有趣的说法是这位国王喜欢吃蓝莓，牙龈每天都是蓝色的所以叫蓝牙。Blatand 国王在历史上曾将现在的挪威、瑞典和丹麦统一起来；他口齿伶俐，善于交际，积极推行基督教以改变欧洲的海盗传统，使欧洲走向文明。非常合适以他命名的蓝牙技术将被定义为允许不同工业领域产品之间的协调工作，保持着各个系统领域产品（计算机、手机、汽车、家电等）之间的良好交流。

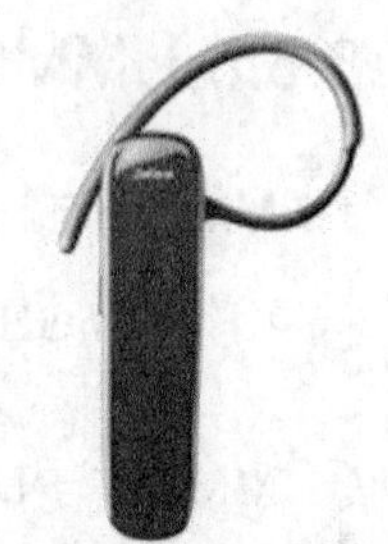

图 8-10　蓝牙耳机

### 2．蓝牙组织与蓝牙标准

1998 年 5 月，爱立信、诺基亚、东芝、IBM 和 Intel 公司一起提出蓝牙技术，并成立了蓝牙特别兴趣小组（Bluetooth SIG），以便共同开发蓝牙标准。1999 年 11 月，微软、摩托罗拉、3COM、朗讯加盟并成立了蓝牙技术推广组织，到现在为止，Bluetooth SIG 成员已经超过 2500 家，不仅包括通信厂商、网络厂商、外设厂商、芯片厂商、软件厂商，许多消费类电器厂商和汽车制造商也纷纷加入。

Bluetooth SIG 组织于 1999 年 7 月 26 日推出了蓝牙技术规范 1.0 版本。2004 年年底 Bluetooth SIG 推出了 Bluetooth2.0 标准。蓝牙 2.0 在传输速度上显著提高。2010 年 7 月，Bluetooth SIG 宣布正式采纳蓝牙 4.0 核心规范，并启动对应的认证计划。

IEEE 的标准化机构，也已经成立了 IEEE 802.15 工作组，专门关注有关蓝牙技术标

准的兼容和未来的发展等问题。IEEE802.15.1 TG1 就是讨论建立与蓝牙规范版本相一致的标准，IEEE 802.15.1 标准是基于蓝牙规范 V1.1 实现的，IEEE 802.15.1a 等同于蓝牙规范 V1.2；IEEE802.15.2 TG2 是探讨蓝牙如何与 IEEE802.11b 无线局域网技术共存的问题；而 IEEE802.15.3 TG3 则是要研究未来蓝牙技术向更高速率（如 10～20Mbit/s）发展的问题。

### 3．蓝牙技术的特点

（1）全球范围适用

蓝牙工作在全球通用的无需申请许可证的 2.4GHz 的 ISM 频段，大多数国家 ISM 频段的范围是 2.4～2.4835GHz。

（2）可以同时传输语音和数据

蓝牙定义了两种链路类型：异步无连接（Asynchronous Connectionless）链路和面向同步连接（Synchronous Connection-Oriented）链路。异步无连接链路主要用于传输数据，支持对称或非对称、分组交换和点对多点连接；面向同步连接链路主要用来传输语音，支持对称、电路交换和点对点连接。

（3）可以建立临时性对等连接

蓝牙设备可以按照角色不同分为主设备（Master）与从设备（Slave）。蓝牙设备之间的连接总是由主设备发起连接请求，从设备进行响应。由多个蓝牙设备组成一个微微网（Piconet）时，网中只有一个主设备，其余均为从设备（最多 7 个），但从设备可以同时为另一个微微网中的主设备或从设备。这样，多个微微网在时空重叠，形成了复杂的网络拓扑结构，成为散射网（Scatternet）。

（4）抗干扰能力强

由于有许多无线电设备工作在 ISM 频段，如微波炉、WLAN 设备等，为了抗干扰，蓝牙采取了跳频（FH）方式来扩频。

（5）体积小

由于体积小，蓝牙模块可以很方便地嵌入到体积较小的个人移动终端中。如图 8-11 所示蓝牙模块的外形尺寸为长 26.7mm、宽 13mm、厚 3mm。

（6）功耗小

蓝牙设备在通信连接状态下，有四种工作模式：正常工作状态的激活（Active）模式和 3 种低功耗模式。3 种低功耗模式按照功耗从高到低分别为呼吸（Sniff）模式、保持（Hold）模式和休眠（Park）模式，对主设备的响应速度也正好是从快到慢的顺序。

图 8-11　蓝牙模块

（7）低成本

蓝牙芯片的量产价格已经跌破 1 美元，国内市场上的蓝牙模块也就几十元。因此产品集成蓝牙技术只需增加很少的费用，便可换来性能上的提升。

（8）全部公开的技术标准

Bluetooth SIG 的目标是推广蓝牙技术以取代现有的计算机外设、掌上电脑和移动电话等各种数字设备上使用的有线电缆连接，因此蓝牙规范在制定之初，就将蓝牙的技术标准全

部公开，这样全球范围内任何公司或个人都可以进行蓝牙产品的开发，只要蓝牙产品通过 Bluetooth SIG 的兼容性测试，就能上市，而 Bluetooth SIG 可以通过提供技术服务和出售芯片等业务获利。

## 8.4.2 ZigBee 技术

### 1．ZigBee 的概念及背景

ZigBee 与蓝牙相类似，是一种短距离、低功耗的无线通信技术。ZigBee 译为“紫蜂”，ZigBee 这一名称来源于蜜蜂的八字舞，由于蜜蜂（bee）是靠飞翔和“嗡嗡”（zig）地抖动翅膀的“舞蹈”来与同伴传递花粉所在方位信息，也可以说蜜蜂依靠这样的方式构成了群体中的通信网络。

对于工业、家庭自动化控制和工业遥测遥控领域的应用中，系统传输的数据量小、传输速率低、终端设备多为电池供电的嵌入式系统，对此，蓝牙技术显得系统太过复杂、功耗大、距离近、组网规模太小等。为此 2000 年 12 月 IEEE 802.15.4 工作组成立，负责研究制定的 IEEE 802.15.4 标准是一种经济、高效、低速率（小于 250kbit/s）、工作在 2.4GHz 和 868/928MHz 的无线通信技术，用于无线个域网（Wireless Personal Area Network，WPAN）和对等网状网络。

ZigBee 的特点是近距离、低复杂度、自组织、低功耗、低数据速率、低成本。

ZigBee 作为一种便宜的、低功耗的近距离无线组网通信技术，主要适合用于自动控制和远程控制领域，可以嵌入各种设备。

ZigBee 网络可以便捷的为用户提供无线数据传输功能，因此在物联网领域具有非常强的可应用性。ZigBee 网络中设备的可分为协调器（Coordinator）、汇聚节点（Router）、传感器节点（EndDevice）等 3 种角色。ZigBee 模块如图 8-12 所示。

图 8-12　ZigBee 模块

### 2．ZigBee 联盟与 ZigBee 标准

（1）ZigBee 联盟

2001 年 8 月，ZigBee 联盟（ZigBee Alliance）成立。2002 年下半年，英国 Invensys 公司、日本三菱电气公司、美国摩托罗拉公司及荷兰飞利浦半导体公司共同宣布加入 ZigBee 联盟，研发名为“ZigBee”的下一代无线通信标准，这一事件成为该技术发展过程中的里程碑。ZigBee 联盟现有的理事公司包括 BM Group、Ember、飞思卡尔半导体、Honeywell、三菱电机、摩托罗拉、飞利浦、三星电子、西门子及德州仪器等知名公司。ZigBee 联盟的目的是为了在全球统一标准上实现简单可靠、价格低廉、功耗低、无线连接的监测和控制产品进行合作，并于 2004 年 12 月发布了第一个正式标准。

（2）ZigBee 标准

ZigBee V1.0 是第一个 ZigBee 标准公开版，于 2005 年 6 月开放下载，文件内记载公布

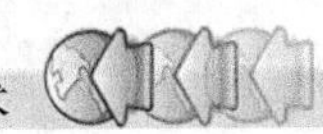

时间为 2005 年 6 月 27 日，内部文件编号为 053474r06。

ZigBee V1.1 是第二个 ZigBee 标准公开版，于 2007 年 1 月开放下载，文件内记载公布时间为 December 1，2006，内部文件编号为 053474r13，又称为 ZigBee 2006。

ZigBee V1.2 是第三个 ZigBee 标准公开版，于 2008 年 1 月开放下载，文件内记载公布时间为 2008 年 1 月 17 日，内部文件编号为 053474r17，又称为 ZigBee Pro、ZigBee 2007。

2009 年开始，ZigBee 采用了 IETF 的 IPv6 6Lowpan（IPv6 over Low-power wireless Personal Area Networks）标准，Zigbee 将逐渐被 IPv6 6Lowpan 标准取代。

ZigBee 协议是基于 IEEE 802.15.4 标准的 WPAN 协议。ZigBee 协议从下到上分别为物理层（PHY）、媒体访问控制层（MAC）、传输层（TL）、网络层（NWK）、应用层（APL）等。其中物理层和媒体访问控制层遵循 IEEE 802.15.4 标准的规定。

（3）IEEE 802.15.4 标准

IEEE 802.15.4 工作组于 2003 年 12 月通过了第一个 IEEE 802.15.4 标准。IEEE 802.15.4 标准定义了在 WPAN 中通过射频方式在设备间进行互连的方式与协议，该标准使用避免冲突的载波监听多址接入（MACD/CA）方式作为媒体访问机制，同时支持星型与对等型拓扑结构。

在 802.15.4 标准中指定了两个物理频段和的直接扩频串行物理层频段：868/915MHz 和 2.4GHz 的直接序列扩频（DSSS）物理层频段。2.4GHz 的物理层支持空气中 250kbit/s 的速率，而 868/915MHz 的物理层支持空气中 20kbit/s 和 40kbit/s 的传输速率。由于数据包开销和处理延迟，实际的数据吞吐量会小于规定的比特率。作为支持低速率、低功耗、短距离无线通信的协议标准，802.15.4 在无线电频率和数据率、数据传输模型、设备类型、网络工作方式、安全等方面都做出了说明。并且将协议模型划分为物理层和媒体接入控制层两个子层进行实现。

### 3. ZigBee 技术的特点

ZigBee 技术则致力于提供一种廉价的固定、便携或者移动设备使用的极低复杂度、成本和功耗的低速率无线通信技术。这种无线通信技术具有如下特点。

（1）数据传输速率低

只有 10～250kbit/s，专注于低传输速率应用。ZigBee 无线传感器网络不传输语音、视频之类的大数据量的采集数据，仅仅传输一些采集到的温度、湿度之类的简单数据。

（2）功耗低

工作模式情况下，ZigBee 技术传输速率低，传输数据量很小，因此信号的收发时间很短，其次在非工作模式时，ZigBee 节点处于休眠模式，耗电量仅仅只有 1μW。

（3）数据传输可靠

ZigBee 的媒体访问控制层（MAC 层）采用 CSMA/CA 机制。并为需要固定带宽的通信业务预留了专用时隙，避免了发送数据时的竞争和冲突。而且 ZigBee 针对时延敏感的应用做了优化，通信时延和休眠状态激活的时延都非常短。

（4）网络容量大

ZigBee 的低速率、低功耗和短距离传输的特点使它非常适宜支持简单器件。ZigBee 定义了两种器件：全功能器件（FFD）和简化功能器件（RFD）。网络协调器（Coordinator）是一种全功能器件，而网络节点通常为简化功能器件。如果通过网络协调器组建无线传感器网络，整个网络最多可以支持超过 65 000 个 ZigBee 网络节点，再加上各个网络协调器可互相连接，整个 ZigBee 网络节点的数目将十分可观。

（5）自动动态组网、自主路由

无线传感器网络是动态变化的，无论是节点的能量耗尽，或者节点被敌人俘获，都能使节点退出网络，而且网络的使用者也希望能在需要的时候向已有的网络中加入新的传感器节点。

（6）兼容性

ZigBee 技术与现有的控制网络标准无缝集成。通过网络协调器自动建立网络，采用 CSMA/CA 方式进行信道接入。为了可靠传递，还提供全握手协议。

（7）安全性

ZigBee 提供了数据完整性检查和鉴权功能，在数据传输中提供了三级安全性。第一级实际是无安全方式，对于某种应用，如果安全并不重要或者上层已经提供足够的安全保护，器件就可以选择这种方式来转移数据。对于第二级安全级别，器件可以使用访问控制列表（ACL）来防止非法器件获取数据，在这一级不采取加密措施。第三级安全级别在数据转移中采用属于高级加密标准（AES）的对称密码。AES 可以用来保护数据净荷和防止攻击者冒充合法器件。

（8）实现成本低

ZigBee 协议免专利费用，虽然 ZigBee 网络中器件规模可能很大，但成本较低。

## 8.4.3 RFID 技术

### 1. RFID 的概念及背景

射频识别（Radio Frequency IDentification，RFID）又称无线射频识别，俗称电子标签。RFID 是一种非接触式的自动识别技术，其基本原理是利用射频信号和空间耦合（电感或电磁耦合）或雷达反射的传输特性，实现对被识别物体的自动识别。RFID 可通过无线射频信号识别特定目标并读写相关数据，而无需识别系统与特定目标之间建立机械或光学接触。常用的有低频（125～134.2kHz）、高频（13.56MHz）、超高频、微波等技术。

RFID 是直接继承了雷达的概念，并由此发展出一种 AIDC（Auto Identification and Data Collection，自动识别与数据采集）新技术。1948 年哈里• 斯托克曼发表的“利用反射功率的通信”奠定了 RFID 技术的理论基础。但是直到 20 世纪 80 年代，RFID 技术及产品才进入商业应用阶段，各种规模应用开始出现。1990 年以来，RFID 技术标准化问题日趋得到重视，RFID 产品得到广泛采用，RFID 产品逐渐成为人们生活中的一部分。

RFID 系统可以分为电子标签（tag）、阅读器（或读写器）和天线 3 大组件。依据电子标签供电方式的不同，电子标签可以分为有源电子标签（Active tag）、无源电子标签（Passive Tag）和半无源电子标签（Semi-passive tag）。有源电子标签内装有电池，无源射频标签没有内装电池，半无源电子标签（Semi-passive tag）部分依靠电池工作。RFID 读写器和电子标签如图 8-13

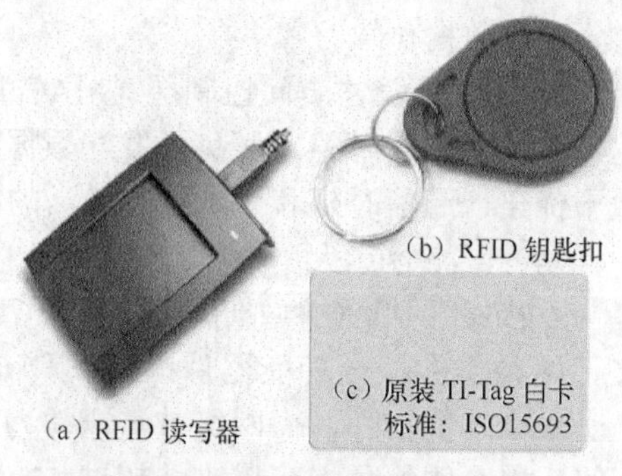
（a）RFID 读写器　（b）RFID 钥匙扣　（c）原装 TI-Tag 白卡 标准：ISO15693

图 8-13　RFID 读写器和电子标签

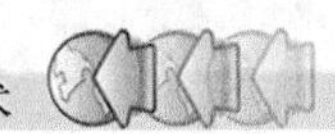

所示。该 RFID 读写器的天线是内置的。

RFID 系统的工作原理：阅读器通过天线发送电子信号，标签接收到信号后发射内部存储的标识信息，阅读器再通过天线接收并识别标签发回的信息，最后阅读器再将识别结果发送给主机。

### 2. RFID 标准

目前 RFID 技术存在 3 个标准体系：ISO 标准体系、EPCGlobal 标准体系和 Ubiquitous ID 标准体系。

（1）ISO 标准体系

国际标准化组织（ISO）及其他国际标准化机构如国际电工委员会（IEC）、国际电信联盟（ITU）等是 RFID 国际标准的主要制定机构。大部分 RFID 标准都是由 ISO（或与 IEC 联合组成）的技术委员会（TC）或分技术委员会（SC）制定的。

RFID 领域的 ISO 标准可以分为以下 4 大类。

① 技术标准（如射频识别技术、IC 卡标准等）。

② 数据内容与编码标准（如编码格式、语法标准等）。

③ 性能与一致性标准（如测试规范等标准）。

④ 应用标准（如船运标签、产品包装标准等）。

（2）EPCGlobal 标准体系

EPCGlobal 是由美国统一代码协会（Uniform Code Council，UCC）和国际商品编码协会（International Article Number，原名为 European Article Number，EAN）于 2003 年 9 月共同成立的非营利性组织，EPCGlobal 的前身是 1999 年 10 月 1 日在美国麻省理工学院成立的非营利性组织 Auto-ID 中心，以创建“物联网”（Internet of Things）为自己的使命。为此，该中心将与众多成员企业共同制订一个统一的、类似于 Internet 的开放技术标准，在现有计算机互联网的基础上，实现商品信息的交换与共享。旗下有沃尔玛集团、英国 Tesco 等 100 多家欧美的零售流通企业，同时有 IBM、微软、飞利浦、Auto-ID Lab 等公司提供技术研究支持。

EPCGlobal 致力于建立一个向全球电子标签用户提供标准化服务的 EPCGlobal 网络，前提是遵循该公司制定的技术规范。目前 EPCGlobal Network 技术规范 1.0 版给出了所有的系统定义和功能要求。EPCGlobal 已在加拿大、日本、中国等国建立了分支机构，专门负责 EPC（Electronic Product Code）码段在这些国家的分配与管理、EPC 相关技术标准的制定、EPC 相关技术在本土的宣传普及以及推广应用等工作。

EPCGlobal 提出的“物联网”体系架构由 EPC 编码、EPC 标签及读写器、EPC 中间件、ONS（对象名称解析）服务器和 EPCIS（EPC Information Services）服务器等部分构成。EPC 是赋予物品的唯一的电子编码，其位长通常为 64 位或 96 位，也可扩展为 256 位。对不同的应用，规定有不同的编码格式，主要存放企业代码、商品代码和序列号等。最新的 GEN2（第二代）标准的 EPC 编码可兼容多种编码。EPC 中间件对读取到的 EPC 编码进行过滤和容错等处理后，输入到企业的业务系统中。它通过定义与读写器的通用接口（API）实现与不同制造商的读写器的兼容。ONS 服务器根据 EPC 编码及用户需求进行解析，以确定与 EPC 编码相关的信息存放在哪个 EPCIS 服务器上。EPCIS 服务器存储并提供与 EPC 相关的各种信息。这些信息通常以 PML（Physical Markup Language，物理标示语言，又称实体标示语言）的格式存储，也可以存放于关系数据库中。

（3）Ubiquitous ID

Ubiquitous ID Center是由日本政府的经济产业省牵头，主要由日本厂商组成，目前有日本电子厂商、信息企业和印刷公司等达300多家参与。该识别中心实际上就是日本有关电子标签的标准化组织。

Ubiquitous ID Center 的泛在识别技术体系架构由泛在识别码（ucode）、信息系统服务器、泛在通信器和 ucode 解析服务器等四部分构成。ucode 是赋予现实世界中任何物理对象的唯一识别码。它具备了128位的充裕容量，并可以用128位为单元进一步扩展至256位、384 位或 512 位。ucode 的最大优势是能包容现有编码体系的元编码设计，可以兼容多种编码。ucode 标签具有多种形式，包括条码、射频标签、智能卡、有源芯片等。泛在识别中心把标签进行分类，设立了9个级别的不同认证标准。信息系统服务器存储并提供与ucode相关的各种信息。ucode 解析服务器确定与 ucode 相关的信息存放在哪个信息系统服务器上。ucode 解析服务器的通信协议为 ucodeRP（ucode Resolution Protocol）和 eTP（Entity Transfer Protocol），其中eTP是基于eTron（PKI）的密码认证通信协议。泛在通信器主要由IC 标签、标签读写器和无线广域通信设备等部分构成，用来把读到的 ucode 送至 ucode 解析服务器，并从信息系统服务器获得有关信息。

### 3．RFID对比条形码的特点

RFID（电子标签）对比条形码具有以下特点。

（1）快速扫描

条形码一次只能有一个条形码受到扫描；RFID 辨识器可同时辨识读取数个 RFID 标签。

（2）体积小型化、形状多样化

RFID 在读取上并不受尺寸大小与形状限制，不需为了读取精确度而配合纸张的固定尺寸和印刷品质。此外，RFID标签更可往小型化与多样形态发展，以应用于不同产品。

（3）抗污染能力和耐久性

传统条形码的载体是纸张，因此容易受到污染，但RFID对水、油和化学药品等物质具有很强抵抗性。此外，由于条形码是附于塑料袋或外包装纸箱上，所以特别容易受到折损；RFID卷标是将数据存在芯片中，因此可以免受污损。

（4）可重复使用

现今的条形码印刷上去之后就无法更改，RFID 标签则可以重复地新增、修改、删除RFID卷标内储存的数据，方便信息的更新。

（5）穿透性和无屏障阅读

在被覆盖的情况下，RFID 能够穿透纸张、木材和塑料等非金属或非透明的材质，并能够进行穿透性通信。而条形码扫描机必须在近距离而且没有物体阻挡的情况下，才可以辨读条形码。

（6）数据的记忆容量大

一维条形码的容量是 50 字节，二维条形码最大的容量可储存 2～3000 字符，RFID 最大的容量则有数 MB Bytes。随着记忆载体的发展，数据容量也有不断扩大的趋势。未来物品所需携带的资料量会越来越大，对卷标所能扩充容量的需求也相应增加。

（7）安全性

由于 RFID 承载的是电子式信息，其数据内容可加密保护，使其内容不易被伪造及变造。

## 实做项目及教学情境

**实做项目一：参观 WLAN 机房和认识 AP 布放方式。**

目的：认识 WLAN 设备，增加对 WLAN 网络拓扑的感性认识。

**实做项目二：在家庭或宿舍安装 AP 设备并实现宽带上网。**

目的：通过动手，真正掌握 AP 设备的安装，并使用 WLAN 上网。

## 小结

1．无线局域网（Wireless Local Area Network，WLAN）是利用无线技术实现快速接入以太网的技术。

2．WLAN 一般包括 3 种基本组件：无线接入点（Access Point，AP）、无线工作站（STA）和空中端口。

3．AP 分为胖 AP（Fat AP）和瘦 AP（Fit AP）两种。胖 AP 又称无线路由器。无线路由器是纯无线 AP 与宽带路由器的一种结合体；纯无线 AP 通常称为瘦 AP，是电信级无线覆盖设备，由于数量众多，需要通过 AC 集中管理。

4．集中控制型 AC＋AP 架构，其最大的优点在于管理简单化。

5．AC 又称为无线交换机，是 WLAN 接入控制设备，负责把来自不同 AP 的数据进行汇聚并接入互联网，同时完成 AP 设备的配置管理、无线用户的认证、管理及宽带访问、切换、安全等控制功能。AC 和 AP 之间可以跨过 BAS 进行管理。

6．2005 年 IETF 成立了 CAPWAP 工作组以标准化 AP 和 AC 间的隧道协议。通过 CAPWAP，有可能是不同厂商的 AC 和 AP 可以互相通信，不用再局限于相同厂商。

7．CAPWAP 协议的主要功能有：AP 自动发现 AC，AC 对 AP 进行安全认证，AP 从 AC 获取软件映像，AP 从 AC 获得初始和动态配置等。此外，可以支持本地数据转发和集中数据转发。

8．WLAN 按照网络拓扑结构可分为两类：自组织网络和有中心网络。

9．根据 AC 部署的位置，集中控制型 AC＋AP 的 WLAN 有 3 种典型组网类型。

10．IEEE 802.11 系列物理层标准主要包括传统 IEEE 802.11 标准、IEEE 802.11a 标准、IEEE 802.11b 标准、IEEE 802.11g 标准、IEEE 802.11n 标准和 IEEE 802.11ac 标准。

11．LMDS 和属于无线固定接入的宽带无线点对多点接入技术。LMDS 工作于 10GHz 以上的频段，MMDS 工作频段集中于 2GHz～5GHz。

12．蓝牙（Bluetooth）是一种短距离（一般 10m 内）的无线通信技术。利用蓝牙技术能在包括移动电话、PDA、无线耳机、笔记本电脑、相关外设等众多设备之间进行无线信息交换，以取代原来所需的有线电缆。

13．ZigBee 与蓝牙相类似，是一种短距离、低功耗的无线通信技术。

14．RFID 是一种非接触式的自动识别技术，其基本原理是利用射频信号和空间耦合（电感或电磁耦合）或雷达反射的传输特性，实现对被识别物体的自动识别。

## 思考与练习题

8-1　什么是无线接入技术。

8-2　什么是无线局域网？

8-3　简要介绍无线局域网的基本组成。

8-4　什么是 AP？怎么区分胖 AP 和瘦 AP？

8-5　什么是 AC？简述 AC 的主要功能。

8-6　AP 和 AC 间是如何通信的？

8-7　无线局域网的网络拓扑结构有哪几种？

8-8　AC + AP 典型组网结构有哪些种类？各有什么特点？

8-9　WLAN 的传输技术包括哪几种？

8-10　WLAN 的技术标准有哪几种？

8-11　WLAN 的安全技术有哪些？

8-12　试比较 LMDS 和 MMDS 两种无线宽带接入技术的优缺点。

8-13　试比较蓝牙和 ZigBee 技术的优缺点。

8-14　什么是 RFID？

# 第三篇

# 应　用　篇

# 第 9 章 xDSL 局端接入设备

**本章教学说明**

- 重点介绍 DSLAM 设备的硬件结构
- 概括介绍 DSLAM 设备的典型组网及应用
- 重点介绍 DSLAM 设备的操作业务的配置

**本章内容**

- DSLAM 设备
- DSLAM 接入典型组网及应用
- DSLAM 设备操作与配置的方法
- DSLAM 设备业务配置案例

**本章重点、难点**

- DSLAM 设备硬件结构及功能
- DSLAM 设备操作与业务配置

**本章目的和要求**

- 掌握电信系统的组成
- 掌握 DSLAM 设备操作与业务配置
- 理解 DSLAM 设备典型组网及应用

**本章实做要求及教学情境**

- 参观接入网设备机房
- 组建 xDSL 宽带接入环境，熟悉设备操作
- 配置 DSLAM 设备，熟悉设备的配置方法及相关命令

**本章学时数：8 学时**

## 9.1 华为 DSLAM 设备及应用

### 9.1.1 华为 DSLAM 设备认知

探讨

什么是 DSLAM 设备？它用在什么场景？

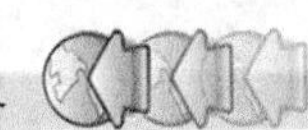

## 任务一：华为 MA5605 机箱外观与结构组成认知

华为 MA5605 多业务接入设备是小容量用户宽带接入设备，提供 ADSL2＋、SHDSL 业务。MA5605 配置相应的配单板，可以实现各种形式的业务接入。本节主要认知该设备的外观与结构组成、面板指示灯、机箱配置、配电原理、工作原理。

### 1．华为 MA5605 机箱的外观与结构组成

通过参观接入网机房认知 MA5605 外观与结构组成，主要包括机箱的外观、业务板、主控板结构组件的位置说明。MA5605 设备外观与结构组成如图 9-1、图 9-2 所示。

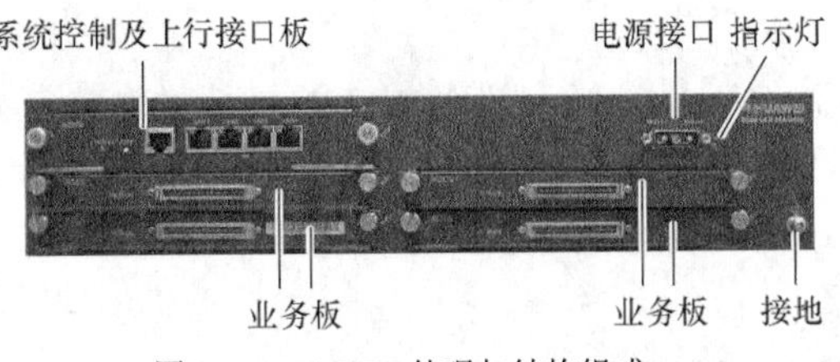


图 9-1　MA5605 外观与结构组成

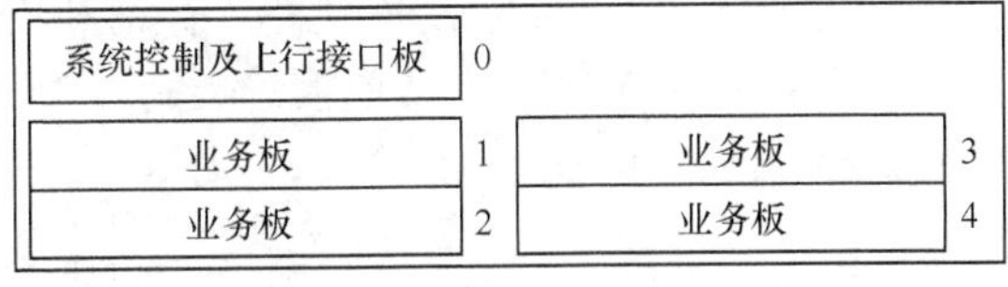


图 9-2　MA5605 机箱单板分布

华为 MA5605 设备共 5 个单板槽位，其中机箱左上端槽位配置系统控制及上行接口板，槽位编号为 0；1～4 槽位为业务板槽位，可以配置 ADSL2＋、SHDSL 业务单板；MA5605 机箱右上端为电源接口，只支持直流-48V 供电方式。

### 2．华为 MA5605 机箱面板指示灯

机箱的面板有指示灯，用来标识风扇框的运行状况和电源的供电状态。在 MA5605 的前面板上有两个指示灯，如图 9-1 所示，指示灯的含义如表 9-1 所示。

表 9-1　MA5605 前面板指示灯的含义

| 指示灯名称 | 颜　色 | 状 态 说 明 |
|---|---|---|
| PWR（绿色） | 亮 | 供电正常 |
| | 灭 | 供电异常或无电源输入 |
| FAN（红色） | 亮 | 风扇故障 |
| | 灭 | 风扇正常或无电源输入 |

### 3．华为 MA5605 机箱的工作原理

下面介绍 MA5680T 机箱的各单板相互之间的工作原理，MA5605 机箱的工作原理如图 9-3 所示。

MA5605 机箱的工作原理如下。

（1）用户端设备通过用户线缆连接到业务板，通过系统控制及上行接口板实现上行，实现 ADSL2＋业务接入。

（2）电压转换模块提供系统需求的各种电源，外部输入电源经电源接口输入到背板，再由背板输出到风扇及各单板。

（3）风扇采用抽风方式实现单板及整个机箱的通风散热。

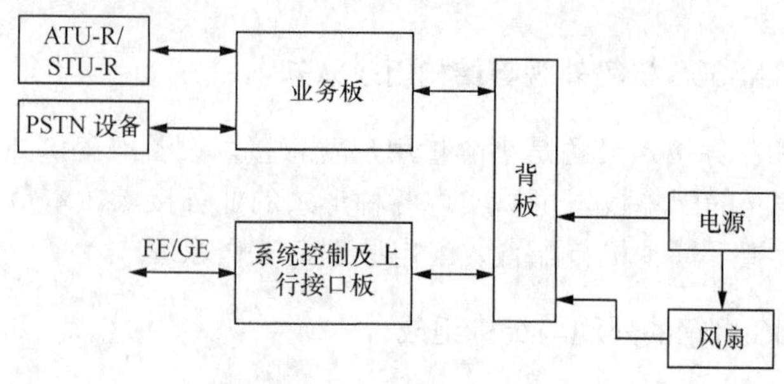

图 9-3　MA5605 机箱的工作原理

**任务二：华为 MA5605 常用设备单板认知**

通过观察 MA5605 设备硬件，查询其设备硬件手册，学习设备支持的单板类型及工作原理，下列为 MA5605 支持单板的类别、简称、全称及功能概述。MA5605 设备常用单板如表 9-2 所示。

表 9-2　MA5605 常用单板列表

| 单板类别 | 简称 | 全称 | 功能概述 |
|---|---|---|---|
| 系统控制及上行接口板 | MFEA/MFEB/MFOA/MFOB | 系统控制及以太网上行接口板 | MFEA/MFEB/MFOA/MFOB 为系统控制及以太网上行接口板，用于实现 MA5605 上行 和级联业务，提供 FE 上行和级联接口，支持热插拔 |
|  | MIMB | 系统控制及 IMA 上行接口板 | MIMB 为系统控制及 IMA 上行接口板，提供 4 个 E1 IMA（一个 Group）上行接口，支持热插拔 |
|  | MGOA | 系统控制及千兆以太网上行光接口板 | MGOA 为系系统控制及千兆以太网上行光接口板，提供 GE 上行和级联光接口，不支持热插拔 |
| 宽带业务板 | ADCE | 16 路 ADSL2+ 业务板 | 内置分离器，支持 16 路 ADSL2 + over POTS，纯阻抗，支持热插拔 |
|  | SHDA | 16 路 SHDSL 业务板 | 提供 16 路 SHDSL 接口，支持热插拔 |

**1. MFEA 超级控制单元板**

MFEA 单板为系统控制及以太网上行接口板，用于实现 MA5605 上行和级联业务，提供 FE 上行和级联接口。

MFEA 单板 CON 端口为维护串口，使用本地维护串口电缆连接到维护终端的串口；100BASE-TX 端口为上行 FE 电口，使用网线连接至上层设备；100BASE-TX-C 端口为级联 FE 电口，使用网线连接至级联设备。MFEA 单板面板如图 9-4 所示。

MFEA 插在机箱的 0 槽位通过背板与业务板通信，完成 ATM 信元和 MAC 帧转换、设备管理及业务管理功能，MFEA 单板原理框图如图 9-5 所示。

MFEA 的基本原理如下。

（1）控制模完成块对 ADSL 套片和逻辑及 PHY 的管理、业务管理、SNMP 网管协议代理；并提供命令行管理、程序/数据加载、告警、诊断功能。

（2）业务处理模块主要实现 ATM 信元到以太网帧的转换功能。

（3）时钟模块为本单板内各功能模块提供工作时钟。

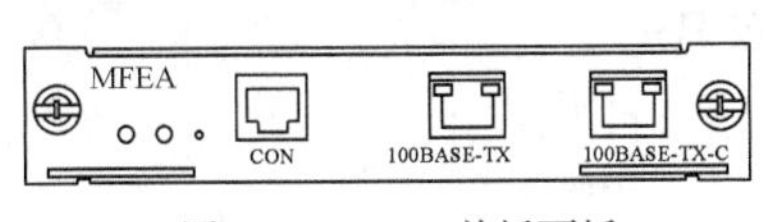


图 9-4　MFEA 单板面板

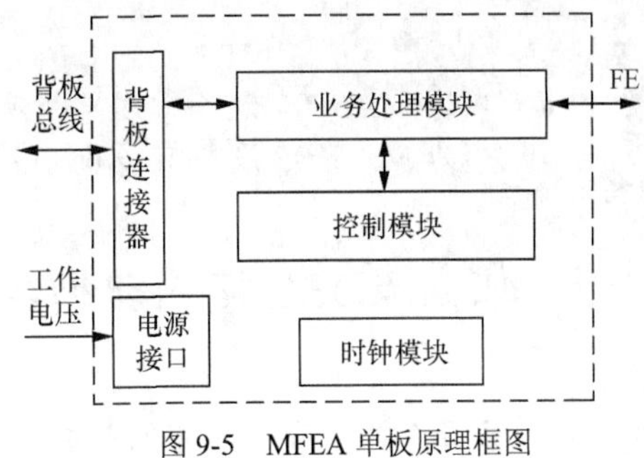


图 9-5　MFEA 单板原理框图

## 2. ADCE——16 路 ADSL2 + 业务板

ADCE 单板是 16 路 ADSL2 + 业务接入板，提供 1 个 16 路 ADSL2 + 接口。每路 ADSL2 + 信号通过双绞线与用户端设备 ATU-R（ADSL Transceiver Unit - Remote End）相连，为用户提供基于 ATM 方式的 ADSL2 + 接入。

ADCE 单板提供 1 个 DB68 接口，该接口用于连接 LINE 信号和 POTS 信号的电缆，其中 LINE 信号电缆为 ADSL2 + 信号和 POTS 信号的混合信号（连接至用户调制解调器），POTS 信号为接入到窄带设备的纯 POTS 信号（通过 MDF 配线架连接至程控交换设备）。ADCE 单板面板如图 9-6 所示。

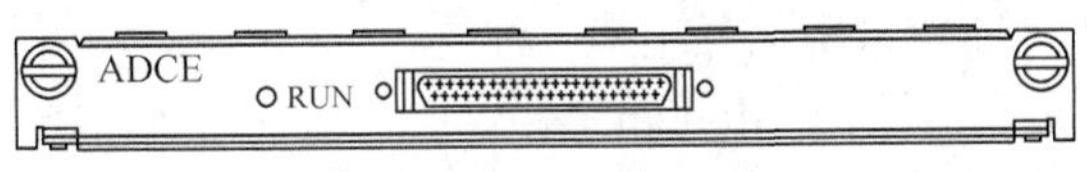


图 9-6　ADCE 单板面板图

ADCE 插在机箱的 1～4 槽位，通过背板系统总线与上行板联接，实现套片的管理、业务数据流的传送。ADCE 单板的工作原理如图 9-7 所示。

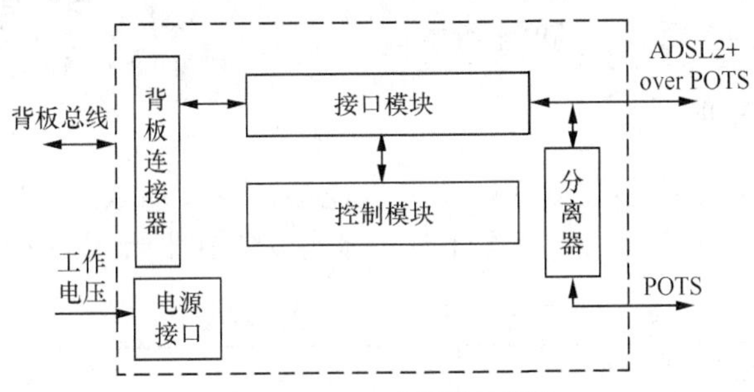


图 9-7　ADCE 单板原理框图

ADCE 单板的基本原理如下。

（1）控制模块负责接受主控板下发的命令，同时将单板的状态信息上报给主控板。

（2）分离器负责将 ATU-R 上来的 ADSL2+over POTS 信号经过分离器分离出宽窄带信号，窄带 PSTN 线用于对接窄带用户板。

（3）在上行方向，接口模块负责将 ADSL2+over POTS 宽带模拟信号先转换成数字信号，然后再通过解码器将数字信号变换成信元数据流，通过背板总线送到主控板进行处理。

（4）在相反方向，接口模块将主控板通过背板总线送过来的信元数据流，先通过编码器将信元信号转换成所需数字信号，然后再转换成 ADSL2+ over POTS 模拟信号送到 ATU-R。

归纳思考

- 华为 MA5605 设备常用单板有哪几种？
- 华为 MA5605 设备有多少个槽位？

## 9.1.2 华为 ADSL 接入典型组网及应用

探讨

- DSLAM 设备典型组网拓扑是什么？
- 用户终端如何接入 DSLAM？

华为 DSLAM 设备 ADSL2+实验环境组网如图 9-8 所示。实验环境选用华为 MA5605 设备作为局端 DSLAM 设备。MA5605 通过 MFEA 上行板提供的 FE/GE 接口，可直接接入 IP 局域网，提供 IP-DSLAM 解决方案。

**任务一：华为 MA5605 设备单板配置与电缆连接**

安装并配置华为 MA5605 设备单板，其中 2 号槽位配置 ADCE 单板；0 号槽位配置 MFEA 单板；其余各槽位为假面板。

2 号槽位 ADCE 单板的 POTS 信号电缆（注意区分用户电缆色谱）连接至用户 Modem 输入端，测试终端 PC 通过网线连接至 Modem 输出端口；0 号槽位 MFEA 单板 100BASE-TX 端口连接至 LAN 作为设备上行端口和带内维护网口，学生实验维护终端通过以 LAN 连接至 MA5605；BRAS 设备通过 LAN 连接至 MA5605 上行端口。

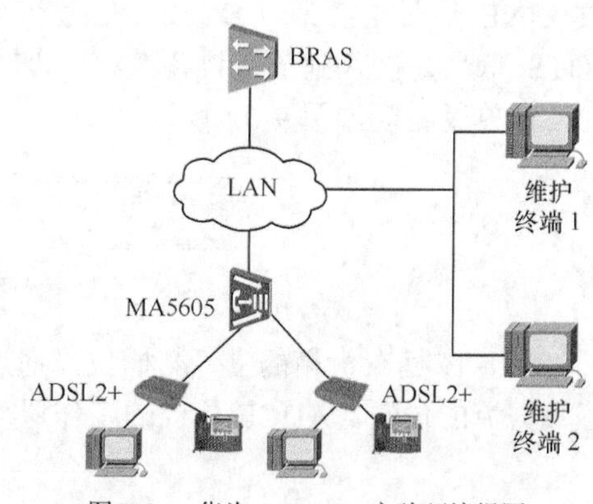


图 9-8 华为 ADSL2+实验环境组网

**任务二：规划设备 IP 地址**

由于实验环境中各设备通过以太网交换机连接，通过局域网（LAN）连接至宽带接入服务器（BRAS），网络环境为二层网络环境，因此设备 IP 地址分配如表 9-3 所示。

表 9-3 实验环境设备 IP 地址规划表

| 设备端口 | IP 地址 |
|---|---|
| MA5605 上行端口 | 192.168.1.210/24 |
| BRAS | 192.168.1.202/24 |
| 实验环境网关 | 192.168.1.100/24 |

**任务三：设备操作维护方式**

华为 MA5605 设备可以通过维护串口和带内维护网口对设备进行维护管理。

**1. 串口维护方式**

串口维护方式即维护终端通过串口连接与设备主控板的控制台通信，实现设备的操

作和维护。

具体连线如图 9-9 所示，该方式中用一根 RS-232 串口线连接维护终端的 COM 口和 MA5605 主控板的 CON 口。连线后，在维护终端上选择“开始→所有程序→附件→通信→超级终端”，打开超级终端进行设置。注意超级终端波特率的设置必须与 MA5605 系统的串口波特率参数一致。系统默认串口波特率为 9 600bit/s。若登录后超级终端界面输入字符出现乱码，一般是由于终端的波特率设置与 MA5605 系统的波特率设置不一致导致，可尝试使用其他波特率登录系统。系统支持的波特率包括 9 600bit/s、19 200bit/s、38 400bit/s、57 600bit/s、115 200bit/s。

#### 2．带内网口维护方式

在带内维护方式下，维护交互信息通过设备的业务通道传送。带内维护方式组网灵活，不用附加的设备，节约用户成本，但因为维护信息与业务信息共用一个通道，所以较为不便。带内维护具体连线如图 9-10 所示，维护终端连接至 MA5605 主控板的上行口并进行维护管理。带内网口维护方式可以通过超级终端或 Telnet 方式登录设备进行操作。

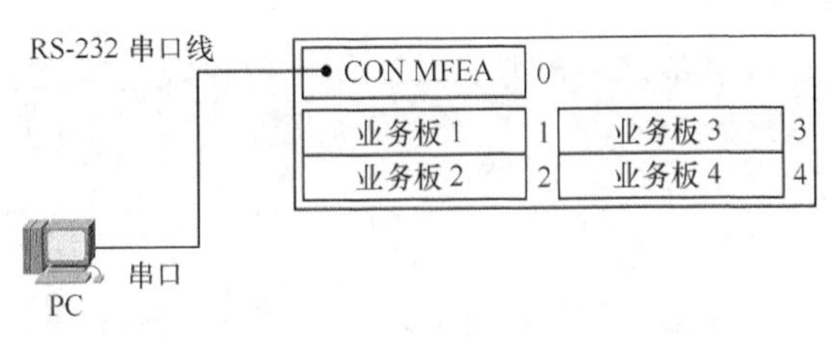


图 9-9　华为 MA5605 设备串口维护方式连接图

图 9-10　华为 MA5605 设备带内网口维护方式连接图

归纳思考

- 用户电缆色谱应如何区分？
- 华为 MA5605 设备有哪几种维护方式？

### 9.1.3　设备基本操作

DSLAM 设备的维护通常有两种操作方式：网管方式和命令行方式。

网管方式通过网管系统为用户提供图形化操作界面（GUI），如华为网管系统 iManager N2000 BMS、iManager I2000BMS，中兴网管系统 NetNumen；命令行方式则以命令行输入界面（CLI）为用户提供维护接口。

CLI 操作方式组网简单，操作终端可通过自带的“超级终端”程序或“Telnet”程序登录设备即可实现对设备的维护。

本节主要介绍 CLI 操作方式下系统的一些基础操作。通过对本节的学习，用户能够通过命令行对 DSLAM 进行最常用的配置操作，熟练使用命令行的关键是掌握下面介绍的命令行智能匹配和命令帮助功能。由于各厂商设备命令行有通用的特点，故本节选用华为 MA5605 设备的命令行进行介绍。

#### 1．命令模式的分类

MA5605 提供多种命令模式，以实现分级保护，防止未授权用户的非法侵入。

MA5605 命令模式主要包括：普通用户模式（User Mode)、特权模式（Privilege Mode)、全局配置模式（Global Config Mode)、ATM 模式（ATM Mode)、ADSL 模式（ADSL Mode)、LAN 模式（LAN Mode)、SHDSL 模式（SHDSL Mode)、EMU 模式（Environment Monitor Unit Mode)。

### 2．命令模式的特点

（1）向下兼容

普通用户模式中的所有命令在特权模式下都能执行；普通用户模式和特权模式中的所有命令在全局配置模式下都能执行。

（2）分级保护

可以防止未授权的用户的非法侵入。不同级别的用户可以进入不同的命令模式。同时，对于不同级别的用户，即使进入同样的模式，他们所能执行的命令也会有所不同。如 DSLAM 设备管理权限一般分为以下 4 个级别。

① 普通用户级。执行基本系统操作及简单查询操作。

② 操作员级。可以对设备、业务进行配置。

③ 管理员级。可执行所有配置操作；负责对设备、用户账号及操作管理权限进行维护管理。

④ 超级用户。系统最高级别的用户，仅有一个。

### 3．命令模式关系图

由于命令行存在多种模式，各模式下其命令和功能有所区分。以华为 MA5605 设备各种命令模式关系为例进行讲解，MA5605 接口/端口配置模式功能特性如表 9-4 所示，命令模式关系如图 9-11 所示。

表 9-4　　接口/端口配置模式功能特性

| 命令模式 | 功能 | 模式提示符 | 进入方式 |
|---|---|---|---|
| ADSL 模式 | 配置 ADSL 端口参数 | huawei(config-ADSL-0/1)# | huawei(config)#interface adsl |
| ATM 模式 | 配置 ATM 接口参数 | huawei(config-ATM-0/0)# | huawei(config)#interface atm |
| SHDSL 模式 | 配置 SHDSL 参数 | huawei(config-SHDSL-0/0)# | huawei(config)#interface shdsl |
| LAN 模式 | 配置 LAN 端口参数 | huawei(config-LAN-0/0)# | huawei(config)#interface lan |
| EMU 模式 | 配置 EMU 端口参数 | huawei(config-EMU)# | huawei(config)#interface emu |

命令模式的逐级退出一般使用 exit 命令；快速退出到特权模式使用 end 命令；从特权模式返回普通用户模式使用 disable 命令。命令行提示符默认以设备名 MA5605 作为前缀（可以使用命令 hostname 更改），括号中内容表明当前的配置模式。

### 4．命令行智能匹配

智能匹配是指输入不完整的命令关键字加空格键可以得到关键字的自动匹配结果，目前绝大部分通信设备厂商命令行都支持此项功能。

为了避免输入长串的关键字，方便用户使用，MA5605 支持输入不完整的命令关键字加

空格键得到关键字的自动匹配结果，如（在普通用户模式下）输入 en 或 ena 加空格键即可得到完整的 enable 命令。

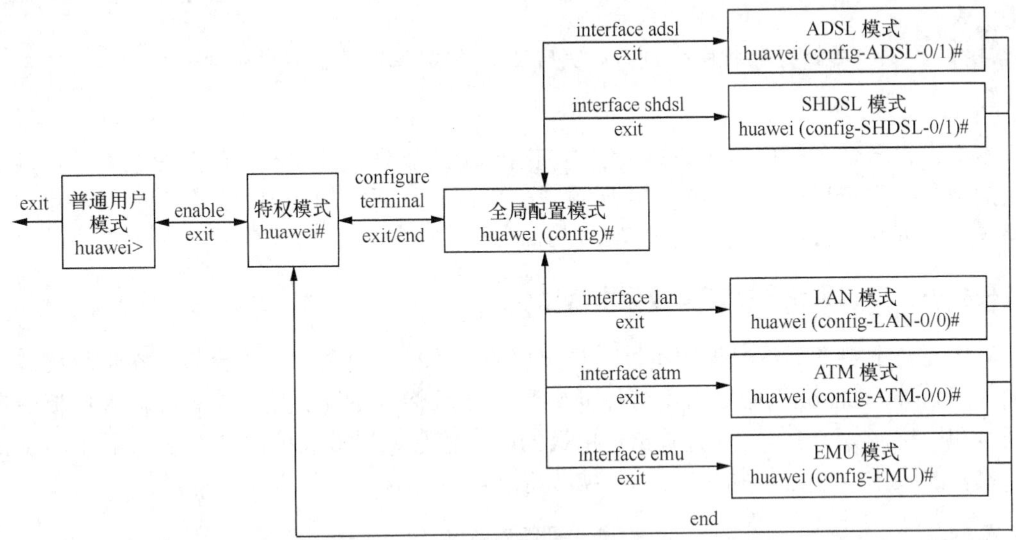


图 9-11　MA5605 命令模式关系

如果用户无法输入空格时，说明有以下两种可能。

（1）用户输入的命令错误，应该重新输入正确的命令。例如，在特权模式下输入 terminal user 时出错，导致不能再输入空格。

（2）用户输入的关键字冲突。例如，在全局配置模式下仅输入 se 后不能进行自动匹配，这是因为有两条以“se”开头的命令 search 和 serial mode。

### 5．命令帮助信息

当需要查看当前命令或当前模式的命令的帮助信息时，可以在命令提示符或命令关键字后输入“？”。如果没有找到匹配的内容，则帮助列表为空。

系统提供如下两种形式的帮助。

（1）全面帮助

在命令提示符后输入“？”，可以得到当前可用命令的帮助信息。

在完整的关键字后输入“？”，可以得到与当前命令关键字相匹配的命令的简单帮助及其使用的参数。

（2）部分帮助

在不完整的命令关键字之后使用“？”，可以得到与当前命令关键字相匹配的命令的帮助信息。

**归纳思考**

- 华为 MA5605 设备有哪几种命令行模式？
- 华为 MA5605 设备如何使用命令行帮助？

### 9.1.4 华为设备基础配置操作

探讨

两款型号相同的设备但是系统软件版本不同，操作命令一样吗？

本书中设备命令行操作任务中，字体加粗部分为管理员需要输入的命令及参数，其他未加粗的部分为系统自动显示部分。由于设备软件或硬件版本的不同，部分命令及显示内容会有差异，下列为MA5605设备基础操作任务。

**任务一：查询系统和指定单板版本信息**

当需要查询整个系统、指定机框、指定单板版本信息时使用下列命令。在特权模式下直接输入“show version”命令而不带任何参数，显示整个系统的版本信息；输入单板所在的机框号和槽位号如0/1，可以查看指定单板的版本信息，仅输入机框号0时，显示0/0槽位上行单板的版本信息。其中主要版本参数如表9-5所示。

表9-5 主要版本参数

| 参数 | 参数说明 |
|---|---|
| Pcb Version | Pcb版本 |
| Mab Version | Mab版本 |
| BIOS Version | BIOS版本 |
| Software Version | 软件版本 |
| Logic Version | 逻辑版本 |
| CPU Version | CPU版本 |

举例：查询系统版本信息。

```
huawei#show version
[<frameId/slotId>]{(0)[/(0-2)]}:
 MA5600 V100R011(MA5605) Version , RELEASE SOFTWARE
 Copyright(C) 1998-2007 by Huawei Technologies Co., Ltd.
 Program-base: 0x4100000(A), the length of the program is 5058673
 No new program in flash, system will boot from A

 BIOS Version is 107
 MA5605 with 1 MPC850 (Rev 33.01) CPU running at 40Mhz
 64 M bytes SDRAM
 32 M bytes Flash Memory
 512K bytes SRAM
 MA5605 uptime is 0 day, 0 hour, 11 minutes, 58 seconds
```

举例：查询 0/1 槽位的单板版本信息。

```
huawei#show version
[<frameId/slotId>]{(0)[/(0-2)]}:0/1
FrameId:0 slotId: 1
ADSL Board:
Pcb      Version: H523ADCE VER.C
Mab     Version: 0000
Logic    Version: (U31)001
```

**任务二：配置 LAN 端口模式**

配置 LAN 端口模式，即为端口选择 Tagged 或 Untagged 模式。选择端口模式后可配置端口自协商的方式。

举例：设置 FE 上行端口工作模式为 untagged 模式，自协商方式。

```
huawei(config)#interface lan 0/0
huawei(config-LAN-0/0)#port mode uplink untagged negotiate
```

**任务三：配置 VLAN**

当进入设备上行端口模式后，"vlan"命令用于增加同一类型的一个或多个 VLAN。VLAN 成功创建之后，可以使用该 VLAN。系统支持的业务 VLAN 为 256 个。配置 VLAN 时要注意以下事项。

（1）VLAN ID 唯一，当设置已经存在的 VLAN 时，系统会返回错误提示。

（2）VLAN ID 为 1 的 VLAN 为系统缺省 VLAN，属性为 common，不能配置为 Stacking 和 QinQ。

（3）可以设置 VLAN 属性为 common、QinQ 或者 Stacking。

举例：增加 VLAN 60，并且设置 VLAN 属性为 common VLAN。

```
huawei(config)#interface lan 0/0
huawei(config-LAN-0/0)#vlan 60 common
huawei(config)#show vlan all
  Vlan Id  Vlan Index  Unicast Use count  Attribute
  -------  ----------  -----------------  ----------
    1          1               0          common
   60          2               1          common
  --------------------------------------------------
  Record number: 2
```

**任务四：配置端口缺省 VLAN**

上行端口如何配置缺省 VLAN 取决于与之直接相连的上层设备是否支持带 VLAN Tag 的报文。MA5605 的设置与上层设备保持一致即可。

举例：设置系统缺省 VLAN 为 2。

```
huawei(config-LAN-0/0)#default-vlanid
<vlanid>{1-4095}:2
Set default vlanid to 2 success.
```

**任务五：配置 LAN 模式带内网管**

MA5605 使用 MFEA 上行板时是作为 IP-DSLAM 设备为接入用户提供各种业务。通过配置 LAN 模式带内网管使维护终端能够通过带内管理通道对设备进行维护。

举例：设置 LAN 模式带内网管 VLAN 254，并设置以太网接口的 IP 地址为 192.168.1.210，配置网关为 192.168.1.100 的默认路由。

```
huawei(config)#nms 254
Are you sure to set the inband VLAN to 254? (y/n) [n]:y
Set inband VLAN successfully.
huawei(config)#atmlan ipaddr-route ethernet
<ip-address>:192.168.1.210
<netmask>:255.255.255.0
<route-address>:0.0.0.0
<route-netmask>:0.0.0.0
<gateway>:192.168.1.100
```

**任务六：配置 ADSL2+线路模板**

举例：增加一个 ADSL2+线路模板（索引号为 8），下行最大交织延迟为 9ms，上行最大交织延迟 8ms，下行最小传输速率为 64kbit/s，下行最大传输速率为 2 048kbit/s，上行最小传输速率为 32kbit/s，上行最大传输速率为 512kbit/s。

```
huawei(config)#adsl line-profile add
[<index>]{2-32}:8
  During input,press 'Q' to quit,then settings at this time are neglected.
  > Select the line profile type 1-adsl 2-adsl2+(1~2) [1]:2
  > Will you set basic configuration for modem? (y/n) [n]:
  > Will you set channel mode? (y/n) [n]:
  > Will you set interleave delay? (y/n) [n]:y
  > Max down stream interleaved delay(0~255 ms) [6]:9
  > Max up stream interleaved delay(0~255 ms) [6]:8
  > Will you set noise margin for modem? (y/n) [n]:
 Please select form of transmit rate adaptation in downstream:
  > 0-fixed 1-adaptAtStartup 2-adaptAtRuntime (0~2) [1]:
  > Will you set noise margin for modem? (y/n) [n]:
  > Will you set parameters for rate? (y/n) [n]: y
  > Min bit rate in down stream (32~32000 Kbit/s) [32]: 64
```

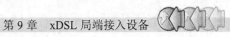

```
  > Max bit rate in down stream (64~32000 Kbit/s) [32000]: 2048
  > Min bit rate in up stream (32~3000 Kbit/s) [32]:
  > Max bit rate in up stream (32~3000 Kbit/s) [3000]: 512
  > Please input the profile's name :
  Add profile 8 successfully.
huawei(config)#show adsl line-profile all
  -----  ---------   -----------   --------------------------------
 profile  operating     channel      min down  max down  min up  max up
  index     mode         mode          rate      rate     rate     rate
                                    (Kbit/s)  (Kbit/s) (Kbit/s) (Kbit/s)
  -----  ---------   -----------   --------------------------------
  1         All      Interleaved     32       6144      32       640
  8         All      Interleaved     64       2048      32       512
  33        All      Interleaved     32       32000     32       3000
  ------------------------------------------------------------------
```

具体如表 9-6 所示。

表 9-6　adsl line-profile add 命令的参数说明

| 参数 | 参数说明 |
|---|---|
| Line profile type | ADSL2＋线路模板类型，包括两种类型：ADSL 和 ADSL2＋ |
| channel mode | 通道工作模式。通道工作模式有交织方式和快速模式两种。采用快速的工作方式，ADSL 的数据传输的延时比较小，但稳定性要差一些；采用交织方式，ADSL 的连接稳定性比较好，但 ADSL 数据的传输延时比较大。一般来说，对于普通的上网业务，推荐设置为交织方式，对于一些对延时比较敏感的 VOD 等业务，推荐使用快速方式 |
| Max down/up stream interleaved delay | 下行/上行最大交织延迟。交织延迟越大，ADSL 的连接稳定性会越高，但传输的延时也会相应的增加 |
| transmit rate adaptation in downstream | 下行传输速率自适应方式。包括 3 种工作方式：0-fixed、1-adaptAtStartup 和 2-adaptAtRuntime<br>fixed 表示下行通道传输速率固定。此参数要求下行通道传输速率的最大值与最小值相等，且不必输入调制相关参数<br>adaptAtStartup 表示下行通道传输速率启动自适应，此参数不必输入调制相关参数<br>adaptAtRuntime 表示下行通道传输速率运行态自适应，此参数可以输入调制相关参数<br>当 ADSL 线路模板类型为 ADSL 时，包括 0-fixed 和 1-adaptAtStartup 两种方式。当 ADSL 线路模板类型为 ADSL2＋时，包括 0-fixed、1-adaptAtStartup 和 2-adaptAtRuntime 3 种方式 |
| noise margin for modem | Modem 噪声容限。噪声容限是指在保持当前速率和误码率的前提下，系统还能容忍的附加噪声。噪声容限越大，线路的稳定性越高，但噪声容限越大，激活后的物理连接速率会越低 |
| Min bit rate in down stream/up stream | 下行/上行最小速率。在建立 ADSL 连接的过程中，如果计算得出的下行的速率小于设置的下行最小速率，端口会无法激活 |
| Max bit rate in down stream/up stream | 下行/上行最大速率。在建立 ADSL 连接的过程中，如果线路条件比较好，计算出来的下行的速率大于所设置的最大速率，系统会将下行的速率限制在所设置的最大的速率，但会增加下行的噪声容限；如果线路的条件比较差，计算出来的下行最大速率不能满足所设置的下行最大速率的要求，系统会在保持下行目标噪声容限的前提下，按照实际计算出来的下行速率建立连接 |
| profile's name | ADSL2＋线路配置模板的名称 |

### 任务七：建立 PVC 连接

举例：建立一条 LAN 到 ADSL 的 PVC。

```
huawei(config)#pvc
{adsl,shdsl,lan}:lan
<FrameId/SlotId>{(0)/(0)}:0/0
<vlanId>{1-4095}:1
<priority>{0-7}:0
{disable,innerVlanID}:disable
<Encap>{1483b,pppoallc,pppoavc}[1483b]:
{adsl,shdsl,lan}:adsl
<FrameId/SlotId/PortId>{(0)/(1-4)/(1-16)}:0/4/16
{<vpi>}{0-255}:0
{<vci>}{32-511}:35
<rx-car>{on,off}:off
<tx-car>{on,off}:off
<rx-cttr>{1-20}:1
<tx-cttr>{1-20}:1
  Add PVC successfully, CID = 1.
huawei(config)#show pvc all
  ( Interface:  Frame/Slot/Port )
  ( Port:  FE's VLAN, others port )
          Source                          Sink                    Traffic
CID  Type   Interface    VPI  VCI  Type  Interface    VPI   VCI   RX   TX
----- --------- ---- ------- -- -- -- ----------------------------
 1   LAN     0/0/1       --   --   ADL   0/4/16      0     35    1    1
------------------------------------------------------------------------
Record number: 1
```

具体如表 9-7 所示。

表 9-7　　pvc 命令的参数说明

| 参数 | 参数说明 |
|---|---|
| adsl | ADSL 端口。选择建立 PVC 连接的一端为 ADSL 端口 |
| shdsl | SHDSL 端口。选择建立 PVC 连接的一端为 SHDSL 端口 |
| lan | 选择 FE、GE 端口上行，建立 xDSL 端口到 LAN 的 PVC |
| anyvpi | 系统自动分配 VPI。系统自动生成空闲有效值，anyvpi 从 0 开始自动分配 |
| anyvci | 系统自动分配 VCI |
| frameid/slotid/portid | 用于标识机框号/槽位号/端口号，“/” 需要原样输入 |
| frameid/slotid | 用于标识机框号/槽位号，“/” 需要原样输入。需输入主控板所在的机框号/槽位号 |
| disable | 不输入内层 VLAN ID。当选择与 common VLAN 建立连接时，使用此参数 |

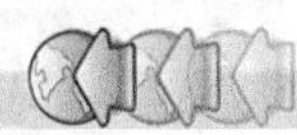

续表

| 参数 | 参数说明 |
| --- | --- |
| innerVlanID | 允许输入内层 VLAN ID。当选择与 Stacking VLAN 建立连接时，使用此参数 |
| inner vlan priority | 内层 VLAN 优先级。当选择与 Stacking VLAN 建立连接时，需要设置内层 VLAN 优先级，使高优先级的用户报文得到优先处理 |
| inner vlan check | 允许内层 VLAN 自检。当选择与 Stacking VLAN 建立连接时，需要设置内层 VLAN 自检，检查内层 VLAN 的合法性。取值为 off 时不进行内层 VLAN 自检，取值为 on 时进行内层 VLAN 自检 |
| rx-cttr | 连接接收方向（即从源端口到目的端口）流量表项索引值 |
| tx-cttr | 连接发送方向（即从目的端口到源端口）流量表项索引值 |
| rx-car | 设置接收方向流量的 CAR 功能。取值为 off 时不进行流控，取值为 on 时进行流控 |
| tx-car | 设置发送方向流量的 CAR 功能。取值为 off 时不进行流控，取值为 on 时进行流控 |
| encap | 封装类型 |

归纳思考

- 建立 PVC 连接需要配置哪些参数？
- 什么是线路模板？应如何配置？

### 9.1.5　华为设备配置案例

探讨

- 华为 MA5605 设备支持哪些业务配置？
- 应如何考虑实验数据规划？

#### 1．ADSL2＋业务调测组网图

ADSL2＋接入采用不对称的数据传输形式，支持最高达 24Mbit/s 的下行速率和 1.2Mbit/s 的上行速率，最长达 6.5km 的传输距离。下例为华为 MA5605 设备配置 ADSL2＋接入业务案例。ADSL2＋业务调测组网图如图 9-12 所示。

#### 2．数据规划

PC 用户的宽带业务账户需要在 BRAS 设备进行用户认证，在 BRAS 设备上配置接入的用户名/密码。如果通过 BRAS 分配用户 IP 地址，还需要在 BRAS 设备上配置相应的 IP 地址池。

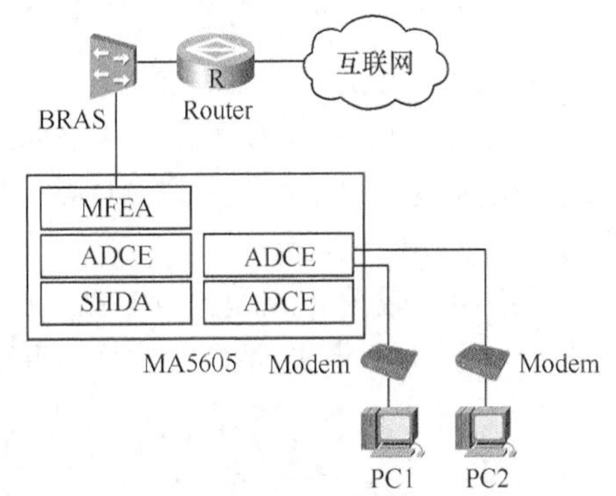

图 9-12　ADSL2＋业务调测组网图

按组网图连接设备并且设备工作正常。Modem 侧的配置已完成。调测终端通过串口或网口登录设备，并能正常进行维护操作。MA5605 既可以通过配置流量模板对用户进行限速，也可以通过配置 ADSL2＋线路配置模板对用户进行限速，当两者共同作用时，用户带宽为两者最小值。ADSL2＋接入业务数据规划

如表 9-8 所示。

表 9-8　　ADSL2＋接入业务数据规划

| 配置项 | 数据 | 备注 |
|---|---|---|
| ADCE 单板 | ADSL2＋端口：0/1/1 | 端口使用线路配置模板编号 7 |
| | 上行带宽：512 Kbit/s<br>下行带宽：1024Kbit/s | |
| | VPI/VCI：0/35 | 需要和用户一致 |
| MFEA 单板 | 业务 VLAN：10 | 需要和上层设备一致 |
| | 上行端口：0/0/1 | |
| | 上行端口 IP 地址：192.168.1.210/24 | 默认网关 192.168.1.100 |

### 3. 配置步骤

（1）配置上行端口 IP 地址

进入特权模式后，添加设备 IP 地址 192.168.1.210，子网掩码 255.255.255.0。

```
huawei>enable
huawei#config
huawei(config)#atmlan ip-address ethernet 192.168.1.210 255.255.255.0
```

（2）配置上行端口业务 VLAN

进入上行 LAN 端口模式后，配置业务 VLAN10，其属性为 common。

```
huawei>enable
huawei#config
huawei(config)#interface lan 0/0
huawei(config-LAN-0/0)#port mode uplink untagged negotiate
huawei(config-LAN-0/0)#vlan
<vlanId>{2-4095}:10
{common,stacking,to}:common
  Add VLAN successfully, VLANID = 10
```

（3）配置 ADSL2＋线路模板

增加 ADSL2＋线路模板，MA5605 共有 33 个线路配置模板，其中，1、33 为系统默认的线路配置模板，1 为普通的 ADSL 线路模板，33 为 ADSL2＋线路模板。用户可以对默认的线路配置模板进行修改。

采用端口限速方式配置 ADSL2＋线路模板，线路模板编号为 7，下行最大速率设置为 1 024kbit/s，上行最大速率设置为 512kbit/s，其他参数选取系统默认。

```
huawei(config)#adsl line-profile add
[<index>]{2-32}:7
During input,press 'Q' to quit,then settings at this time are neglected.
> Select the line profile type 1-adsl 2-adsl2+(1～2) [1]:2
```

```
> Will you set basic configuration for modem? (y/n) [n]:
> Will you set channel mode? (y/n) [n]:
> Will you set interleave delay? (y/n) [n]:
> Please select form of transmit rate adaptation in downstream:
> 0-fixed 1-adaptAtStartup 2-adaptAtRuntime (0～2) [1]:
> Will you set noise margin for modem? (y/n) [n]:
> Will you set parameters for rate? (y/n) [n]: y
> Min bit rate in down stream (32～32000 Kbit/s) [32]:
> Max bit rate in down stream (32～32000 Kbit/s) [32000]: 1024
> Min bit rate in up stream (32～3000 Kbit/s) [32]:
 > Max bit rate in up stream (32～3000 Kbit/s) [3000]: 512
> Please input the profile's name :
  Add profile 7 successfully.
```

（4）激活 ADSL 端口

由于 ADSL 端口与远端 Modem 自动激活，如果要绑定配置的线路模板，必须先去激活，然后再激活 ADSL 端口。

```
huawei(config)#interface adsl 0/1
huawei(config-ADSL-0/1)#deactivate 1
huawei(config-ADSL-0/1)#activate 1 lineprofileindex 7
huawei(config-ADSL-0/1)#exit
```

（5）建立 ADSL 上行 PVC

选择流量模板 5，该模板设置的速率小于 ADSL2＋线路配置模板的最大速率。

```
huawei(config)#pvc adsl 0/1/1 0 35
{adsl,shdsl,lan}:lan
<FrameId/SlotId>{(0)/(0-2)}:0/0
<vlanId>{1-4095}:10
<priority>{0-7}:1
{disable,innerVlanID}:disable
<Encap>{1483b,pppoallc,pppoavc}[1483b]:1483b
  Add PVC successfully, CID = 1.
```

（6）保存数据

```
huawei(config)#save
```

**归纳思考**

总结一下华为 MA5605 设备 ADSL2＋业务配置的步骤。

# 9.2 中兴 DSLAM 设备及应用

## 9.2.1 中兴 DSLAM 设备

**探讨**

中兴 DSLAM 设备有何特点？与华为设备相同吗？

### 任务一：中兴 ZXDSL 9806H 机箱外观与结构组成认知

ZXDSL 9806H 是为 FTTx 应用场景量身定制的、小容量的全业务接入平台，非常适合 FTTB/C 小容量应用场景，可作为 FTTx MDU 或小型 DSLAM 应用。支持 ADSL2＋、VDSL2、POTS、LAN、SHDSL、ISDN 等多种宽带接入；支持 GE/FE、EPON /GPON、10G-EPON 等上联，支持点到点（P2P）和点到多点（P2MP）应用，支持星状、链状、环状等组网，适应复杂组网环境。本节主要认知该设备的外观与结构组成、面板指示灯、机箱配置、配电原理、工作原理。

#### 1. 中兴 ZXDSL 9806H 机箱外观与结构组成

任务主要认知机箱的外观、业务板、主控板结构组件的位置说明。ZXDSL 9806H 设备外观与结构组成如图 9-13 所示。

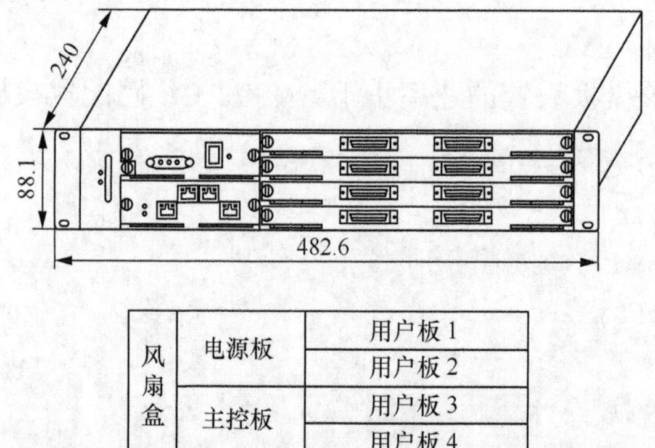


图 9-13　ZXDSL 9806H 机箱单板分布

ZXDSL 9806H 机箱由单板、背板和风扇盒组成。ZXDSL 9806H 插箱为 2 U（1 U＝44.45 mm）高的 19 英寸标准机箱，外形尺寸：88.1 mm × 482.6 mm × 240 mm（高 × 宽 ×深）。机箱共 6 个单板槽位，其中机箱右侧为 4 个业务板槽位，可以配置 ADSL、VDSL 业务单板，槽位编号从上至下为 1～4；机箱中间上面部分为电源单板，槽位编号为 6；机箱中间下面部分为主控单板，槽位编号为 5；机箱最左侧为风扇框。

#### 2. 中兴 ZXDSL 9806H 指示灯

机箱的系统主控面板有指示灯，用来标识设备的运行状况和电源的供电状态。在

ZXDSL 9806H 的前面板上有 3 个指示灯。指示灯的含义如表 9-9 所示。

表 9-9　　SCCF 板前面板指示灯说明

| 指示灯名称 | 颜色 | 状态说明 |
|---|---|---|
| PWR | 绿色 | 电源指示灯。灯亮表示电源正常，灯灭表示电源故障 |
| RUN | 绿色 | 运行灯。灯闪烁表示单板的一切功能运行正常 |
| 电接口<br>链路指示灯 | 绿色/黄色 | 每条链路（共 4 路）2 个。绿灯代表链路连接，亮表示链路连接，灭表示没有连接；黄灯表示流量，灯灭表示没有流量，灯闪烁表示有流量，有时常亮为闪的过快，属正常现象 |

### 3．中兴 ZXDSL 9806H 机箱工作原理

ZXDSL 9806H 主要分为主控模块/以太网业务处理模块、用户接入模块、风扇监控模块、电源模块。各模块通过背板与主控模块通信，如图 9-14 所示。

ZXDSL9806H 的工作原理如下。

（1）用户端设备通过用户线缆连接到 ADSL/ADSL2＋或 VDSL2 模块，通过主控模块/以太网业务处理模块实现业务上行，实现宽带业务接入。

（2）主控模块/以太网业务处理模块通过背板管理总线和业务总线实现对。

（3）宽带运维模块实现整个机箱的运维管理。

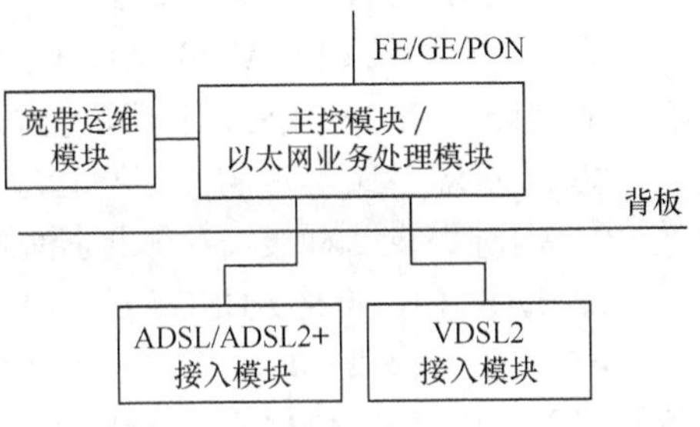

图 9-14　ZXDSL 9806H 机箱原理

## 任务二：中兴 ZXDSL 9806H 常用设备单板认知

中兴 ZXDSL9806H 设备支持的单板类型十分丰富，下面主要认知 ZXDSL9806H 支持单板的类别、简称、全称及功能概述。ZXDSL9806H 设备常用单板如表 9-10 所示。

表 9-10　　ZXDSL9806H 常用单板列表

| 单板类别 | 简称 | 全称 | 功能概述 |
|---|---|---|---|
| 主控板 | SCCFA | 系统主控板 | 用于系统控制和交换，提供 2 个 FE/GE 接口或 1 个 GPON/EPON 接口上联，1 个本地管理串口，1 个带外网管口 |
| 宽带业务板 | ASTEB | 24 路 ADSL 用户接口板 | 用于 ADSL 用户接入，内置分离器，分为 24 路 PSTN 和 24 路 ADSL 用户线插座 |
| | ASTDE | 16 路 ADSL 用户接口板 | 用于 ADSL 用户接入，内置分离器，分为 16 路 PSTN 和 16 路 ADSL 用户线插座 |
| | VSTDC | 16 路 VDSL 用户接口板 | 用于 VDSL 用户接入，内置分离器，分为 16 路 PSTN 和 16 路 VDSL 用户线插座 |
| 电源板 | PWDH | 直流电源板 | −48 V 直流供电 |
| | PWAH | 交流电源板 | 220 V/100 V 交流供电 |

（1）SCCFA 系统主控板。SCCFA 单板为系统主控制板，用于系统控制和交换，实现业务上行，可提供 2 个 FE 上行电端口。除上联接口外，SCCFA 板还提供 1 个本地维护串口（CONSOLE 口），用于本地超级终端管理）；1 个带外网管接口（MGT 口，用于带外网管和

设备调试）。SCCFA 单板面板图如图 9-15 所示。

SCCFA 插在机箱的 5 槽位通过背板与业务板通信，完成 ATM 信元和 MAC 帧转换、系统控制及交换功能，SCCFA 单板原理框图如图 9-16 所示。

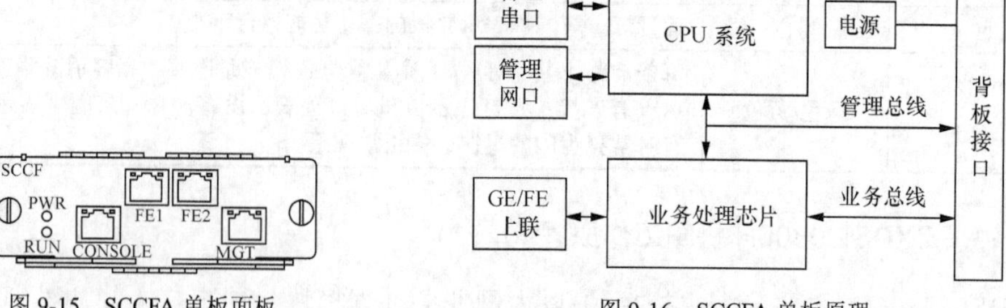


图 9-15　SCCFA 单板面板　　图 9-16　SCCFA 单板原理

SCCFA 单板的基本原理如下。

① 完成 4 × 24 路 ADSL/ADSL2 + 线路或 4 × 16 路 VDSL2 线路的汇聚，xDSL 线路到 IP 上联线路的 ATM 信元的汇聚、协议处理和转发。

② 提供对各路套片的控制和管理。

③ 同时提供 2 种接口：本地控制台接口和带外网管接口。

（2）ASTEB 24 路 ADSL 用户接口板。

ASTEB 板提供 24 路 ADSL/ADSL2 + 用户接口和 POTS 接口，完成 ADSL/ADSL2 + 业务的接入，提供从 ATM 信元转换为 IP 信元的功能。最大传输距离为 6.5km，下行速率可达 24 Mbit/s，上行速率可达 1Mbit/s。

ASTEB 单板丝印为“USER”的插座引出的电缆接到用户；丝印为“POTS”的插座引出的电缆接到 PSTN 交换机传输语音信号。ASTEB 单板面板图如图 9-17 所示。

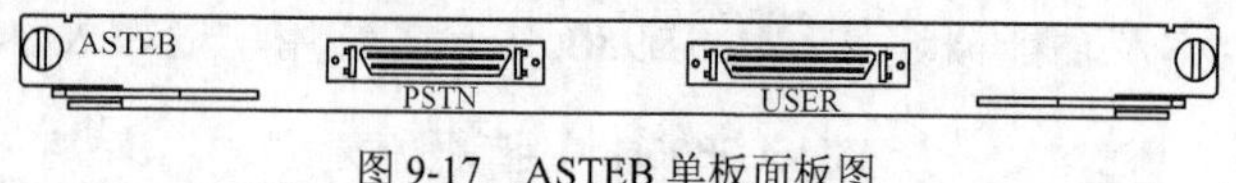


图 9-17　ASTEB 单板面板图

ASTEB 插在机箱的 1～4 槽位，通过业务总线与上行板联接，实现套片的管理、业务数据流的传送。ASTEB 单板工作原理如图 9-18 所示。

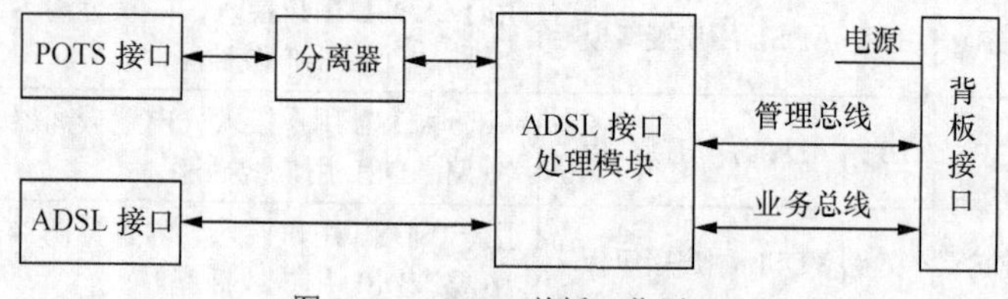


图 9-18　ASTEB 单板工作原理

ASTEB 单板的功能、基本原理与华为设备 ADCE 单板类似，请参考 ADCE 单板介绍。

**归纳思考**

- 中兴 ZXDSL 9806H 设备常用单板有哪几种？
- 中兴 ZXDSL 9806H 设备有多少个槽位？

## 9.2.2　中兴 ADSL 接入典型组网及应用

探讨

中兴 DSLAM 设备组网环境与华为设备相同吗？

实验环境选用中兴 ZXDSL9806H 设备作为局端 DSLAM 设备，ZXDSL9806H 通过 SCCFA 上行板提供的 FE 接口，可直接接入 IP 局域网，提供 IP-DSLAM 解决方案，如图 9-19 所示。

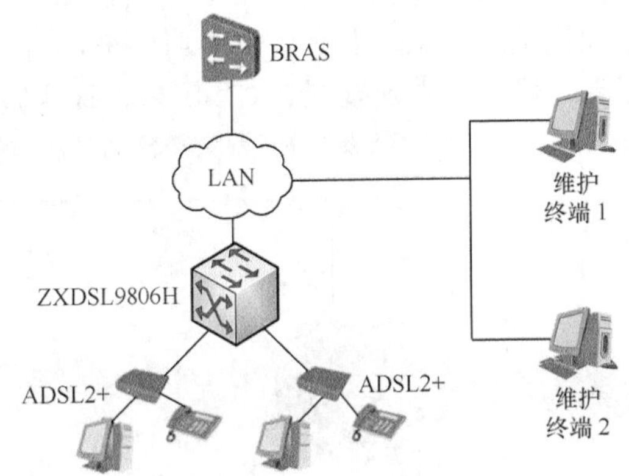

图 9-19　中兴 ADSL2＋实验环境组网

**任务一：中兴 ZXDSL9806H 设备单板配置与电缆连接**

安装并配置中兴 ZXDSL9806H 设备单板配置 2 号槽位配置 ASTEB 单板；5 号槽位配置 SCCFA 单板；6 号槽位配置电源板；其余各槽位为假面板。

2 号槽位 ASTEB 单板的 POTS 信号电缆（注意区分用户电缆色谱）连接至用户 Modem 输入端，测试终端 PC 通过网线连接至 Modem 输出端口；5 号槽位 SCCFA 单板 FE1/FE2 端口连接至 LAN 作为设备上行端口，学生实验维护终端通过以 LAN 连接至 ZXDSL9806H；BRAS 设备通过 LAN 连接至 ZXDSL9806H 上行端口。

**任务二：规划设备 IP 地址**

由于实验环境中各设备通过以太网交换机连接，ZXDSL9806H 上行端口通过局域网连接至宽带接入服务器，网络环境为二层网络环境，因此设备 IP 地址分配如表 9-11 所示。

表 9-11　　实验环境设备 IP 地址规划表

| 设备端口 | IP 地址 |
|---|---|
| ZXDSL9806H 上行端口 | 192.168.1.210/24 |
| BRAS | 192.168.1.202/24 |
| 实验环境网关 | 192.168.1.100/24 |

**任务三：设备操作维护方式**

中兴 ZXDSL9806H 设备可以通过维护串口、带内维护网口和带外维护网口对设备进行维护管理。

**1．串口维护方式**

串口维护方式即维护终端通过串口连接与设备主控板的控制台通信，实现设备的操作和维护。

具体连线如图 9-20 所示，该方式中用一根 RS-232 串口线连接维护终端的 COM 口和 ZXDSL 9806H 主控板的 CONSOLE 口。连线后，登录设置方式请参考串口维护华为 MA5605 设备。

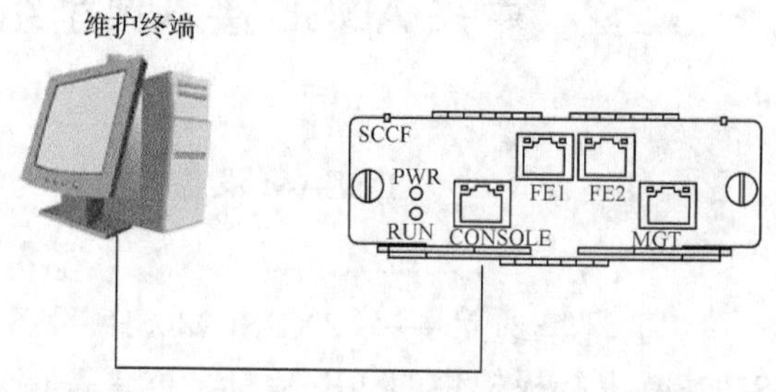


图 9-20　ZXDSL 9806H 设备串口维护方式连接图

### 2．带内网口维护方式

在带内维护方式下，维护交互信息通过设备的业务通道传送。带内维护方式组网灵活，不用附加的设备，节约用户成本，但因为维护信息与业务信息共用一个通道，所以较为不便。带内维护具体连线如图 9-21 所示，维护终端连接至 ZXDSL 9806H 主控板的上行口 FE 并进行维护管理。带内网口维护方式可以通过超级终端或 Telnet 方式登录设备进行操作。

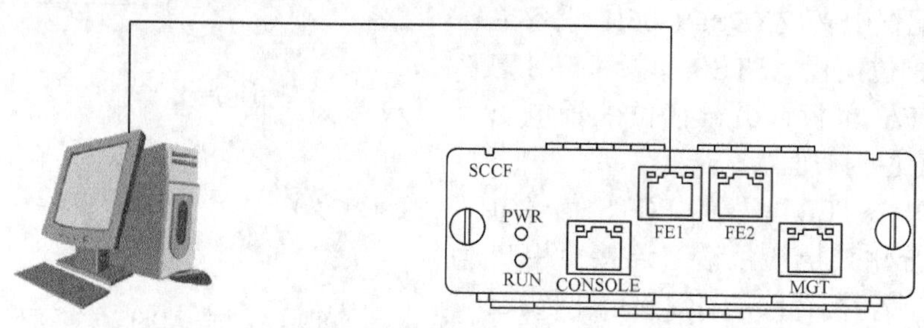


图 9-21　中兴 ZXDSL 9806H 设备带内网口维护方式连接图

### 3．带外网口维护方式

在带外网口维护方式下，维护交互信息通过设备的专业维护通道传送，因此维护信息不受业务信息影响。带内维护具体连线如图 9-22 所示，维护终端连接至 ZXDSL 9806H 主控板的 MGT 端口并进行维护管理。带内网口维护方式可以通过超级终端或 Telnet 方式登录设备进行操作。

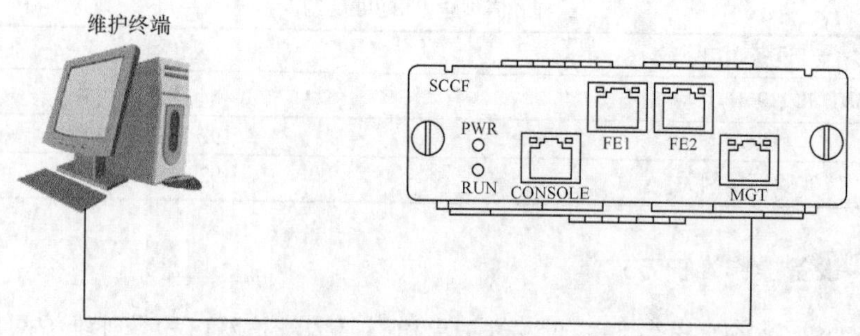


图 9-22　中兴 ZXDSL 9806H 设备带内网口维护方式连接图

归纳思考

- 什么是串口维护、带内网口维护和带外网口维护？这几种方式有何区别？
- 中兴 ZXDSL 9806H 设备有哪几种维护方式？

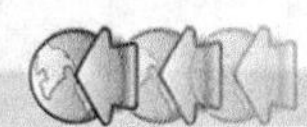

## 9.2.3 中兴设备基础配置操作

探讨

华为与中兴设备的命令行操作的异同？

**任务一：查询系统和指定单板版本信息**

在特权模式下使用“show card”命令查看版本信息，不带参数显示所有单板的信息，带参数显示指定单板的信息。

举例：显示系统所有单板信息。

```
9806#show card
Slot   Shelf  Type  Port  HardVer  SoftVer    Status
--------------------------------------------------------------------
2       1   ASTEB  24   060701   V2.0.0T3   Inservice
3       1   VSTDC  16   061201   V2.0.0T3   Inservice
4       1   VSTDC  16   061201   V2.0.0T3   Offline
5       1   SCCBA  2    080100   V2.0.0T3   Inservice
--------------------------------------------------------------------
```

举例：显示 2 号槽位单板的详细信息。

```
9806#show card slot 2
Shelf  No                  : 1
Slot  No                   : 2
Status                     : Inservice
Board  Type                : ASTEB
PortNumber                 : 24
HardVer                    : 060701
SoftVer                    : V2.0.0T3
Last Change                :
```

具体如表 9-12 所示。

表 9-12 主要版本参数

| 参数 | 参数说明 |
| --- | --- |
| Slot | 单板槽位 |
| Shelf | 单板所在机框 |
| Type | 单板类型 |
| HardVer | 硬件版本 |
| SoftVer | 软件版本 |

**任务二：配置设备带外网管地址**

在全局配置模式下，使用“ip host”命令设置带外 IP 地址，并使用“show ip host”命令查看设置是否正确。

举例：配置设备带外网管 IP 地址为 192. 168.1.211，子网掩码 255.255.255.0。

```
9806(config)# ip host 192. 168.1.211 255.255.255.0
9806(config)# exit
9806# show ip host
Host IP address    : 192. 168.1.211
Host IP mask      : 255.255.255.0
```

**任务三：配置 VLAN**

通过“add-vlan”命令增加 VLAN，并使用“vlan”命令将上行口添加到已建立的 vlan 中，模式为 tag。

举例：增加 VLAN 100，并通过 5 号板位的控制交换板的 1 号端口上联。

```
9806(config)# add-vlan 100
9806(config)# vlan 100 5/1 tag
9806(config)# exit
9806#show vlan
total number   : 2
--------------------------------------------------------------------
1,100
```

**任务四：配置端口缺省 VLAN**

根据组网需要，上行口放在 VLAN 中不打 tag，对于不打 tag 上行的情况，需要进入端口配置模式，使用“pvid vid”将命令端口的 pvid 设成已建立的 VLAN ID。

举例：使用 5/2 端口上联，并加入到 VLAN100 中，对端设备不打 tag。

```
9806(config)# vlan 100 5/2 untag
9806(config)# interface ethernet 5/2
9806(cfg-if-ge-5/2)# pvid 100
```

**任务五：配置设备带内网管地址**

在全局配置模式下，用“ip subnet”命令设置设备的带内 IP 地址。用“show ip subnet”命令查看带内 IP 地址。需要对全网各个网元的 IP 地址进行规划，保证网元的 IP 地址不发生冲突，同时要保证同一个网元的带内网口和带外网口的 IP 不在同一网段。

```
9806(config)# ip subnet 192.168.1.10 255.255.255.0 100 name Wangguan
9806(config)# exit
```

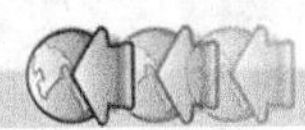

```
9806# show ip subnet
    Dest IP          Mask             VID              Name
  ---------------------------------------------------------------
192.168.1.10    255.255.255.0        100              Wangguan
```

**任务六：配置 ADSL 的线路传输模式**

举例：配置 2 槽位 ADSL 的线路传输模式，选择模式 3。

```
9806(config)# interface adsl 2/24
9806(cfg-if-adsl-2/24)# adsl trans-mode
Preferred modes:
[1]T1.413 G.dmt(fdm)
[2]T1.413 G.dmt(ec)
[3]Adsl2(fdm) Adsl2+(fdm) G.dmt(fdm) ReAdsl2(fdm)
[4]Adsl2(fdm) Adsl2+(ec) G.dmt(fdm) ReAdsl2(fdm)
[5]Adsl2(fdm) Adsl2+(fdm) G.dmt(fdm) ReAdsl2(fdm) T1.413
[6]Adsl2(fdm) Adsl2+(ec) G.dmt(fdm) ReAdsl2(fdm) T1.413
[7]Custom
[8]All Capability
Please choose one transmode to change to (1-8):[3]
```

**任务七：配置用户端口的 PVC**

在用户端口模式下，使用“**atm pvc**”命令创建 PVC，注意端口上配置的 PVC 值必须和 Modem 的 PVC 值一致。

举例：设置 2 号槽位 ADSL 单板，1-24 号用户端口的 PVC，PVC 编号为 1，VPI 编号为 8，VCI 编号为 81。

```
9806(config)# interface range adsl 2/1-24
9806(cfg-if-range-adsl)# atm pvc 1 vpi 8 vci 81
9806(cfg-if-range-adsl)# end
```

**归纳思考**

- 建立 PVC 连接需要配置哪些参数？
- 什么是线路传输模式？应如何配置参数？

## 9.2.4　中兴设备配置案例

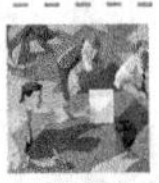
**探讨**

- 中兴 ZXDSL 9806H 设备支持哪些业务配置？
- 应如何考虑实验数据规划？

### 1. ADSL2+业务调测组网图

下例为中兴 ZXDSL 9806H 设备配置 ADSL2+接入业务案例。ADSL2+业务调测组网图如图 9-23 所示。

### 2. 数据规划

PC 用户的宽带业务账户需要在 BRAS 设备进行用户认证，在 BRAS 设备上配置接入的用户名/密码。如果通过 BRAS 分配用户 IP 地址，还需要在 BRAS 设备上配置相应的 IP 地址池。

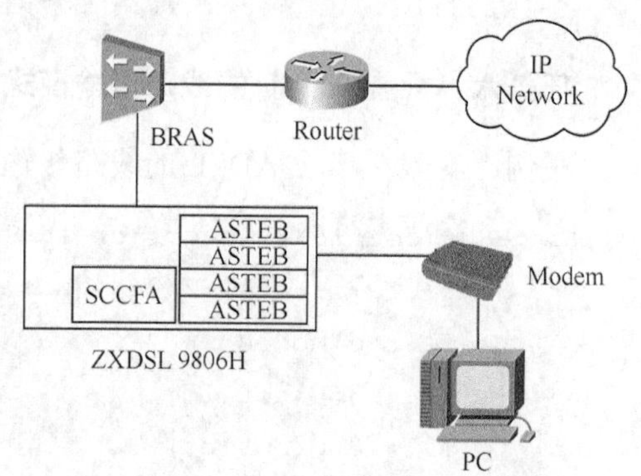


图 9-23 ADSL2+业务调测组网图

按组网图连接设备并且设备工作正常。Modem 侧的配置已完成。调测终端通过串口或网口登录设备，并能正常进行维护操作。ADSL2+接入业务数据规划如表 9-13 所示。

表 9-13 ADSL2+接入业务数据规划表

| 配置项 | 数据 | 备注 |
|---|---|---|
| ASTEB 单板 | ADSL2+端口：2/1-24 | 端口使用线路配置模板编号 7 |
| | VPI/VCI：8/81 | 需要和用户一致 |
| SCCFA 单板 | 业务 VLAN：201 | 需要和上层设备一致 |
| | 上行端口：0/5/1 | |
| | 上行端口 IP 地址：192.168.1.211/24 | 默认网关 192.168.1.100 |

### 3. 配置步骤

（1）创建业务 VLAN

创建业务 VLAN ID＝201。

```
9806(config)# add-vlan 201
```

（2）将用户端口添加至业务 VLAN

将 2 号槽位的 1～24 号用户端口加入业务 VLAN 中，不打 tag，PVC 编号为 1。

```
9806(config)# vlan 201 2/1-24 untag pvc 1
```

（3）配置端口缺省 VLAN

将 ADSL 用户端口 2/1-24 的 PVID 值设成等于 VLAN ID＝201。

```
9806(config)# interface range adsl 2/1-24
9806(cfg-if-range-adsl)# pvid 201 pvc 1
9806(cfg-if-range-adsl))# exit
```

（4）将上行端口添加至业务 VLAN

将 5 号槽位的 1 号上联口加入业务 VLAN 201 中，打 tag。

```
9806(config)# vlan 201 5/1 tag
```

（5）配置线路传输模式

```
9806(cfg-if-adsl-2/1)# adsl trans-mode
Preferred modes:
[1] T1.413 G.dmt(fdm)
[2] T1.413 G.dmt(ec)
[3] Adsl2(fdm) Adsl2+(fdm) G.dmt(fdm) ReAdsl2(fdm)
[4] Adsl2(fdm) Adsl2+(ec) G.dmt(fdm) ReAdsl2(fdm)
[5] Adsl2(fdm) Adsl2+(fdm) G.dmt(fdm) ReAdsl2(fdm) T1.413
[6] Adsl2(fdm) Adsl2+(ec) G.dmt(fdm) ReAdsl2(fdm) T1.413
[7] Custom
[8] All Capability
Please choose one transmode to change to (1-8):[3]
9806(cfg-if-adsl-2/1)#exit
```

（6）配置用户端口的 PVC

设置槽位 2 单板 1-24 号用户端口的 PVC 为 1，VPI 编号为 8，VCI 编号为 81，使之和 Modem 的 PVC 相对应。

```
9806(config)# interface range adsl 2/1-24
9806(cfg-if-range-adsl)# atm pvc 1 vpi 8 vci 81
9806(cfg-if-range-adsl)# end
```

（7）保存设置

```
9806# save
```

**归纳思考**

总结一下中兴 ZXDSL 9806H 设备 ADSL2＋业务配置的步骤。

## 小结

1．华为 MA5605 多业务接入设备是小容量用户宽带接入设备，提供 ADSL2＋、SHDSL 业务。

2．华为 MA5605 多业务接入设备，主要有系统控制及上行接口板、宽带业务板。

3．华为 MA5605 设备可以通过维护串口和带内维护网口对设备进行维护管理。

4．ZXDSL 9806H 是为 FTTx 应用场景量身定制的、小容量的全业务接入平台，适合 FTTB/C 小容量应用场景，可作为 FTTx MDU 或小型 DSLAM 应用。

5．ZXDSL 9806H 主要分为主控模块/以太网业务处理模块、用户接入模块、风扇监控

模块、电源模块，各模块通过背板与主控模块通信。

6．中兴 ZXDSL9806H 设备可以通过维护串口、带内维护网口和带外维护网口对设备进行维护管理。

## 思考与练习题

9-1　简述 MA5605 的硬件结构及功能。

9-2　MA5605 设备常用单板包括哪些？

9-3　简述 ADSL 设备组网结构。

9-4　命令行的模式有哪些？如何在各模式下切换？

9-5　简述华为 MA5605 宽带接入业务的配置步骤。

9-6　简述 ZXDSL 9806H 的硬件结构及功能。

9-7　ZXDSL 9806H 设备常用单板包括哪些？

9-8　简述华为 ZXDSL 9806H 宽带接入业务的配置步骤。

# 第 10 章 光接入设备

**本章教学说明**

- 重点介绍 OLT 设备的硬件结构
- 简要介绍 OLT 设备典型组网及应用
- 重点介绍 OLT 设备的操作及业务配置

**本章内容**

- EPON/GPON 设备
- EPON 接入典型组网及应用
- EPON 设备的操作与配置方法

**本章重点、难点**

- EPON 设备的硬件结构及功能
- EPON 设备的操作与业务配置

**本章目的和要求**

- 掌握 EPON 设备的硬件结构及功能
- 掌握 EPON 设备的操作与业务配置
- 理解 EPON 接入典型组网及应用

**本章实做要求及教学情境**

- 考察三网融合后，业务应用的发展
- 参观运营商的机房
- 操作 EPON 设备，完成业务配置

**本章学习能力要素及基础要求**

- 课前预习相关内容
- 掌握 EPON 系统构成的相关内容
- 掌握 OLT 设备操作与业务配置方法

**本章学习方法建议**

- 预习复习结合
- 观察机房、线路与课堂学习结合
- 自学与探讨结合
- 课后作业与章节个人总结结合
- 寻求教师答疑与学习反馈结合

**本章学时数：16 学时**

# 10.1 华为 EPON 设备 及应用

## 10.1.1 华为 EPON 设备认知

探讨

- 什么是 OLT 设备，它用在什么场景？

华为 MA5680T 局端机是一款支持三网合一和光纤到户的综合业务接入设备。它采用电信级宽窄带一体化接入方式，将数据网、电话网和电视网三者的接入融为一体。它支持统一的网络和业务管理，接入、汇聚和传送多种业务到各种宽窄带网络中。用户可在一台远端设备（ONT）上同时享受到电话、传真、IPTV 和 CATV 等各种宽窄带业务。华为 MA5680T 设备位于接入网的边缘，直接与终端用户相连，处于用户与汇聚层设备之间。它适合于 FTTH、FTTO、FTTB 的应用，一般置于小区或大楼内。

该设备以纯 IP 包为内核，在用户网络接口侧（UNI）提供 EPON/GPON 宽带 IP 业务接口，实现语音、数据和 IPTV 等业务的综合接入。加上合波器后，可实现 CATV 图像业务的并传。在业务节点接口侧（SNI）提供 E1（V5）、STM-1、FE/GE 等不同接口，分别与 PSTN、SDH、ATM/IP 网络互连，实现业务分离。

**任务一：华为 MA5680T 设备的外观与结构组成认知**

**1. 华为 MA5680T 设备机框**

通过参观三网融合机房认知 EPON 设备，华为 MA5680T 设备机框可分为多种类型，各类型机框槽位分布略有不同，本书以 19 英寸业务框为例进行认知。19 英寸业务框有 21 个槽位，顶部配置一个风扇框，通过挂耳固定在机柜中。本任务学习 19 英寸业务框的外观和组件的位置。19 英寸业务框的外观与结构组成如图 10-1、图 10-2 所示。

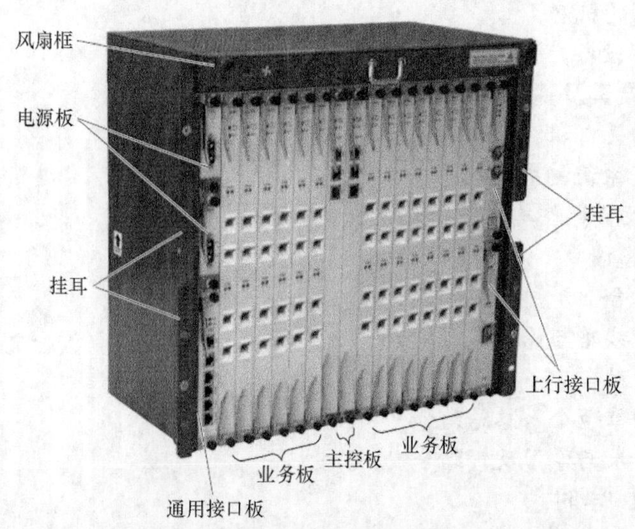


图 10-1　华为 MA5680T 19 英寸机框

| 风扇框 | | | | | | | | | | | | | | | | | |
|---|---|---|---|---|---|---|---|---|---|---|---|---|---|---|---|---|---|
| 19 电源 | 1 | 2 | 3 | 4 | 5 | 6 | 7 | 8 | 9 | 10 | 11 | 12 | 13 | 14 | 15 | 16 | 17 GIU |
| 20 电源 | EPBD | EPBD | EPBD | EPBD | GPBD | GPBD | SCU | SCU | GPBD | GPBD | GPBD | GPBD | EPBD | EPBD | EPBD | EPBD | 18 GIU |
| OGPIO | | | | | | | | | | | | | | | | | |

图 10-2　MA5680T 19 英寸机框单板分布

机框最左边槽位从上到下分为 3 部分，上面两部分为电源接入板槽位，固定配置两块电源板，电源板为双路输入，互为备份，槽位编号为 19、20；下面为通用接口板，槽位编号为 0；1～6 槽位为业务板槽位，可以配置 EPON/GPON 业务单板；7、8 槽位为主控板槽位，一个机框可以配两块主控板，实现业务控制，主备功能；9～16 槽位为业务板槽位，可配置的业务单板与 1～6 槽位相同；最右边槽位分为上、下两个部分，为 GIU 上行接口单元，槽位编号为 17、18，支持上行板单板，可以双配，实现业务保护。

### 2．华为 MA5680T 设备单板

MA5680T 设备支持的单板类型十分丰富，下面主要认知 MA5680T 支持单板的类别、简称、全称及功能概述。MA5680T 设备常用单板如表 10-1 所示。

表 10-1　MA5680T 常用单板

| 单板类别 | 简称 | 全称 | 功能概述 |
|---|---|---|---|
| 主控板 | SCUL | 超级控制单元板 | 完成对 MA5680T 单板的控制；汇聚、处理各种宽带业务。可配两块，具有双机热备份功能。支持热插拔 |
| 业务板 | EPBD | 8 端口 EPON 接口板 | 提供 8 个 EPON 接口，与终端 ONT（Optical Network Terminal）设备配合完成 EPON 接入功能。支持热插拔 |
| | GPBC | 4 端口 GPON 接口板 | 提供 4 个 GPON 接口，与终端 ONT（Optical Network Terminal）设备配合完成 GPON 接入功能。支持热插拔 |
| 上行接口板 | GICF | GE 上行光接口板 | 提供 2 个 GE 上行光接口。支持热插拔 |
| | GICG | GE 上行电接口板 | 提供 2 个 GE 上行电接口。支持热插拔 |
| | X1CA | 1 路 10GE 光接口板 | 提供 1 个 10GE 上行光接口。支持热插拔 |
| | X2CA | 2 路 10GE 光接口板 | 提供 2 个 10GE 上行光接口。支持热插拔 |
| 电源板 | PRTE | 电源接口 | 为业务框提供电源接口 |
| 时钟板 | BIUA | BITS 接口单元板 | 提供 BITS 输入和输出功能 |

（1）SCUL 是超级控制单元板，主要功能是系统控制和处理宽带业务。

SCUL 通过 GE 通道或 10GE 通道与业务板通信，以此完成对 MA5680T 设备的配置、管理和控制，同时实现简单路由协议等功能，同时通过带内网管通道实现告警信息的处理，SCUL 与业务板之间存在高层协议，SCUL 单板软件通过此协议从业务板上报的信息中分离出告警等管理信息进行相关的识别处理。SCUL 通过主从串口与 BITS 接口板 BIUA 通信，实现时钟跟随锁相功能。

SCUL 可插在 19 英寸业务框中的 7、8 槽位，可配两块 SCUL，实现主备功能。SCUL

单板工作原理如图 10-3 所示。

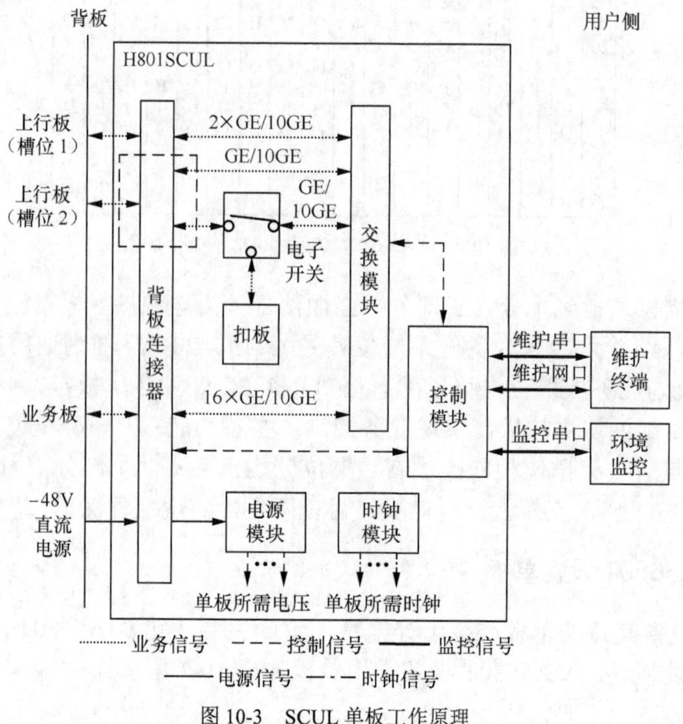


图 10-3　SCUL 单板工作原理

SCUL 单板的基本原理如下。

① 控制模块用于整个系统的配置、状态搜集上报（例如通过单板与主控板之间的高层协议接收单板的告警信息）和协议处理，同时对外提供网口和串口。

② 交换模块用于分配 10GE 总线。

③ 电源模块为单板内各功能模块提供工作电源。

④ 时钟模块为单板内各功能模块提供工作时钟。

（2）EPBD 8 端口 EPON 业务板。EPBD 单板为 8 端口 EPON OLT 接口板和终端 ONT（Optical Network Terminal）设备配合，实现 EPON 系统的 OLT 功能。

EPBD 的功能和规格如下。

① 支持 8 个 EPON SFP 接口（单纤双向）。

② 每个 EPON 接口最多可以连接 64 个 ONT 终端设备。

③ 支持温度查询和高温关断功能。

EPBD 单板工作原理如图 10-4 所示。EPBD 单板的基本原理如下。

① 控制模块完成对单板的软件加载、运行控制、管理等功能。

② 交换模块实现 8 个 EPON 端口信号的汇聚。

③ 接口模块实现 EPON 光信号和以太网报文的相互转换。

④ 电源模块接收来自背板的-48V 电源，转换成本单板各功能模块的工作电源。

⑤ 时钟模块为本单板内各功能模块提供工作时钟。

（3）GICG 2 路 GE 电接口板。GICG 是 2 路 GE 电接口板，提供上行或级联的电接口。

GICG 的功能和规格如下。

① 支持上行或级联。

② 支持 2 个 GE 电接口。

GICG 的单板原理如图 10-5 所示。

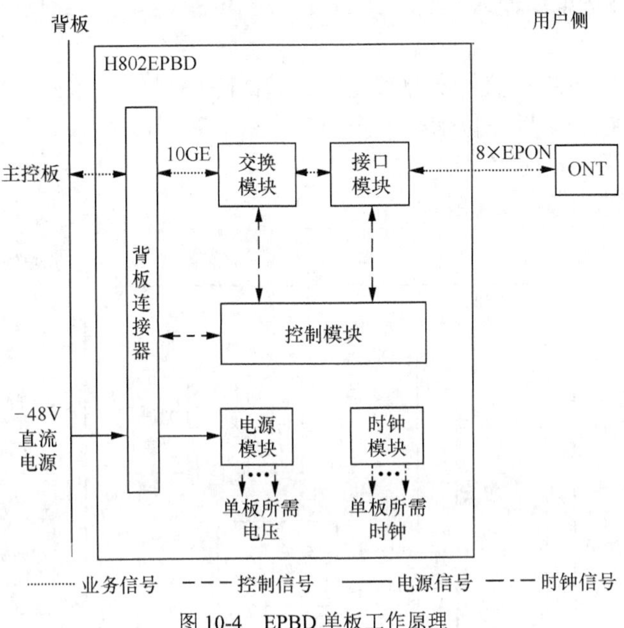


图 10-4　EPBD 单板工作原理

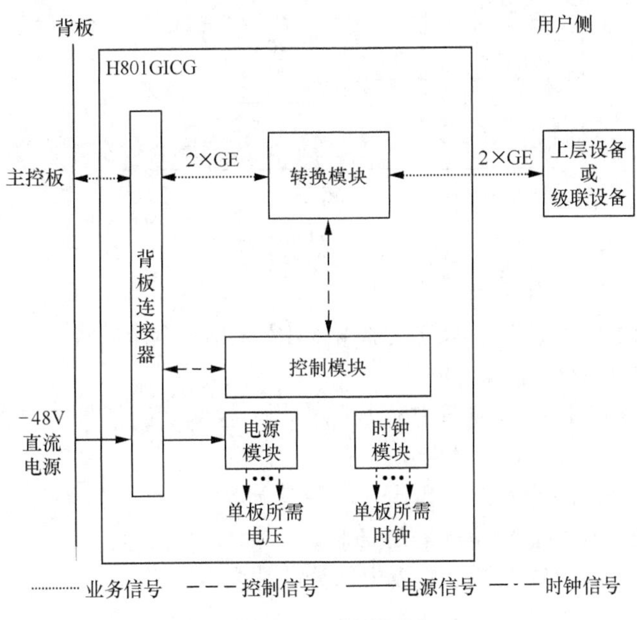


图 10-5　GICG 的单板原理

GICG 的基本原理如下。

① 控制模块完成对单板的软件加载、运行控制、管理等功能控制。

② 转换模块实现信息的透传。

③ 电源模块为单板内各功能模块提供工作电压。

④ PRTE 电源转接板。PRTE 是电源转接板，用于引入−48V 直流电源，为设备供电。

PRTE 的功能和规格如下。

① 支持 1 路−48V 电源输入。

② 支持输入电源滤波限流。

③ 支持输入欠压检测、输入电源有无检测和故障检测。

④ 支持告警上报和单板在位信号上报。

⑤ 支持故障告警 ALARM 指示灯。

PRTE 的单板原理如图 10-6 所示。

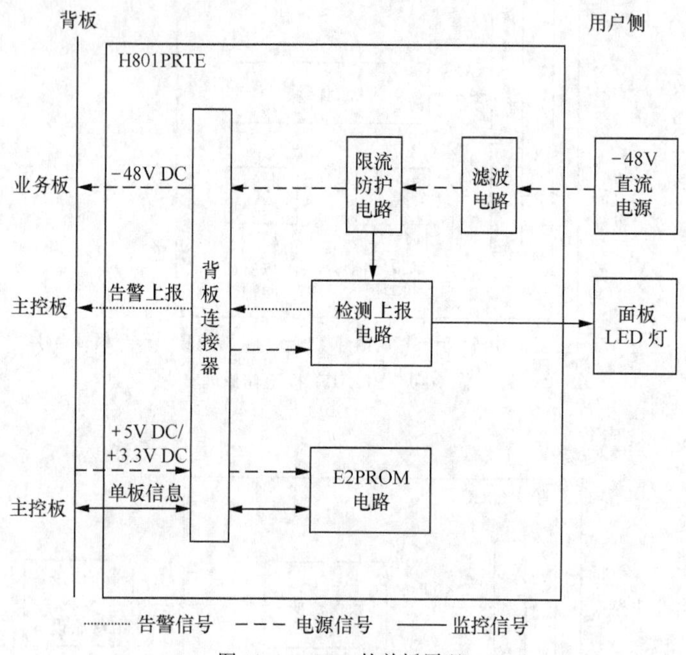


图 10-6 PRTE 的单板原理

PRTE 单板的基本原理如下。

① PRTE 单板由 1 个 3V3 电源连接器引入 1 路−48V 电源，经过滤波电路和限流防护电路后输出到背板为机框其他单板供电。

② 检测上报电路对防护保险管进行故障检测，检测到的信号与单板在位信号合在一起上报到主控板，并通过指示灯 ALARM 显示。

③ 检测上报电路检测输入欠压和输入电源有无。

④ E2PROM 电路用于存储单板制造信息。

⑤ 从背板引入 5V/3.3V 电源给单板内部分芯片供电。

**任务二：华为 HG813e 设备外观与结构组成认知**

华为 HG813e 是一款基于 EPON 技术的 ONT 设备，其硬件结构如图 10-7 所示。它可以提供高速互联网访问、在线视频点播、视频会议和大文件传输业务等。

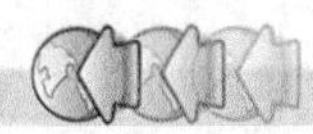

HG813e 的典型组网方式是 FTTH 组网，是指将光网络单元安装在住家用户处。典型组网 MA5680T 设备放置于中心机房，HG813e 可以按用户需求直接放置于用户家中，通过以太网接口向用户提供连接。MA5680T 与 HG813e 之间通过分光器以点对多点方式连接。

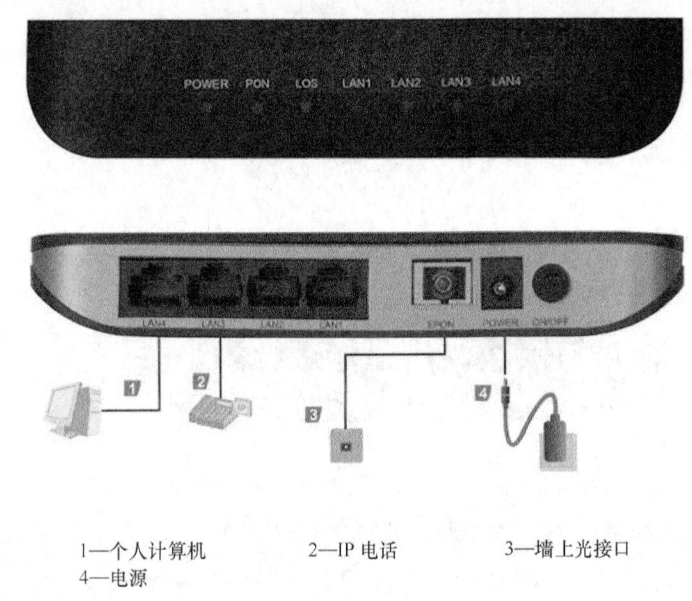


1—个人计算机　　2—IP 电话　　3—墙上光接口
4—电源

图 10-7　华为 HG813e 设备

华为 HG813e 设备的接口说明见表 10-2。

表 10-2　　华为 HG813e 设备接口

| 接口/按钮 | 功能 |
| --- | --- |
| LAN1—LAN4 | 以太网接口，用于连接计算机或者交换机的以太网接口 |
| EPON | EPON 光接入接口 |
| POWER | 电源接口，用于连接电源适配器 |
| ON/OFF | 电源开关，接通或断开 HG813e 的电源 |

当 HG813e 上电后，检查 POWER 指示灯（绿色）和 PON 指示灯（绿色）是否亮，LOS 指示灯（红色）是否熄灭。如果 POWER 指示灯常亮，表示电源正常；否则请检查电源线和电源适配器的连线是否正确。如果 PON 指示灯亮，LOS 指示灯熄灭，表示连接正常；否则请检查光纤是否接入正确。

HG813e 的特性如下。

① 高速率，上、下行数据传输速率高达 1.25Gbit/s。

② 可维护性强，提供多种指示灯状态，便于定位故障。

③ Web 配置管理界面友好，操作简便。

④ 传输距离远，可达 20km。

### 任务三：华为 IAD 102H 设备设备外观与结构组成认知

华为 IAD102H 是基于 IP 的 VoIP（Voice over IP）/FoIP（Fax over IP）的媒体接入网关，如图 10-8 所示。作为华为技术有限公司下一代网络 NGN（Next Generation Network）

产品系列化解决方案的重要部件，可提供基于 IP 网络的高效、高质话音服务，为企业、小区、公司等提供小容量 VoIP/FoIP 解决方案。

LINE：PSTN 逃生接口　　PHONE1～PHONE2：电话接口
PWR：电源接口　　LAN：数据用户接口　WAN：上行网络接口

图 10-8　华为 IAD102H 设备

华为 IAD102H 具有 1 个 WAN 口，1 个 LAN 口，2 路 POTS 语音接口，1 路 PSTN 逃生接口。IAD102H 位于 NGN 用户接入层，提供丰富的语音和数据业务，通过加载不同软件，可以支持 MGCP（Media Gateway Control Protocol）协议或 SIP（Session Initiation Protocol）协议，本书涉及的华为 IAD 使用 SIP 协议，其设备指示灯显示如表 10-3 所示。

表 10-3　华为 IAD 102H 指示灯

| 指示灯 | 颜色 | 名称 | 状态说明 |
| --- | --- | --- | --- |
| PWR | 绿色 | 电源指示灯 | 常亮，已上电；常灭，无电源 |
| WAN | 绿色 | 上行接口指示灯 | 常亮，已经建立广域网络连接；常灭，没有任何广域网络连接 |
| LAN | 绿色 | 下行接口指示灯 | 常亮，已建立局域网络连接；常灭，没有任何局域网络连接 |
| VoIP | 绿色 | VoIP 信号指示灯 | 常亮，VoIP 电话服务已经就绪；常灭，没有任何 VoIP 电话服务就绪，或正在保存数据 |
| PHONE1、PHONE2 | 绿色 | 语音电话接口指示灯 | 闪烁（亮 0.25s，灭 0.25s）对应端口的电话处于振铃状态；闪烁（亮 1.5s，灭 0.5s）切换到 PSTN 备用电路并且电话正在使用中；常亮，已摘机；常灭，对应端口的电话处于挂机状态 |

**归纳思考**

- 华为 MA5680T 设备常用单板有哪几种？
- 华为 MA5680T 设备有多少个槽位？

## 10.1.2　华为 EPON 设备典型组网及应用

探讨

- EPON 设备典型组网拓扑是什么？
- 用户终端如何接入至 OLT？

由于 EPON 系统与 GPON 系统所用设备、组网、功能结构均相似，所以本书以 EPON 系统为例介绍实验环境的搭建。

EPON 实验环境组网如图 10-9 所示。实验环境采用 FTTH 组网方式，模拟电信运营网、广播电视网、互联网，体现三网融合技术的高速信息网。实验环境选用华为 MA5680T 设备作为局端 OLT 设备，系统软件版本为 V800R006_02；华为 HG813e 作为终端 ONT 设备，系统软件版本为 V2R1C00SPC003；华为 IAD 102H 设备作为用户综合接入设备。

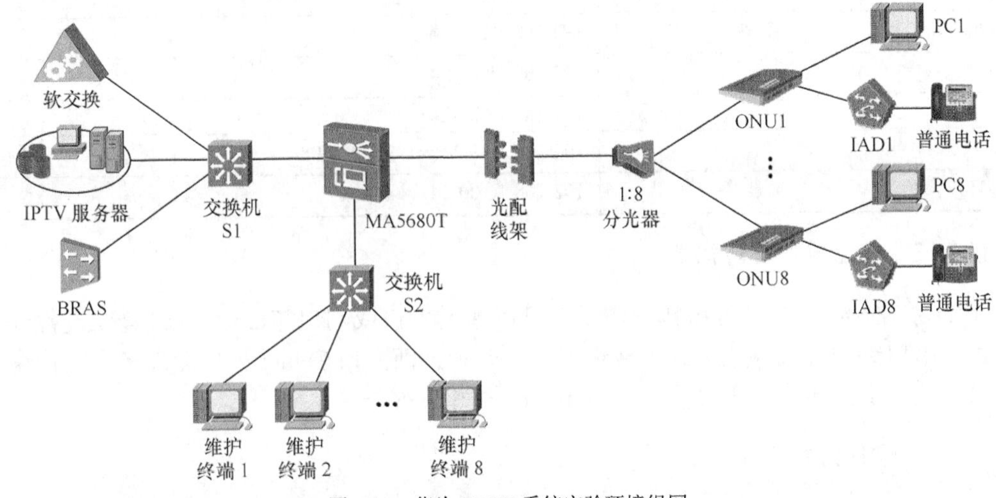


图 10-9　华为 EPON 系统实验环境组网

### 任务一：华为 MA5680T 设备单板配置与线缆连接

#### 1．华为 MA5680T 设备单板配置与连接

1 号槽位配置 EPBD 单板，硬件版本为 H802EPBD；7 号槽位配置 SCUL 单板，硬件版本为 H801SCUL；18 号槽位配置 GICG 单板，硬件版本为 H801GICG；19 号槽位配置 PRTE 单板，硬件版本为 H801PRTE；其余各槽位为假面板。

1 号槽位 EPBD 单板的 0 号光模块连接至 1∶8 分光器输入端；7 号槽位 SCUL 单板 ETH 端口连接至以太网交换机 S2 作为维护网口，学生实验维护终端通过以太网交换机 S2 连接至 MA5680T；18 号槽位 GICG 单板 0 号以太网端口连接至以太网交换机 S1，并通过以太网交换机 S1 连接软交换设备、IPTV 服务器和 BRAS 设备。

#### 2．分光器连接

由于华为 MA5680T 设备最多允许 8 个管理员同时对设备进行操作和配置，故实验环境选取 1∶8 分光器，分光器输入光纤连接至 MA5680T 设备，分光器输出支路光纤分别连接

至 8 组用户桌面的信息面板。

### 3．华为 HG813e 及 IAD 102H 连接

华为 HG813e 设备 EPON 端口连接至用户桌面信息面板；华为 IAD 102H 设备 WAN 端口连接至华为 HG813e 设备 LAN 端口；华为 IAD 102H 设备 PHONE1、PHONE2 端口连接普通电话。

## 任务二：规划设备 IP 地址

由于实验环境中各设备通过以太网交换机连接，网络环境为二层网络环境，设备 IP 地址分配如表 10-4 所示。

表 10-4　实验环境设备 IP 地址规划

| 设备端口 | IP 地址 |
|---|---|
| MA5680T ETH 端口 | 192.168.1.200/24 |
| 软交换 | 192.168.1.201/24 |
| IPTV 服务器 | 192.168.100.5/24 |
| BRAS | 192.168.1.202/24 |
| IAD WAN 端口 | 192.168.1.91/24～192.168.1.98/24 |
| 实验环境网关 | 192.168.1.100/24 |

## 任务三：设备维护环境搭建

当华为 MA5680T 设备运转正常后，可以通过串口或网口 Telnet 方式登录设备进行维护，由于串口维护方式只能运行 1 台维护终端登录，而网口 Telnet 方式允许多台维护终端同时登录，故在实验环境中主要使用网口 Telnet 方式登录。

### 1．串口维护方式

串口维护方式即维护终端通过串口连接与设备主控板的控制台通信，实现设备的操作和维护。

具体连线如图 10-10 所示，该方式中用一根 RS-232 串口线连接维护终端的 COM 端口和 MA5680T 主控板的 CON 端口。连线后，在维护终端上选择“开始→所有程序→附件→通信→超级终端”，打开超级终端进行设置。设置步骤可参考 MA5605 设备串口维护方式的内容。

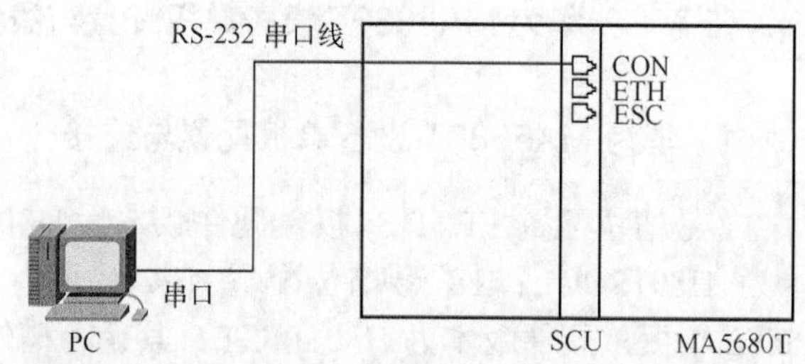


图 10-10　调测本地串口方式登录 MA5680T 设备组网图

### 2．带外网口维护方式

网口维护方式又可分为带外维护和带内维护两种方式。

带外维护方式利用非业务通道来传送管理信息，使管理通道与业务通道分离，比带内管理方式提供更可靠的设备管理通路。在 MA5680T 故障时，带外方式能及时定位网上设备信息，并实时监控。具体连线如图 10-11 所示，MA5680T 使用直通网线与局域网相连。也可以将维护终端网

口与 MA5680T 主控板的 ETH 口直接连接对设备进行带外管理，但此时要使用交叉网线。

### 3．带内网口维护方式

在带内维护方式下，维护交互信息通过设备的业务通道传送。带内维护方式组网灵活，不用附加的设备，节约用户成本，但因为维护信息与业务信息共用一个通道，所以较为不便。带内维护具体连线如图 10-12 所示，维护终端 MA5680T 的上行板的业务上行口登录到 MA5680T 并进行维护管理。

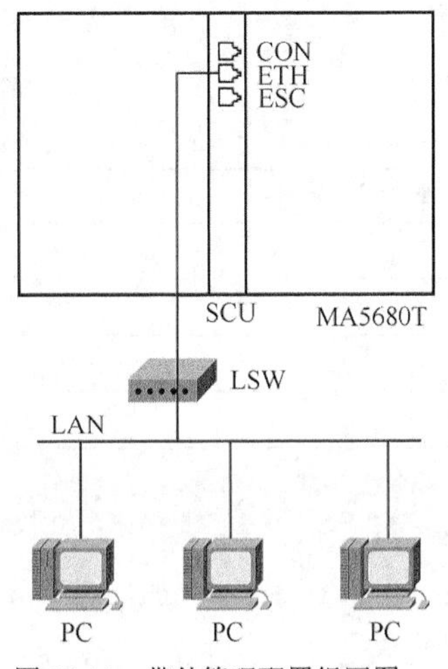


图 10-11　带外管理配置组网图

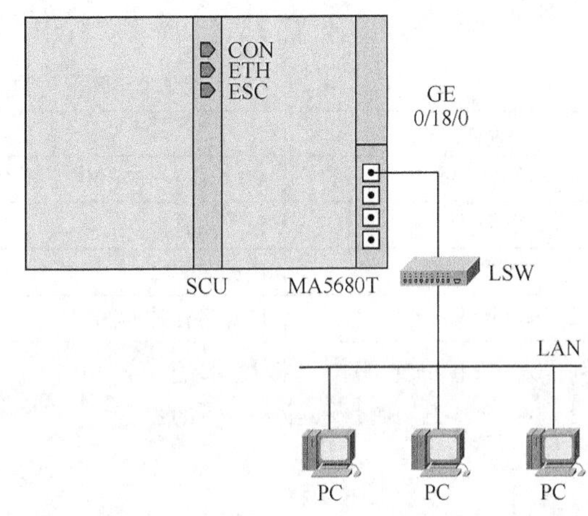


图 10-12　带内管理配置组网图

不论是带外还是带内方式，网口维护都可以通过 Telnet 方式登录设备进行操作。

归纳思考

- 什么是分光器，应如何选择合适的分光器？
- 华为 MA5680T 设备有哪几种维护方式？

## 10.1.3　华为 EPON 设备基础配置操作

探讨

- 如何查看设备运行状态、详细信息？
- 如何熟练使用命令行操作设备？

本书中设备命令行操作任务中，字体加粗部分为管理员需要输入的命令及参数，其他未加粗的部分为系统自动显示部分。由于设备软件或硬件版本的不同，部分命令及显示内容会有差异，请读者注意。

### 任务一：查询系统和指定单板版本信息

当需要查询整个系统、指定机框、指定单板版本信息时使用下列命令。在普通用户模式下直接输入“display version”命令而不带任何参数，显示整个系统的版本信息；输入单板所在的机框号和槽位号如 0/1，可以查看指定单板的版本信息。其中主要版本参数见表 10-5。

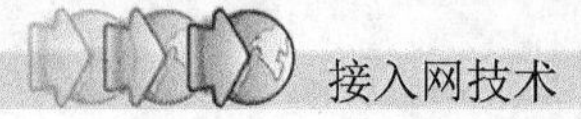


举例：查询主机版本信息。

```
MA5680T>display version
{ <cr>|backplane<K>|frameid/slotid<S><Length 1-15> }:
  Command:
        display version
  VERSION : MA5600V800R006C02
  PATCH   : SPC100 SPH118 HP1016 HP1020
  PRODUCT MA5680T
  Uptime is 0 day(s), 1 hour(s), 3 minute(s), 23 second(s)
```

表 10-5　　版本查询命令回显参数

| 参数 | 参数说明 |
| --- | --- |
| VERSION | MA5600V800R006 发行版本 |
| PATCH | 补丁名称 |
| PRODUCT | 产品名称 |
| Uptime is | 已经运行的时间 |

举例：查询 0 框 1 槽位单板版本信息。

```
MA5680T>display version 0/1
  Send message for inquiring board version successfully, board executing...
  Main Board: H802EPBD
  --------------------------------------
  Pcb   Version: H802EPBD VER A
  Mab   Version: 0000
  Logic  Version: (U22)000(U61)29985(U8)007
  Main CPU :
  CPU   Version: (U57)MPC8349
  APP   Version: 669(2010-7-23)
  BIOS  Version: (U3)115
```

**任务二：查询整框单板的信息和指定槽位单板的详细信息**

在普通用户模式下直接输入"display board"命令，可查询整框单板的信息或指定槽位单板的详细信息。当只输入机框号时，则查询指定机框的整框单板的相关信息，可查询到的信息包括槽位号、单板名称、单板状态、单板的扣板名和单板的在线状态，其中主要参数见表 10-6；当输入机框号/槽位号时，则查询指定机框号/槽位号单板的详细信息。可查询到的信息包括：单板名称、单板状态，以及该单板的端口信息。

举例：查询 0 号机框中所有单板的信息。

```
MA5680T>display board 0
  -------------------------------------------------------------------
  SlotID   BoardName    Status                SubType0  SubType1
```

```
Online/Offline
  --------------------------------------------------------------
  0
  1      H802EPBD   Normal
  2
  3
  4
  5
  6
  7      H801SCUL   Active_normal
  8
  9
  10
  11
  12
  13
  14
  15
  16
  17
  18      H801GICG   Normal
  19
  20
  --------------------------------------------------------------
```

表 10-6　　机框信息查询命令参数说明

| 参数 | 参数说明 |
| --- | --- |
| SlotID | 用于标识单板所在的槽位号 |
| BoardName | 单板的名称 |
| Status | 单板的运行状态，可以为 Failed、Auto_find、Active_normal、Standby_normal、Config 或 Normal |
| SubType0 | 单板上所扣的 0 号扣板的名称 |
| SubType1 | 单板上所扣的 1 号扣板的名称 |
| Online/Offline | 单板的在线状态，可以为 Online 或者 Offline |

举例：查询 0 号机框中，1 号槽位单板的信息。

```
MA5680T>display board 0/1
  ------------------------------------------------
  Board Name           : H802EPBD
  Board Status           : Normal
  ------------------------------------------------
```

```
---------------------------------------------------
  Port                       Port type
---------------------------------------------------
   0                        EPON
   1                        EPON
   2                        EPON
   3                        EPON
   4                        EPON
   5                        EPON
   6                        EPON
   7                        EPON
---------------------------------------------------
In port 0, the total of ONTs are: 0
In port 1, the total of ONTs are: 0
In port 2, the total of ONTs are: 0
In port 3, the total of ONTs are: 0
In port 4, the total of ONTs are: 0
In port 5, the total of ONTs are: 0
In port 6, the total of ONTs are: 0
In port 7, the total of ONTs are: 0
```

**任务三：配置业务 VLAN**

“vlan”命令用于增加一个或批量增加同一类型多个 VLAN。当需要使用 VLAN，完成与对端设备通信时，使用此命令。VLAN 成功创建之后，设置该 VLAN 的属性。命令主要 VLAN 参数可参考 4.3.1 小节华为接入网设备 VLAN 类型、属性。

举例：创建 VLAN 50 类型为 Smart，VLAN 属性为 QinQ，用于 VLAN ID 扩展。

```
MA5680T (config)#vlan 50 smart
MA5680T (config)#vlan attrib 50 q-in-q
```

**任务四：配置上行端口 VLAN 及缺省 VLAN**

在全局配置模式下“port vlan”命令用于增加 VLAN 上行端口。为了使带 VLAN 的用户报文通过上行端口上行，需要将此上行端口加入 VLAN 中。增加 VLAN 上行端口成功后，带此 VLAN 的报文能通过此端口上行。

举例：VLAN 10 增加至上行端口 0/18/0，

```
MA5680T(config)#port vlan
{ vlan-list<S><Length 1-256>|vlanid<U><1,4093> }:10
{ frame/slot<S><Length 1-15>|to<K> }:0/18
{ portlist<S><Length 1-256> }:0
```

```
Command:
        port vlan 10 0/18 0
```

使用"interface giu"命令进入 GIU 模式后，"native-vlan"此命令可用于配置上行以太网端口的 Native VLAN。当需要设置上行以太网端口的报文是否带 VLAN tag 时，使用此命令。

举例：将上行端口 0/18/0 的 Native VLAN 设置为 10。

```
MA5680T (config)#interface giu 0/18
MA5680T (config-if-giu-0/18)#native-vlan
{ all<K>|portid<0,7> }:0
{ vlan<K> }:vlan
{ vlanid<U><1,4093> }:10
  Command:
        native-vlan 0 vlan 10
```

### 任务五：增加 ONT 并查询 ONT 注册状态

MA5680T 有两种添加 ONT/ONU 的方式：自动发现方式和手动添加方式。

#### 1. 自动发现方式

对于自动发现方式添加 ONT，首先用在 epon 模式下运行"ont-auto-find enable"命令使能 EPON 端口自动发现功能，然后在 ONT 接入光纤上电后用命令"ont confirm"确认自动发现的 ONT，ONT 即可注册。

举例：使用自动发现方式在 epon 端口 0/1/0 下，添加 ONT（ONT ID＝1；ONT MAC＝001F-A4A3-7D33；ONT 类型：4ETH 端口）。

```
MA5680T(config)# interface epon 0/1
MA5680T(config-if-epon-0/1)# port 0 ont-auto-find enable
MA5680T(config-if-epon-0/1)#quit
MA5680T(config)# display ont autofind all
   ----------------------------------------------------------------
   Number                : 1
   F/S/P                 : 0/1/0
   Ont Mac               : 001F-A4A3-7D33
   Password              : Huawei
   VenderID              : HWTC
   Ontmodel              : 813e
   OntSoftwareVersion       : V2R1C00SPC003
   OntHardwareVersion      : HG813e
   Ont autofind time        : 2013-12-30 11:06:53
   ----------------------------------------------------------------
   The number of EPON autofind ONT is 1
MA5680T(config)# interface epon 0/1
```

```
MA5680T(config-if-epon-0/1)#ont confirm
{ portid<U><0,7> }:0
{ all<K>|mac-auth<K>|ontid<K>|password-auth<K> }:ontid
{ ontid<U><0,127> }:1
{ mac-auth<K>|password-auth<K> }:mac-auth
{ mac<P><XXXX-XXXX-XXXX> }:001f-a4a3-7d33
{ oam<K>|snmp<K> }:oam
{  <cr>|dba-profile<K>|desc<K>|encrypt<K>|fec<K>|multicast-fast-
leave<K>|multicast-mode<K>|ont-car<K>|ont-lineprofile-id<K>|ont-
lineprofile-name<K>|ont-port<K> }:ont-port
{ eth<K>|pots<K>|tdm-type<K>|tdm<K> }:eth
{ eth-port<U><0,8> }:4
{     <cr>|dba-profile<K>|desc<K>|encrypt<K>|fec<K>|multicast-fast-
leave<K>|multicast-mode<K>|ont-car<K>|pots<K>|tdm-type<K>|tdm<K> }:
  Command:
        ont confirm 0 ontid 1 mac-auth 001f-a4a3-7d33 oam ont-port eth 4
  Number of ONTs that can be added: 1, success: 1
  PortID :0, ONTID :1
```

### 2．手动添加方式

手动添加方式需要先知道所要添加 ONT 的 MAC 地址，在 OLT 上用命令“ont add”按照 MAC 地址添加 ONT，待 ONT 接入光纤上电后，即可向 OLT 注册。

举例：使用手动添加方式在 epon 端口 0/1/0 下，添加 ONT（ONT ID＝1；ONT MAC＝001F-A4A3-7D33；ONT 类型：4ETH 端口）。

```
MA5680T(config)# interface epon 0/1
MA5680T(config-if-epon-0/1)#ont add 0 1 mac-auth 001f-a4a3-7d33 oam ont-
port eth 4
{ <cr>|dba-profile<K>|desc<K>|encrypt<K>|fec<K>|multicast-fast-leave
<K>|multicast-mode<K>|ont-car<K>|pots<K>|tdm-type<K>|tdm<K> }:
  Command:
          ont add 0 1 mac-auth 001f-a4a3-7d33 oam ont-port eth 4
  Number of ONTs that can be added: 1, success: 1
  PortID :4, ONTID :1
```

### 3．查询已添加的 ONT

在 epon 模式下“display ont info”命令用于查询 ONT 的相关信息。可以查询到 ONT 当前状态，ONT 的相关配置等信息，命令主要参数见表 10-7。

举例：查询 epon 端口 0/1/0 下所有 ONT 的相关信息。

```
MA5680T(config-if-epon-0/1)#display ont info 0 all
```

 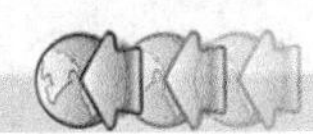

```
-----------------------------------------------------------------
F/S/P   ONT-ID      MAC      Control      Run     Config    Match
                              flag       state    state     state
-----------------------------------------------------------------
0/ 1/0    1   001F-A4A3-7D33  active      up      normal    match
-----------------------------------------------------------------
In port 0, the total of ONTs are: 1
```

表 10-7　　查询 ONT 信息主要参数

| 参数 | 参数说明 |
| --- | --- |
| F/S/P | ONT 所在的机框号/槽位号/端口号 |
| ONT-ID | ONT 编号 |
| MAC | ONT 的 MAC 地址 |
| Control Flag | 控制标志，包括“active”和“deactive”。当使用 ont deactivate 命令将 ONT 去激活后，状态为“deactive” |
| Run State | 运行标志，标识当前 ONT 的运行状态。包括“up”、“down”两种状态，ONT 正常在线时为“up” |
| Config State | 配置状态，ONT 正常上线后，此状态标识 ONT 是否配置恢复及配置恢复的完成情况。包括“initial”、“normal”、“failed”、“config” 4 种状态 |
| Match State | 匹配状态，标识 ONT 与线路模板和业务模板的配置能力是否一致。包括“initial”、“match”、“mismatch” 3 种状态 |

### 任务六：配置 ONT 端口用户 VLAN 及 Native VLAN

在 epon 模式下“ont port vlan”命令用于配置 ONT 端口的 VLAN。当需要把 ONT 端口划分到指定 VLAN 中，对进出端口的数据报文进行 VLAN Tag 的处理时，使用此命令。

“ont port native-vlan”命令用于配置 ONT 端口的 Native VLAN。当需要为 ONT 端口重新指定 Native VLAN 时，使用此命令。缺省情况下，端口的 Native VLAN 为 VLAN 1。

举例：在 0/1/0 端口下，将编号为 1 的 ONT 的 1 号 ETH 端口添加到 VALN 10，并将 1 号 ETH 端口的 Native VLAN 设置为 10。

```
MA5680T(config-if-epon-0/1)# ont port vlan 0 1 eth 1 10
MA5680T(config-if-epon-0/1)#ont port native-vlan 0 1 eth 1 vlan 10
```

### 任务七：配置业务虚端口

在全局配置模式下“service-port”命令用于建立业务虚端口。业务虚端口用于用户设备的接入，通过用户设备接到业务虚端口形成业务流，从而使用户接入各种业务流。成功执行后，业务承载于此虚端口上，命令主要参数请见表 10-8。

举例：为业务 VLAN100 增加业务虚端口 0/1/0，业务虚端口 service-por ID = 5，ONT ID = 1，基于用户侧 VLAN ID = 10 的多业务流。

```
MA5680T(config)#service-port 5
{  adminstatus<K>|inbound<K>|outbound<K>|tag-transform<K>|vlan
<K> }:vlan
{ aoe<K>|vlanid<U><1,4093> }:100
{ adsl<K>|epon<K>|eth<K>|gpon<K>|shdsl<K>|vdsl<K> }:epon
{ frameid/slotid/portid<S><Length 1-15> }:0/1/0
{ ont<K> }:ont
{ all<K>|ontid<U><0,127> }:1
{  <cr>|inbound<K>|multi-service<K>|port-list<K>|tag-transform<K>  }:
multi-service
{ user-8021p<K>|user-encap<K>|user-vlan<K> }:user-vlan
{  other-all<K>|priority-tagged<K>|untagged<K>|user-vlanid<U>
<1,4095> }:10
{ <cr>|inbound<K>|tag-transform<K>|to<K>|user-encap<K> }:
  command:
        service-port 5 vlan 100 epon 0/1/0 ont 1 multi-service user-
vlan 10
```

表 10-8　　　　创建业务虚端口命令主要参数

| 参数 | 参数说明 |
|---|---|
| epon | EPON 业务类型。当对应用户接入方式为 EPON 时，使用此参数 |
| ont | ONT 的编号。当需要设置指定 ONT 的业务虚端口时，使用此参数 |
| inbound | 连接发送方向（即从用户接入侧到网络侧）。当需要修改连接发送方向的流量模板参数时，使用此参数 |
| multi-service | 表示单 PVC 多业务。当建立的虚端口需要承载多种业务时，使用此参数 |
| port-list | 端口列表。例如，port-list 是“2,4-6,10”，表示端口号是 2、4、5、6、10 |
| tag-transform | Tag 切换模式 |
| user-8021p | 用户侧优先级。当需要通过用户侧优先级区分用户时，使用此参数 |
| user-encap | 用户侧业务封装类型。当需要通过用户侧业务封装类型区分用户时，使用此参数 |
| user-vlan | 用户侧 VLAN ID。当需要通过用户侧 VLAN ID 区分用户时，使用此参数 |

**任务八：配置 ONT 侧组播 VLAN**

在 epon 模式下“ont port multicast-vlan”命令用于配置 ONT 端口的组播 VLAN。当需要把 ONT 端口划分到指定的组播 VLAN 中时，使用此命令。只有将用户加入组播 VLAN 后，该用户才能观看组播 VLAN 的节目。

“ont port attribute *portid ontid* eth *ont-portid* multicast-tagstrip”命令用来设置 ONT 对下行组播数据报文的 VLAN Tag 处理方式。有两种处理方式：untag 表示剥掉下行组播数据报文的 VLAN Tag；tag 表示对下行组播数据报文进行透传。

举例：在 epon 接口 0/1/0 下，设置 ONT ID = 1 的 ETH 端口 1 的组播 VLAN 为 100，并且令其下行组播数据报文的为 untag。

```
MA5680T(config-if-epon-0/1)ont port multicast-vlan 0 1 eth 1 100
MA5680T(config-if-epon-0/1)ont port attribute 0 1 eth 1 multicast-tagstrip untag
```

### 任务九：配置 IGMP 用户

先进入全局配置模式，然后使用“btv”命令进入 btv 模式。在 btv 模式下“igmp policy”命令用于配置业务流的 IGMP 报文处理策略。当需要配置系统捕获到 IGMP 报文时 BTV 模块对 IGMP 报文的处理策略时，使用此命令，命令主要参数见表 10-9。

“igmp user add”命令用于增加 IGMP 用户。增加 IGMP 用户之前，该用户所对应的业务虚端口必须已存在，可使用“display service-port”命令查询业务虚端口信息。IGMP 用户分为 auth 和 no-auth 权限用户，即鉴权用户和非鉴权用户，命令主要参数见表 10-10。

举例：进入 btv 模式，配置索引号 5 的业务流为 IGMP 用户，用户无需鉴权，且 IGMP 报文处理策略为正常方式。

```
MA5680T(config)#btv
MA5680T(config-btv)#igmp policy service-port 5
{ discard<K>|normal<K>|transparent<K> }:normal
  Command:
          igmp policy service-port 5 normal
```

表 10-9　　业务流的 IGMP 报文处理策略主要参数

| 参数 | 参数说明 |
| --- | --- |
| normal | IGMP 报文处理策略为正常方式 |
| transparent | IGMP 报文处理策略为透传方式 |
| discard | IGMP 报文处理策略为丢弃方式 |

```
MA5680T(config-btv)#igmp user add
{ port<K>|service-port<K>|slot<K>|smart-vlan<K> }:service-port
{ index<U><0,32767> }:5
{  <cr>|auth<K>|globalleave<K>|log<K>|max-bandwidth<K>|max-program<K>|no-auth<K>|quickleave<K>|video<K> }:no-auth
{  <cr>|globalleave<K>|log<K>|max-bandwidth<K>|max-program<K>|quickleave<K> }:

  Command:
          igmp user add service-port 5 no-auth
```

表 10-10　　添加 IGMP 用户主要参数

| 参数 | 参数说明 |
| --- | --- |
| service-port | PVC 索引值。用于标识一条 PVC |
| auth | 需要鉴权。当需要把组播用户设置为需要鉴权的用户时使用此参数 |

续表

| 参数 | 参数说明 |
|---|---|
| global-leave | 处理用户侧收到的 global leave 报文的开关 |
| log | 用户的日志开关。当需要设置组播用户日志是否记录时使用此参数。只有该开关打开了才对该用户的日志进行记录 |
| no-auth | 无需鉴权。当需要把组播用户设置为无需鉴权的用户时使用此参数 |
| quickleave | 快速离开属性，默认为基于 MAC 的快速离开 |

**任务十：创建组播 VLAN 并选择 IGMP 模式、版本**

在全局配置模式下“multicast-vlan”命令用于创建组播 VLAN 并进入组播 VLAN 模式。当用户需要在组播 VLAN 中配置组播相关参数时，使用此命令。需要注意只有在相应的 VLAN 创建以后才能创建组播 VLAN。

在组播 VLAN 模式下“igmp mode”命令用于设置组播 VLAN 的 IGMP 模式。当需要指定组播 VLAN 为 IGMP proxy、IGMP snooping 或关闭 IGMP 功能时使用此命令。IGMP 设置完成后，在该组播 VLAN 中系统将按照设置的模式进行组播处理。

举例：创建组播 VLAN100，使用 IGMP proxy 模式、IGMP 版本为 V3。

```
MA5680T(config)#multicast-vlan 100
MA5680T(config-mvlan100)#igmp mode proxy
MA5680T(config-mvlan100)#igmp version v3
```

**任务十一：创建组播用户**

在组播 VLAN 模式下使用“igmp multicast-vlan member”添加组播用户，配置组播用户之后必须将该用户加入组播 VLAN 才能使该用户观看该 VLAN 内的节目，使用此命令将该组播节目设置为组播 VLAN 成员。设置完成后，该具有相应权限的组播用户可以观看该 VLAN 内的组播节目。

举例：将索引号 5 的业务流添加为组播用户。

```
MA5680T(config-mvlan100)#igmp multicast-vlan member service-port 5
```

归纳思考

- 添加 ONT 需要配置哪些参数？
- 如何配置业务虚端口？

## 10.1.4 华为 EPON 设备宽带业务配置案例

探讨

- 配置华为 MA5680T 设备宽带业务，应做哪些准备工作？
- 应如何考虑实验数据规划？

### 1. 华为设备宽带业务调测组网图

宽带数据业务是 EPON 系统所能够提供的最基本的业务。EPON 系统能够提供高速率的

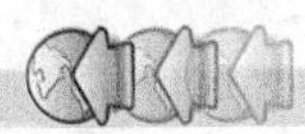

用户接入，所有用户的数据业务在局端采用以太网接口与上游汇聚交换机、BAS 或业务路由器（SR）等连接，计费、认证等管理工作同传统的 xDSL 基本一致。对用户带宽管理的方式可以是固定带宽分配或动态带宽分配或两种方式相结合；对 VLAN 相关的处理可以在 OLT 侧进行，也可以在 ONT 侧进行。下例为华为 MA5680T 设备配置宽带接入业务案例。宽带业务调测组网图如图 10-13 所示。

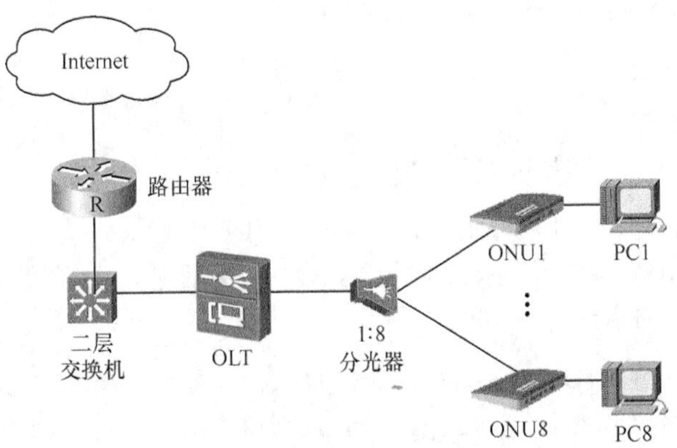


图 10-13　宽带业务调测组网图

## 2．数据规划

PC 用户的宽带业务账户需要在 BRAS 设备进行用户认证，在 BRAS 设备上配置接入的用户名/密码。如果通过 BRAS 分配用户 IP 地址，还需要在 BRAS 设备上配置相应的 IP 地址池。

按组网图连接设备并且设备工作正常，调测终端通过串口或网口登录设备，并能正常进行维护操作。EPON 宽带接入业务数据规划如表 10-11 所示。

表 10-11　EPON 宽带接入业务数据规划

| 配置项 | 数据 | 备注 |
|---|---|---|
| OLT | EPON 端口：0/1/0 | |
| | 宽带业务 VLAN：100 | 类型 Smart；属性 Common |
| | 上行端口：0/18/0 | |
| | 上行端口 Native VLAN：100 | |
| | ETH 端口：192.168.1.200/24 | Telnet 远程维护地址（严禁更改） |
| | Service-port ID：5 | 手动分配 |
| ONT | MAC：0000-0010-1111 | 每个 ONT 均不同，在背面注明 |
| | ONT ID：1 | 手动分配，范围为 0～63 |
| | ONT 端口：ETH1 | |
| | 宽带用户 VLAN：10 | |
| | ONT ETH1 端口 Native VLAN：10 | |
| 路由器 | 网关地址：192.168.1.100/24 | |

### 3. 配置步骤

（1）登录 OLT 远程维护地址

在 CMD 命令行或超级终端中，使用“Telnet 192.168.1.200”命令登录 OLT。

（2）创建业务 VLAN

进入全局配置模式后，创建业务 VLAN ID = 100。

```
MA5680T>enable
MA5680T#config
MA5680T(config)#vlan 100 smart
```

（3）配置 OLT 上行端口业务 VLAN 及 Native VLAN

将业务 VLAN 100 添加置上行端口 0/18/0 中，然后进入上行接口配置模式，更改上行端口 0/18/0 的 Native VLAN ID = 100。

```
MA5680T(config)#port vlan 100 0/18 0
MA5680T(config)#interface giu 0/18
MA5680T(config-if-giu-0/18)native-vlan 0 vlan 100
MA5680T(config-if-giu-0/18)quit
```

（4）增加 ONT

进入 EPON 接口配置模式，在 0 号 PON 端口下添加一个 ONT（ONT ID = 1；ONT MAC = 0000-0010-1111；ONT 类型：4ETH 端口）。

```
MA5680T(config)#interface epon 0/1
MA5680T(config-if-epon-0/1)#ont add 0 1 mac-auth 0000-0010-1111
oam ont-port eth 4
```

（5）配置 ONT 端口用户 VLAN 及 Native VLAN

配置 ONT 上 ETH1 号端口用户 VLAN ID = 10，配置 ONT 上 ETH1 号端口 Native VLAN ID = 10 与用户端口 VLAN ID 相同，则端口在转到用户侧时剥离 VLAN 10。

```
MA5680T(config-if-epon-0/1)# ont port vlan 0 1 eth 1 10
MA5680T(config-if-epon-0/1)#ont port native-vlan 0 1 eth 1 vlan 10
MA5680T(config-if-epon-0/1)#quit
```

（6）建立业务虚端口

为业务 VLAN100 增加业务虚端口 0/1/0，业务虚端口 service-por ID = 5，ONT ID = 1，基于用户侧 VLAN ID = 10 的多业务流。

```
MA5680T(config)#service-port 5 vlan 100 epon 0/1/0 ont 1 multi-
service user-vlan 10
```

（7）验证实验

使用双绞线连接 PC 终端网卡与 ONT ETH1 端口，在 CMD 命令行 Ping 192.168.1.100，查看是否能 Ping 通路由器网关；或 PC 终端可以访问互联网。若能成功访问互联网则实验

配置完成。

归纳思考

- 总结一下华为 MA5680T 设备宽带业务配置步骤。
- 上行端口业务 VLAN 应该是哪种类型？

## 10.1.5　华为 EPON 设备语音业务配置案例

探讨

- 配置华为 MA5680T 设备语音业务，应做哪些准备工作？
- 应如何考虑实验数据规划？

### 1．华为设备语音业务调测组网图

若 OLT 上联网络为软交换网络，则所有信令的处理、呼叫的控制、媒体流的处理等功能全部由 IAD 模块完成。IAD 模块需要与软交换设备进行通信。OLT 透传语音的媒体流和信令流。在某些情况下，OLT 还具备媒体代理或 ARP 代理功能，以实现同一 EPON 网络内部 ONT 之间的语音互通。下例为华为 MA5680T 设备配置语音业务案例。语音业务调测组网图如图 10-14 所示。

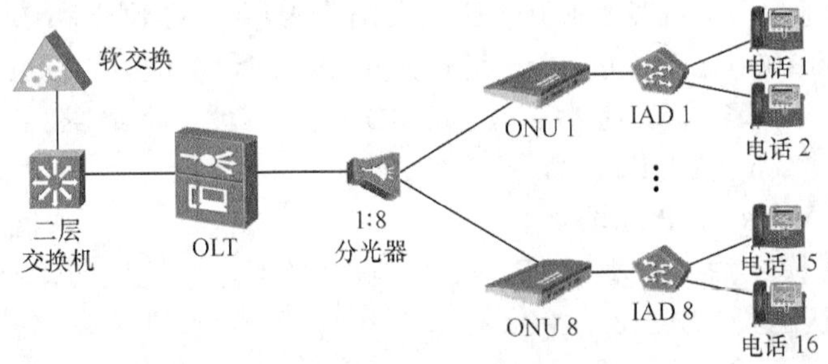


图 10-14　语音业务调测组网图

### 2．数据规划

IAD 设备上配置的电话号码需要在软交换设备进行用户注册、认证，软交换设备需配置与 IAD 对应的电话号码，软交换侧的配置已完成。按组网图连接设备并且设备工作正常。调测终端通过串口或网口登录设备，并能正常进行维护操作。语音业务数据规划如表 10-12 所示。

表 10-12　语音业务数据规划

| 配置项 | 数据 | 备注 |
|---|---|---|
| OLT | EPON 端口：0/1/0 | |
| | 语音业务 VLAN：100 | 类型 Smart；属性 Common |
| | 上行端口：0/18/0 | |
| | 上行端口 Native VLAN：100 | |
| | ETH 端口：192.168.1.200/24 | Telnet 远程维护地址（严禁更改） |
| | Service-port ID：5 | 手动分配 |

续表

| 配置项 | 数据 | 备注 |
|---|---|---|
| ONT | MAC：0000-0010-1111 | 每个 ONT 均不同，在背面注明 |
| | ONT ID：1 | 手动分配，范围为 0～63 |
| | ONT 端口：ETH1 | |
| | 用户 VLAN：10 | |
| | ONT ETH1 端口 Native VLAN：10 | |
| IAD | LAN 端口 IP：192.168.100.1/24<br>或 1.1.1.1/24 | Telnet 远程维护地址 |
| | WAN 端口 IP：192.168.1.91/24 | 手动分配，每个 IAD 均不同 |
| | 软交换设备 IP：192.168.1.201/24 | |
| | Phone1、Phone2 端口<br>电话号码：1001、1002 | 每组电话号码均不同 |

### 3. 配置步骤

（1）配置 OLT 及 ONT

配置过程参考 10.4.1 小节配置步骤（1）～步骤（6）。

（2）登录 IAD 远程维护地址

将 PC 网卡地址更改为 192.168.100.x/24，用网线连接 PC 网卡和 IAD LAN 口，在 PC 上执行 Ping192.168.100.1。若不能 Ping 通，则将 PC 网卡地址改为 1.1.1.x/24，然后看是否能 Ping 通 1.1.1.1。确认连通后，在 CMD 命令行或超级终端中，使用“Telnet 192.168.100.1”或“Telnet 1.1.1.1”命令登录 IAD。

（3）配置 IAD WAN 口 IP 地址

进入全局配置模式后，配置 IAD WAN 端口静态 IP 地址 192.168.1.91，子网掩码 255.255.255.0，默认网关 192.168.1.100。

```
TERMINAL>enable
TERMINAL#configure terminal
TERMINAL(config)#ipaddress  static  192.168.1.91  255.255.255.0
192.168.1.100
```

（4）配置 IAD 所注册的软交换设备地址

配置 IAD 所注册的软交换设备地址为 192.168.1.201。

```
TERMINAL(config)#sip server 0 address 192.168.1.201
```

（5）配置 IAD 电话端口的电话号码

配置 IAD 电话端口的电话号码，其中 IAD 设备端口号为 0，用户号码为 1001；IAD 设备端口号为 1，用户号码为 1002（该号码需要先在 SIP 服务器上设置，用户才能向 SIP 服务器注册成功）。

```
TERMINAL(config)#sip user 0 id 1001
TERMINAL(config)#sip user 1 id 1002
```

（6）实验验证

使用电话线分别把两台电话连接到 IAD 的 PHONE1 和 PHONE2 端口，查看 IAD 上 VoIP 指示灯是否长亮，拨打 IAD 下的电话，看是否可以互通。若呼叫成功则实验配置完成。

归纳思考

- 总结一下华为 MA5680T 设备语音业务配置步骤。
- 为什么要给 IAD 设备配置 IP 地址、子网掩码和网关？

## 10.1.6　华为 EPON 设备组播业务配置案例

探讨

- 配置华为 MA5680T 设备组播业务，应做哪些准备工作？
- 应如何考虑实验数据规划？

### 1．华为设备组播业务调测组网图

MA5680T 组播应用定位为二层应用，基于（VLAN + 组播 MAC）进行数据转发，网络上组播节目用（VLAN + 组播 IP）唯一标识。在 MA5680T 上，用 VLAN 区分组播源，为每个组播源分配不同的 VLAN，基于组播 VLAN 实现组播域控制和用户权限控制，同时为不同 ISP 实现不同组播视频业务提供了平台。在组播处理模式上，实验采用 IGMP Proxy 二层组播协议。在组播节目配置上，采用节目库静态配置方式。下例为华为 MA5680T 设备配置组播业务案例。组播业务调测组网图如图 10-15 所示。

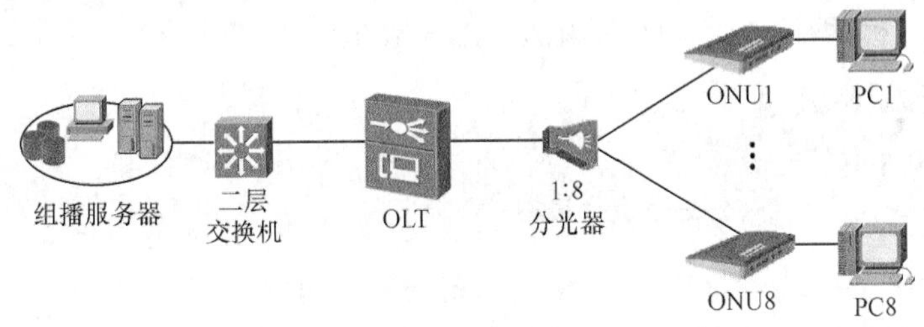


图 10-15　组播业务调测组网图

### 2．数据规划

组播服务器采用 VLC 软件播放组播视频流，且组播服务器侧的配置已完成。按组网图连接设备并且设备工作正常。调测终端通过串口或网口登录设备，并能正常进行维护操作。EPON 组播业务数据规划如表 10-13 所示。

表 10-13　组播业务数据规划

| 配置项 | 数据 | 备注 |
|---|---|---|
| OLT | EPON 端口：0/1/0 | |
| | 宽带业务 VLAN：100 | 类型 Smart；属性 Common |
| | OLT 组播 VLAN：100 | |
| | 上行端口：0/18/0 | |

续表

| 配置项 | 数据 | 备注 |
| --- | --- | --- |
| OLT | 上行端口 Native VLAN：100 | |
| | ETH 端口：192.168.1.200/24 | Telnet 远程维护地址（严禁更改） |
| | Service-port ID：5 | 手动分配 |
| | 组播用户：Service-port 5 | |
| ONT | MAC：0000-0010-1111 | 每个 ONT 均不同，在背面注明 |
| | ONT ID：1 | 手动分配，范围为 0～63 |
| | ONT 端口：ETH1 | |
| | 用户 VLAN：10 | |
| | ONT 组播 VLAN：100 | |
| | ONT ETH1 端口 Native VLAN：10 | |
| 组播 | 组播服务器 IP：192.168.100.5/24 | |
| | 组播节目 IP：226.0.0.6 | |
| | 组播节目名称：dianying | |
| | 组播协议：IGMP proxy v3 | |

**3．配置步骤**

（1）登录 OLT 远程维护地址

在 CMD 命令行或超级终端中，使用“Telnet 192.168.1.200”命令登录 OLT。

（2）创建业务 VLAN

进入全局配置模式后，创建业务 VLAN ID = 100。

```
MA5680T>enable
MA5680T#config
MA5680T(config)#vlan 100 smart
```

（3）配置 OLT 上行端口业务 VLAN 及 Native VLAN

将业务 VLAN 100 添加置上行端口 0/18/0 中，然后进入上行接口配置模式，更改上行端口 0/18/0 的 Native VLAN ID = 100。

```
MA5680T(config)#port vlan 100 0/18 0
MA5680T(config)#interface giu 0/18
MA5680T(config-if-giu-0/18)native-vlan 0 vlan 100
MA5680T(config-if-giu-0/18)quit
```

（4）增加 ONT

进入 EPON 接口配置模式，在 0 号 PON 端口下添加一个 ONT（ONT ID = 1；ONT MAC = 0000-0010-1111；ONT 类型：4ETH 端口）。

```
MA5680T(config)#interface epon 0/1
MA5680T(config-if-epon-0/1)#ont  add  0  1  mac-auth  0000-0010-1111
oam ont-port eth 4
```

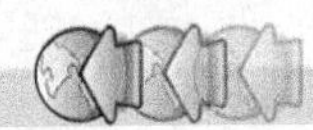

（5）配置 ONT 端口用户 VLAN 及 Native VLAN

配置 ONT 上 ETH1 号端口用户 VLAN ID = 10，配置 ONT 上 ETH1 号端口 Native VLAN ID = 10 与用户端口 VLAN ID 相同，则端口在转到用户侧时剥离 VLAN 10。

```
MA5680T(config-if-epon-0/1)# ont port vlan 0 1 eth 1 10
MA5680T(config-if-epon-0/1)#ont port native-vlan 0 1 eth 1 vlan 10
```

（6）建立 ONT 侧组播 VLAN

```
MA5680T(config-if-epon-0/1)ont port multicast-vlan 0 1 eth 1 100
MA5680T(config-if-epon-0/1)ont port attribute 0 1 eth 1 multicast-
tagstrip untag
MA5680T(config-if-epon-0/1)#quit
```

（7）建立业务虚端口

为业务 VLAN100 增加业务虚端口 0/1/0，业务虚端口 service-por ID = 5，ONT ID = 1，基于用户侧 VLAN ID = 10 的多业务流。

```
MA5680T(config)#service-port 5 vlan 100 epon 0/1/0 ont 1 multi-
service user-vlan 10
```

（8）配置 IGMP 用户

进入 btv 模式，配置索引号 5 的业务流为 IGMP 用户，用户无需鉴权，且 IGMP 报文处理策略为正常方式。

```
MA5680T(config)#btv
MA5680T(config-btv)#igmp policy service-port 5 normal
MA5680T(config-btv)#igmp user add service-port 5 no-auth
MA5680T(config-btv)#quit
```

（9）创建组播 VLAN 并选择 IGMP 模式

创建组播 VLAN100，使用 IGMP proxy 模式。

```
MA5680T(config)#multicast-vlan 100
MA5680T(config-mvlan100)#igmp mode proxy
  Are you sure to change IGMP mode?(y/n)[n]:y
```

（10）配置 IGMP 版本

设置组播 VLAN 的 IGMP 版本为 IGMP V3。

```
MA5680T(config-mvlan100)#igmp version v3
```

（11）配置 IGMP 上行端口

设置 IGMP 上行端口号 0/18/0。

```
MA5680T(config-mvlan100)#igmp uplink-port 0/18/0
```

（12）配置静态节目库

配置节目组播 IP 地址为 226.0.0.6，节目名称为 dianying，节目源 IP 地址为 192.168.100.5。

```
MA5680T(config-mvlan100)#igmp program add name dianying ip 226.0.0.6
sourceip 192.168.100.5
```

（13）配置组播用户

将索引号 5 的业务流添加为组播用户。

```
MA5680T(config-mvlan100)#igmp multicast-vlan member service-port 5
```

（14）验证实验

运行组播软件 VLC，打开串流：RTP：//192.168.100.5@226.0.0.6：5004，看是否能播放组播节目。若播放成功则实验配置完成。

**归纳思考**

- 总结一下华为 MA580T 设备组播业务配置步骤。
- 组播节目 IP 地址是含义是什么？什么是组播 VLAN？

# 10.2 中兴 EPON 设备及应用

## 10.2.1 中兴 EPON 设备认知

**探讨**

什么是 OLT 设备？它用在什么场景？

中兴 ZXA10 C200 是一款中小容量，体积紧凑的高密度无源光接入局端设备。支持话音业务、数据业务和视频业务三网合一的 Triple-Play 业务的开展。话音业务以 VoIP 方式提供，数据业务支持 EPON、GPON 提供大带宽的上下行数据业务流量的能力，视频业务支持基于 IP 数据的 VOD/IPTV 和基于第三波长 CATV 两种方式。

**任务一：中兴 C200 设备外观与结构组成认知**

中兴 ZXA10 C200 设备高度 3 U，采用横插板方式，共 6 个插槽。单框最多可插 5 块 PON 板，提供 20 个 EPON 口，最大可以连接 1 280 个 EPON 光网络终端（ONT/ONU）。单框支持的上联网络接口有：10 GE、GE/FE、E1 和 STM-1 接口。ZXA10 C200 单个 EPON 端口支持 32 个或 64 个分支，最大传输距离 20 km，下行波长 1 490 nm，上行波长 1 310 nm，视频 CATV 波长 1550nm。

1. ZXA10 C200 前面板

ZXA10 C200 在 3U 高度的小设备内，最多可以插入 5 个 PON 板，可以放置在 1、2，3 槽位，6 槽位和 4 槽位或 5 槽位。至少配置 1 块 EC4G 或 EC4GM（主控交换板），必须放置在 4 槽位或 5 槽位。支持的上联网络接口有 10GE、GE/FE、E1 和 STM-1 接口，左侧插有风扇板（FAN），如图 10-16 所示。

## 2. ZXA10 C200 机框槽位分布

ZXA10 C200 机框槽位分布如图 10-17 所示，1～6 槽位用来放置单板，I1～I4 用来放置电源接口板，管理接口板和预留板。

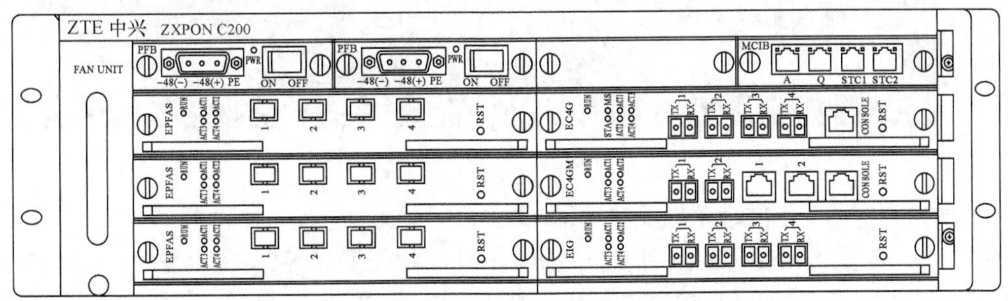


图 10-16　ZXA10 C200 前面板

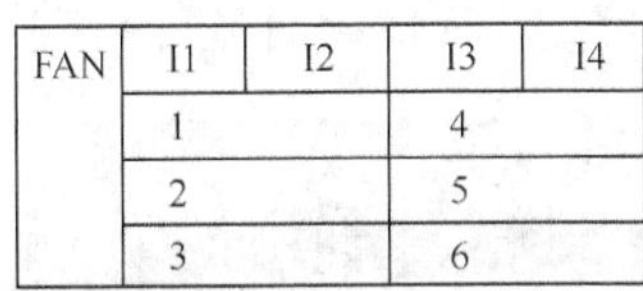

| FAN | I1 | I2 | I3 | I4 |
| --- | --- | --- | --- | --- |
| | 1 | | 4 | |
| | 2 | | 5 | |
| | 3 | | 6 | |

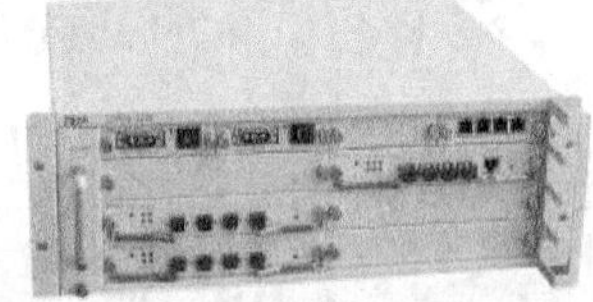

图 10-17　ZXA10C200 机框槽位分布

## 3. ZXA10 C200 机框单板

ZXA10 C200 机框支持的单板有主控交换板、上联板、用户单板、电源接口板、管理接口板和风扇。如表 10-14 所示，每种单板又有不同型号和接口类型，用以支持不同业务。

表 10-14　ZXA10C200(V1.1.1)支持单板类型

| 单板名称 | 中文名称 | 对外接口 |
| --- | --- | --- |
| EC4G | 交换主控处理板 | 4 × GE 光接口、时钟信号、维护网口 |
| EC4GM | 交换主控处理板 | 2 × GE（光口），2 × GE（电口）、时钟信号、维护网口 |
| CLIA | 单端口 STM-1 光接口电路仿真板 | 1 × STM-1 |
| EPFC | 4 路 EPON 单板 | 4 × EPON |
| EIGM | 光电混合千兆以太网接口板 | 2 × GE（光口），4 × GE（电口） |
| EIGMF | 光电混合以太网接口板 | 2 × FE(光口)，4 × GE(电口) |
| EIG | 4 光以太网接口板 | 4 × GE |
| CE1B | 32 路 E1 非平衡接口电路仿真板 | 32 × E1 |
| EIT1F | 单端口 10G 光接口板 | 1 × 10GE |

（1）主控交换板。每个 ZXA10 C200 设备至少配置 1 块 EC4G 或 EC4GM（主控交换板），必须放置在 4 槽位或 5 槽位。可同时承担 4GE 光接口或 2GE 光接口＋2 电接口的上联接口板作用。具有 68Gbit/s 的交换能力，用于交换、汇聚各线卡的以太网数据业务。交换主控处理板对系统中各个 PON 线卡的数据进行无阻塞交换，同时也承担系统控制功能，完成整个系统的管理。

主控交换处理板最大支持 24GE 和 4 × 10GE 交换容量，16k MAC 地址表，支持生成树协

议。支持 1k 个 L2 组播组，支持 128 个 TRUNK 组，每组最多 8 个成员，无相邻限制，支持 IPV4，同时支持向 IPV6 的升级，支持 Double Tagging (QinQ 或 802.1ad provider bridge)。图 10-18 为 EC4G 单板。

图 10-18　EC4G 单板

（2）EPFC 单板。EPFC 单板又称局端 EPON 业务板，完成 EPON 的 OLT 端功能。背板侧提供 4 GE 容量，具备无阻塞包转发能力。EPFC 板下联 ONT，每个 PON 口可接 32 个 ONT 或 64 个 ONT/ONU。每块单板支持 4 路 EPON 的 PON-C 端口，每路上下行速率 1.25 Gbit/s。支持 IGMP snooping，每个 PON 支持 256 个组播组。提供 4 个 GE 分别到主备交换板的切换机制。支持与多种公司 PON-R ONU 对接。具体如图 10-19 所示。

图 10-19　EPFC 单板

（3）以太网上行接口板。EIG 单板提供 4 路吉比特以太网上行光接口。EIG 板是由 4 个 GE 光模块和背板驱动器组成，背板驱动器主要完成核心板的主备倒换和信号的再生，再生从背板来的 GE 信号，光模块完成电光转换。CPLD 从背板送来的点灯信号中选取相应接口的点灯信息，驱动 LED 灯，进行接口点灯，反映接口链路状态。具体如图 10-20 所示。

图 10-20　EIG 单板

（4）管理接口板。MCIB 单板提供 4 FE 网管接口：Q 接口，A 接口，STC1 接口和 STC2 接口。网管管理 Q 接口用来与网管互连，接受网管的配置、维护、性能查询等管理，接口形式为 10/100 M 自适应；A 功能网口是为了今后的扩展功能，如接 radius 服务器、软交换设备或视频认证服务器等。具体如图 10-21 所示。

图 10-21　MCIB 单板

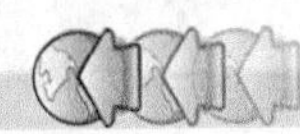

### 任务二：认知中兴 F460 硬件及功能

ZXA10 F460 是一个高度集成的 EPON 综合接入设备，即 ONU 设备。它是集合 IEEE802.11b/g 无线路由器、VoIP 电话的多合一网关产品。此设备为个体用户、SOHO（小型办公室或家庭式办公室）、小型企业等提供高性能的接入服务。具体如图 10-22 所示。

#### 1．功能特性

图 10-22　F460 设备

F460 具有 1 个 1.25G EPON 端口，4 个 10M/100M 以太网端口，2 个 USB2.0 host 端口。支持多达 16 个 VLAN，支持多达 8 个 PPPoE 会话，WLAN 传输速率高达 54Mbit/s，兼容符合 IEEE 802.11b/g、2.4GHz 的设备，集成 VoIP，支持 2 个 FXS RJ-11 端口。

F460 在 OLT 上数据配置，参加 EPON 业务配置。其余配置数据 F460 在 ITMS 平台完成注册后，平台下发相关通道业务配置或者本地登陆 F460 WEB 页面手工创建完成。

#### 2．前面板指示灯说明

当 F460 上电后，可检查其前面板指示灯，根据各指示灯状态可以初步判断其运行状态。指示灯说明见表 10-15。

表 10-15　F460 前面板指示灯说明

| LED | 颜色 | 状态 | 说明 |
| --- | --- | --- | --- |
| Power | 蓝 | 灭 | ONU 未上电 |
| | | 亮 | ONU 正常上电 |
| Run | 绿 | 灭 | ONU 未上电 |
| | | 亮 | ONU 出现故障 |
| | | 闪烁 | ONU 正常运行 |
| Alarm | 绿 | 灭 | ONU 正常工作 |
| | | 闪烁 | ONU 发生异常，无法正常工作 |
| Pon | 绿 | 灭 | ONU 未完成 MPCP 和 OAM 发现和注册 |
| | | 亮 | ONU 的 MPCP 和 OAM 的链路已激活 |
| | | 闪烁 | ONU 正在试图建立连接 |
| Usb1/2 | 绿 | 灭 | 系统未上电，或 USB 口未连接 |
| | | 亮 | USB 接口已连接，且工作于 host 方式，但无数据传输。 |
| | | 闪烁 | 有数据传输 |
| Wlan | 绿 | 灭 | 系统未上电，或无线接口被禁用 |
| | | 亮 | 无线接口已启动 |
| | | 闪烁 | 有数据传输 |
| Wps | 多色 | 灭 | 系统未上电，或没有启用 WPS 功能 |
| | | 黄灯闪烁 | “0.2 秒亮，0.1 秒灭”表示按下 WPS 功能，接受网卡注册 |
| | | 红灯闪烁 | “间隔 0.1 秒”表示注册失败 |

续表

| LED | 颜色 | 状态 | 说明 |
| --- | --- | --- | --- |
| Wps | 多色 | 红灯闪烁 | “以 0.1 秒频率闪烁 5 次后，灭 0.5 秒”表示有两个或多个无线网卡同时注册 |
| | | 绿灯亮 | “5 分钟以上”表示注册成功 |
| Voip1/2 | 绿 | 灭 | 系统未上电，或无法注册到软交换机 |
| | | 亮 | 已经注册到软交换机，Voip 电话服务已就绪 |
| | | 闪烁 | 有来电，拨号或通话过程中 |
| Lan 1/2/3/4 和 iTV | 绿 | 灭 | 系统未上电，或网口未连接到终端设备（如 pc，机顶盒） |
| | | 亮 | 网口已连接但无数据传输 |
| | | 闪烁 | 有数据传输 |

归纳思考

- 中兴 ZXA10 C200 设备常用单板有哪几种？
- 中兴 ZXA10 C200 设备有多少个槽位？

## 10.2.2 中兴 EPON 接入典型组网

探讨

- 中兴与华为 EPON 设备典型组网拓扑相同吗？
- 如何选择合适的分光器？

EPON 实验环境组网如图 10-23 所示。实验环境采用 FTTH 组网方式，模拟电信运营网 PSTN/SS、广播电视网 CATV、互联网 IP Network，体现三网融合技术的高速信息网。实验环境选用中兴 ZXA10 C200 设备作为局端 OLT 设备，中兴 F460 作为终端 ONT 设备。

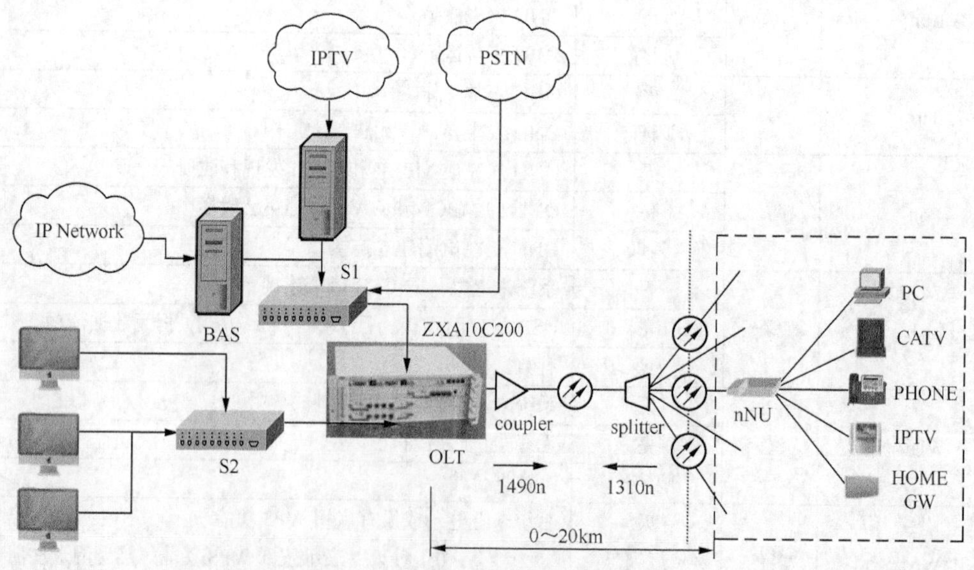


图 10-23 中兴 EPON 系统实验环境组网

### 任务一：中兴 ZXA10 C200 设备单板配置与线缆连接

#### 1．中兴 ZXA10 C200 设备单板配置与连接

1 号槽位配置 EPFC 单板，4 号槽位配置 EC4GM 单板，I1 号槽位配置 PFB 单板，I4 号槽位配置 MCIB 单板，其余各槽位为预留面板。

1 号槽位 EPFC 单板的 0 号光模块连接至 1∶4 分光器输入端；I4 号槽位 MCIB 单板 Q 端口连接至以太网交换机 S2 作为维护网口，学生实验维护终端通过以太网交换机 S2 连接至 C200；4 号槽位 EC4GM 单板 3 号以太网端口连接至以太网交换机 S1，并通过以太网交换机 S1 连接 PSTN 设备、CATV 服务器和 BAS 设备。

#### 2．分光器连接

本次实验环境选取 1∶4 分光器，分光器输入光纤连接至中兴 C200，分光器输出支路光纤分别连接至 4 组用户的中兴 F460 设备。

#### 3．中兴 F460 连接

中兴 F460 设备 LAN 端口连接 PC；iTV 端口连接 CATV，PHONE1/2 端口连接普通电话。

### 任务二：规划实验环境数据

实验环境中各设备通过以太网交换机连接，网络环境为二层网络环境，设备 IP 地址分配如表 10-16 所示。

表 10-16　　实验环境设备 IP 地址规划

| 设备端口 | IP 地址 |
|---|---|
| ZXA10 C200 维护网口 IP | 192.168.1.100/24 |
| ZXA10 C200 PON 端口 | 10.10.66.111/24 |
| IP Network 网关 | 10.10.66.1 |
| F460 WAN 端口 IP | 10.10.66.59/24 |
| F460 LAN 端口 IP | 192.168.1. 2/24～192.168.1.100/24 |

### 任务三：设备维护环境搭建

ZXA10 C200 设备支持串口维护及网口维护，采用串口维护时用串口线连接维护台 PC 串口至的主控板 EC4G 板的 CONSOLE 口或者 Q 口。

若采用网管登录必须先设定设备的带内网管 IP 地址或带外网管 IP 地址。带内网管指通过上联的业务通道进行管理，带外网管指通过 EC4G 前面板的网口进行管理。在工程中使用较多的是带内网管方式，带外网管方式一般在本地维护时使用，下列重点介绍两种这网管的配置方法。

#### 1．带内网管配置

通过超级终端正常登录命令行界面后，可通过人机命令设置带内网管的 IP 地址。例如，将网元的带内网管 IP 地址设为 10.10.66.110。

（1）进入全局配置模式。

```
ZXAN#configure terminal
```

（2）创建网管 VLAN。

```
ZXAN(config)# vlan 206
```

（3）进入以太网上联口模式。

```
ZXAN(config)#interface gei_0/4/3
```

（4）设置上联口为 trunk 模式。

```
ZXAN(config-if)#switchport mode trunk
```

（5）将上联口加入网管 vlan 206 并设置为 tag 方式。

```
ZXAN(config-if)#switchport vlan 206 tag
```

（6）进入 VLAN 三层端口。

```
ZXAN(config)#interface vlan 206
```

（7）添加带内网管地址。

```
ZXAN(config-if)#ip address 10.10.66.110 255.255.255.0
```

（8）配置成功后，通过“write”命令保存配置。

```
ZXAN#write
Building configuration ...
..[ok]
```

可以通过 Telnet 方式访问设备带内 IP，实现对设备的管理。如果设置带内 IP 地址和系统已经存在的带外 IP 地址在相同的网段，系统会给出提示，且设置不会成功。提示错误：“overlaps with the address of interface mng1!”。配置时带内 IP 地址和带外 IP 地址必须在不同的网段。

### 2. 带外网管配置

（1）用串口线连接 C200 机框 4 号槽位 EC4G 前面板“CONSOLE”接口和调试计算机的串口，串口配置为缺省。

（2）用交叉网线连接 C200 机框管理接口板“Q”接口和调试计算机的网口。

超级终端连接正常后，重启系统，在串口消息中看到提示“press any key to stop auto-boot...”信息后，敲任意键停止系统版本的自动加载，进入 boot 状态，如下所示。

```
Flash unit 0 init ok !
Flash unit 1 init ok!
Flash unit 2 init ok!
ZXR10 switch  system Bootstrap
ZXR10-T160G system Boot version: v1.2
.......
[EC4G] flash/img/>
```

（3）在 boot 模式下使用<c>命令修改系统参数，如下所示。其中 client IP 就是带外网管地址。

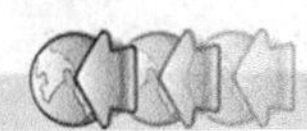

```
[GCSA]/flash/img/>c
Boot Location [0:Net,1:Flash] :1
Client IP                :10.10.1.1    100.1.1.1
Netmask                  :255.255.255.0
Server IP                :10.10.1.100  100.1.1.100
```

归纳思考

- 中兴设备与华为设备 EPON 系统组网相同吗？
- 中兴 ZXA10C200 设备有哪几种维护方式？

### 10.2.3　中兴 EPON 设备基本操作

探讨

中兴设备的操作命令与华为的相同吗？

**任务一：设备基础物理配置**

ZXA10C200(V1.1.1)设备的物理配置包括机架配置、机框配置、单板配置。

**1．机架配置**

在第一次配置系统时，进入全局配置模式用“add-rack”命令添加机架。
举例：添加机架编号 0，类型为 ZXPON。

```
ZXAN#config terminal
ZXAN(config)#add-rack rackno 0 racktype ZXPON
```

机架添加成功后，无错误提示。目前只能增加 1 个机架，因此“rackno”只能选 0。

**2．增加机框**

在第一次配置系统时，进入全局配置模式用“add-shelf”命令添加机框。
举例：添加机架编号 0，类型为 ZXA10C200-A。

```
ZXAN(config)#add-shelf shelfno 0 shelftype ZXA10C200-A
```

只能增加 1 个机框，因此“shelfno”只能选 0

**3．增加单板**

全局配置模式下用“add-card”命令添加用户单板。根据单板所在的槽位号、单板类型进行添加。主控板无需增加，机框添加成功后，系统自动识别。
举例：在 1 号槽位添加 EPFC 单板

```
ZXAN(config)#add-card slotno 1 EPFC
```

若添加成功，无错误提示，并可以通过“show card”命令查看到添加的单板。

### 4. 显示单板

使用“show card”命令可以显示 C200 系统当前的所有单板配置和状态，如图 10-24 所示。

```
ZXAN(config)#show card
Rack Shelf Slot CfgType RealType Port  HardVer SoftVer        Status
--------------------------------------------------------------------------
0    0     1    EPFC    EPFCB    4     V0.7    V1.1.3P2T6     INSERVICE
0    0     4    EC4GM   EC4GM    4     V2.3    V1.1.3P2T6     INSERVICE
ZXAN(config)#_
```

图 10-24　C200 已添加单板

我们可以查看到系统中主控板及通过“add-card”命令加过的单板的机架、机框、槽位号、单板的配置类型、实际类型、硬件版本、软件版本、单板状态。

单板状态如下。

① HWONLINE：系统已经增加其单板，单板硬件上线，但是没有收到单板的信息。

② INSERVICE：单板正常工作。

③ STB：单板处于备用工作状态。

④ OFFLINE：系统已经增加该单板，但是单板硬件离线。

⑤ CONFIGING：单板处于业务配置中

⑥ CONFIGFAILED：单板业务配置失败

⑦ TYPEMISMATCH：单板实际类型和配置类型不一致。

### 5. 删除单板

进入全局配置模式，用“del-card”命令删除 C200 系统的用户单板。

举例：删除槽位 1 单板。

```
ZXAN(config)#del-card slotno 1
```

### 6. 复位单板

进入特权配置模式，用“reset-card”命令复位 C200 系统的用户单板。

举例：复位 6 号槽位的单板。

```
ZXAN#reset-card slotno 6
```

操作后单板复位重启，主控板版本区的单板版本更新以后，需要复位单板使之生效。

## 任务二：ONU 端口注册及查看

ONU 设备需要在 OLT 设备上注册。OLT 设备会自动查找并识别 ONU 设备，需要将查找到的 ONU 设备以 MAC 地址的方式注册后才可使用。

（1）进入 EPON 的 OLT 接口模式。

```
ZXAN#config terminal
ZXAN(config)#interface epon-olt_0/3/2
```

（2）使用“show onu unauthentication”命令显示端口下未注册的 ONU 信息。

```
ZXAN(config-if)#show onu unauthentication epon-olt_0/3/2
Onu interface:    epon-onu_0/3/2:1;
MAC address:    000c.0000.0001;
SN:           ;
AuthState State:   deny;
```

（3）用“onu”命令注册 ONU 的 MAC 地址信息。

```
ZXAN(config-if)#onu 2 type ZTE-F460 mac 000c.0000.0001
```

EPON 用户的 ONU 信息可通过 MAC 地址或者 SN 进行注册；如果是 GPON 用户则需要通过 SN 信息注册。

（4）查询端口下已经注册的 ONU 信息，查看注册是否成功。如图 10-26 中 ONU 状态为 Online 表明 ONU 端口已经注册成功。

```
ZXAN (config-if) #show onu authentication epon-olt_0/3/2
Onu interface:   epon-onu_0/3/2:2
Ont type:    ZTE-F460
MAC address:    000c.0000.0001
SN:
Active status:   active
State:   Online
```

**任务三：VLAN 配置**

ZXA10 C200 系统用户端接口所支持的 VLAN 协议是基于 TR101 VLAN 规范。根据 TR101 中所涉及的不同 VLAN 方式，在 ZXA10 上有不同的配制方法，VLAN 基本配置命令如下。

（1）创建用户 VLAN，如创建 VALN ID = 200。

```
ZXAN(config)#vlan 200
```

（2）配置用户端口的模式，如将 0/2/1EPON 端口下 1 号 ONU 的端口配置为 Access 模式。

```
ZXAN(config)#interface epon-onu_0/2/1:1
ZXAN(config-if)#switchport mode access
```

（3）添加用户端口到用户 VLAN 中，并设置为端口默认 VLAN。

```
ZXAN(config-if)#switchport default vlan 200
```

（4）配置网络侧端口模式，如将 gei0/6/1 端口的端口配置为 Trunk 模式。

```
ZXAN(config)#interface gei_0/6/1
ZXAN(config-if)#switchport mode trunk
```

（5）添加网络侧端口到用户 VLAN 中，并设置为 Tag 或 Untag 形式。

```
ZXAN(config-if)#switchport vlan 200 tag
```

（6）查看 VLAN 配置。在全局配置模式下使用“show vlan”命令可以查看指定 VLAN 的详细配置信息。

```
ZXAN (config) #show vlan 200
id:   200
name:   VLAN0200
description:    N/A
transparent:  disable
multicast-packet:  flood-unknown
port (untagged):
  epon-onu_0/2/1:1:1
port (tagged) :
  gei_0/6/1
```

**任务四：IGMP 配置**

C200 位于组播路由器和主机之间，它提供了 IGMP Snooping（组播监听）、IGMP Proxy（组播代理）和 IGMP Router（组播路由器）3 种组播功能，见表 10-17。本任务中采取 IGMP Snooping（组播监听）方式开展组播业务。

表 10-17　　组播功能

| 组播功能 | 解释 |
|---|---|
| IGMP Snooping（组播监听） | 对主机和路由器之间的 IGMP 协议通信进行监听，使 C200 在转发组播数据包前学习到哪些端口属于组播成员，得到组播转发表。组播包只会发送给组播转发表中的端口，而不是所有端口，从而限制了 C200 上组播包的扩散，避免了不必要的网络带宽浪费，提高了 C200 的利用率 |
| IGMP Proxy（组播代理） | 从组播用户的角度看，C200 是一台组播路由器，完成 IGMP 协议中路由器部分功能，即通过接收下行口用户的加入和离开请求，以及周期性地查询下行口是否仍有属于某个组播组的成员，以实现下行口的组成员关系信息收集与维护。从组播路由器来看，C200 是一台组播主机，通过发送 IGMP 加入和离开请求通知多播路由器希望加入和离开到某个特定的组播组 |
| IGMP Router（组播路由器） | 充当组播路由器的功能，组播用户可以通过 C200 直接连接组播服务器，中间不连组播路由器 |

（1）全局和端口状态下开启 IGMP 协议。

```
ZXAN(config)#igmp enable
ZXAN(config)#interface epon-onu_0/2/1:1
ZXAN(config-if)#igmp enable
```

（2）增加 MVLAN（组播 MVLAN 需要先创建 VLAN，并将上联口和用户口加入该 VLAN）。

```
ZXAN(config)#igmp mvlan 10
```

（3）开启 MVLAN 的 IGMP 协议。

```
ZXAN(config)#igmp mvlan 10 enable
```

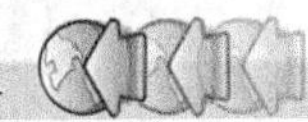

（4）设置 IGMP 工作模式，任务选择 snooping 模式。

```
ZXAN(config)#igmp mvlan 10 work-mode snooping
```

（5）设置 MVLAN 源端口。

```
ZXAN(config)#igmp mvlan 10 source-port gei_0/6/1
```

（6）增加 MVLAN 接收端口。

```
ZXAN(config)#igmp mvlan 10 receive-port epon-onu_0/2/1:1
```

（7）设置 MVLAN 管理组使能。

```
ZXAN(config)#igmp mvlan 10 group-filter enable
```

（8）增加 MVLAN 组地址。

```
ZXAN(config)#igmp mvlan 10 group 224.1.1.1
```

归纳思考

- 添加 ONT 需要配置哪些参数？
- 如何配置 VLAN 端口的模式？

### 10.2.4　中兴 EPON 设备宽带业务配置案例

探讨

- 配置中兴 ZXA10 C200 设备宽带业务，应做哪些准备工作？
- 应如何考虑实验数据规划？

#### 1．中兴设备宽带业务调测组网图

EPON 用户（PC）通过 ONU 设备（F460）连接到 C200 设备的 EPFC 单板端口上， 将 EC4GM 单板的 3 号电口作为上联端口，上联端口通过以太网交换机 S1 连接到宽带接入服务器。要求开通 EPON 用户宽带接入业务。具体如图 10-25 所示。

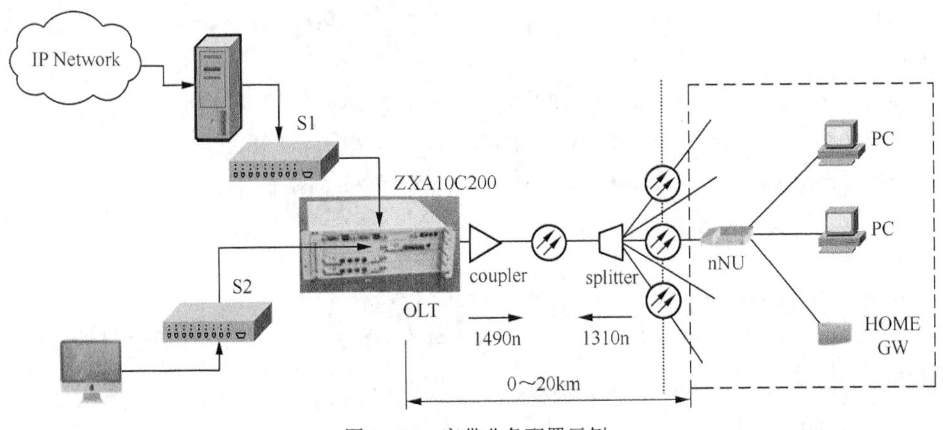


图 10-25　宽带业务配置示例

### 2．数据规划

PC 用户的宽带业务账户需要在 BRAS 设备进行用户认证，在 BRAS 设备上配置接入的用户名/密码。如果通过 BRAS 分配用户 IP 地址，还需要在 BRAS 设备上配置相应的 IP 地址池。

按组网图连接设备并且设备工作正常，调测终端通过串口或网口登录设备，并能正常进行维护操作。EPON 宽带接入业务数据规划如表 10-18 所示。

表 10-18　　EPON 宽带接入业务数据规划

| 配置项 | 数据 | 备注 |
|---|---|---|
| OLT | EPFC 端口：0/1/1 | |
| | 宽带业务 VLAN：206 | |
| | EC4GM 上行端口：0/4/3 | |
| | 上行端口 IP：10.10.66.*/24 | |
| | 上行端口为 Hybird 模式 | |
| ONU | MAC：****.****.**** | 每个 ONT 均不同，在背面注明 |
| | ONU ID：1 | |
| | ONT 端口：eth_0/1 | 优先级为 7 |
| | ONU 宽带用户 VLAN：206 | |
| | ONU 上行、下行带宽：10Mbit/s | |
| | ONU 用户端口为 Trunk 模式 | |
| 网关 | IP 地址：10.10.66.1 | |

### 3．配置步骤

（1）进入到全局配置模式

```
ZXAN#configure terminal
```

（2）在 OLT-C200 上注册 ONU 设备 F460

```
ZXAN(config)#pon（进入 PON 配置模式）
ZXAN(config-pon)#onu-type epon ZTE-F460 description F460（添加 F460 新模版）
ZXAN(config-pon)#onu-if ZTE-F460 eth_0/1-4（配置以太网类用户端口）
ZXAN(config-pon)#onu-if ZTE-F460 pots_0/1-2（配置语音类用户端口）
ZXAN(config-pon)#onu-if ZTE-F460 wifi_0/1（配置无线用户端口）
```

（3）进入到 EPON 的 OLT 接口模式

```
ZXAN(config)# interface epon-0lt_0/1/1
ZXAN (config-if)# show onu unauthentication epon-olt_0/1/1  （查看没有注册的信息）
```

（4）注册 ONU 分支接口

```
ZXAN(config)# interface epon-onu_0/1/1:1          （进入 ONU 分支 1 接口）
ZXAN (config-if)# mac ****.****.****               （修改 mac 地址为正确的）
ZXAN (config-if)# exit
```

（5）进入 ONU 接口模式

```
ZXAN(config)#interface epon-onu_0/1/1:1
```

（6）启用 ONU 接口认证协议

```
ZXAN (config-if)#authentication enable
```

（7）设置 ONU 接口上下行流量

```
ZXAN (config-if)#bandwidth upstream assured maximum 10000（设置上行最大带宽，单位是 kbit/s）
ZXAN (config-if)#bandwidth downstream maximum 10000（设置下行最大带宽，单位是 kbit/s）
ZXAN (config-if)#exit
```

（8）创建 VLAN，将 ONU 接口加入 VLAN

```
ZXAN(config)#vlan 206        （创建业务 VLAN 206）
ZXAN(vlan)#exit
ZXAN(config)#interface vlan 206
ZXAN(vlan)#ip address 10.10.66.* 255.255.255.0      （vlan IP 和业务外网段一致）
ZXAN(vlan)#exit
ZXAN(config)#interface epon-onu_0/1/1:1
ZXAN (config-if)#switchport mode trunk          （设置 ONU 接口 vlan 模式）
ZXAN (config-if)#switchport vlan 206 tag        （将 ONU 接口加入到 vlan 206）
ZXAN (config-if)#exit
```

（9）将上级联接口接入 vlan 中

```
ZXAN (config)#interface gei_0/4/3          （进入上级联接口）
ZXAN (config-if)#switchport mode hybrid（更改上级联口 vlan 模式为 hybrid，此模式支持 tag 和 untag 数据）
ZXAN (config-if)#switchport default vlan 206（将上级联口 gei_0/4/3 添加到业务通道 VLAN ID = 206）
ZXAN (config-if)#exit
```

（10）配置 onu 下物理接口，将默认光接口模式设置为电接口模式，并设置最高优先级

```
ZXAN (config)#pon-onu-mng epon-onu_0/1/1:1（以远程管理方式进入 ONU 接口）
ZXAN(epon-onu-mng)#interface eth eth_0/1 phy-state enable    （将以太网接口 eth_0/1 设置为使能端口）
```

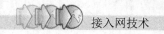

```
ZXAN(epon-onu-mng)#vlan port eth_0/1 mode tag vlan 206 priority 7
(设置以太网接口 eth_0/1 端口模式为 tag，并将端口加入 vlan206 中，优先级为 7 最高级)
ZXAN(epon-onu-mng)#save
ZXAN(epon-onu-mng)#reboot                    (重启 ONU)
ZXAN(epon-onu-mng)#exit
```

（11）设置 OLT 缺省路由

```
ZXAN (config)#ip route 0.0.0.0 0.0.0.0 10.10.66.1  (外网网关为下一跳地址)
ZXAN (config)#exit
ZXAN #write          (保存 EPON 业务配置数据)
```

（12）F460 配置

F460 在 OLT 上数据配置已经完成，其余配置数据在 F460 本地登陆的 WEB 页面手工创建完成。

F460 本地登录 Web 页面手工创建相关通道。本地登陆 Web 页面前，须将 PC 的 IP 地址配置为 192.168.1.*/24 网段。登录 http：//192.168.1.1，用户名为 telecomadmin，密码为 nE7jA%5m。

① 查看设备信息，如图 10-26 所示。

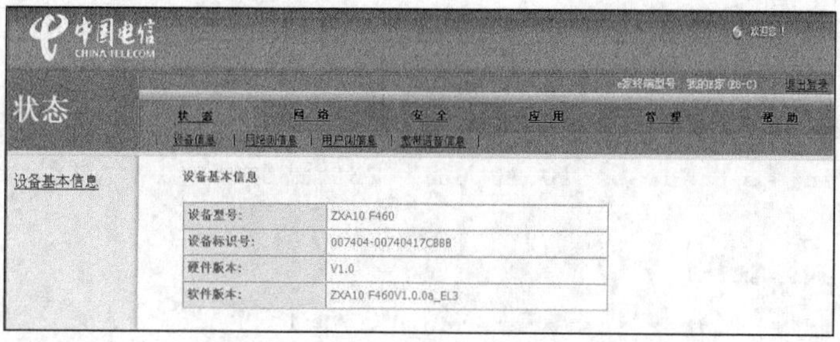
中国电信
CHINA TELECOM
状态
状态
网络
安全
应用
管理
帮助
设备信息
网络侧信息
用户侧信息
宽带语音信息
设备基本信息
设备基本信息
设备型号:
ZXA10 F460
设备标识号:
007404-00740417C8BB
硬件版本:
V1.0
软件版本:
ZXA10 F460V1.0.0a_EL3

图 10-26　F460 设备信息

② 查看相关通道配置情况。单击“网络侧信息”>“连接信息”，可显示 ONU 相关通道配置情况，如图 10-27 所示。

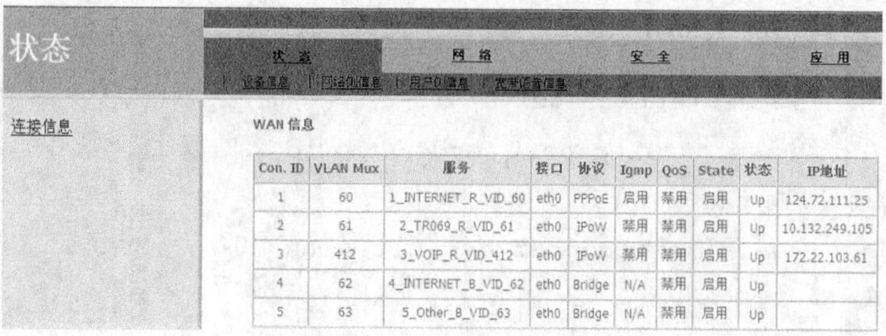
状态
状态
网络
安全
应用
设备信息
网络侧信息
用户侧信息
宽带语音信息
连接信息
WAN 信息
Con. ID | VLAN Mux | 服务 | 接口 | 协议 | Igmp | QoS | State | 状态 | IP地址
1 | 60 | 1_INTERNET_R_VID_60 | eth0 | PPPoE | 启用 | 禁用 | 启用 | Up | 124.72.111.25
2 | 61 | 2_TR069_R_VID_61 | eth0 | IPoW | 禁用 | 禁用 | 启用 | Up | 10.132.249.105
3 | 412 | 3_VOIP_R_VID_412 | eth0 | IPoW | 禁用 | 禁用 | 启用 | Up | 172.22.103.61
4 | 62 | 4_INTERNET_B_VID_62 | eth0 | Bridge | N/A | 禁用 | 启用 | Up
5 | 63 | 5_Other_B_VID_63 | eth0 | Bridge | N/A | 禁用 | 启用 | Up

图 10-27　F460 连接信息

③ 管理互联网业务相关通道配置。

选择“网络→宽带设置→互联网连接”，连接名称自定义即可，连接模式选择“Route”

建立 INTERNET 通道（Static 方式）F460 上网通道支持 PPPOE、DHCP、Static 3 种方式，本例中选择 Static 方式。具体如表 10-19 所示。

表 10-19　　宽带设置业务说明

| 参数 | 说明 |
|---|---|
| 模式 | 可以选择 Route 或 Bridge。Route 模式下，可以选择 DHCP、Static、PPPOE 3 种模式。其中 Static 方式下，要设置 ONU 终端的 IP 地址，子网掩码、缺省网关和 DNS |
| NAT | 选择是否启用 NAT |
| Vlan ID | 如果启用 VLAN，输入 VLAN 标记的值，该值应和 OLT 设备上 PON 口加入的 VLAN 值保持一致 |
| 802.1p | 如果启用 VLAN，可以输入 802.1p 的值 |
| IP 地址 | ONU 终端的 IP 地址，应和上级业务外网段保持相同网段 |
| 子网掩码 | ONU 终端的子网掩码，应和上级业务外网保持相同 |
| 缺省网关 | ONU 终端的默认网关，应和上级业务外网保持相同 |
| DNS | ONU 终端的 DNS 服务器，应和上级业务外网保持相同 |
| 启用 Qos | 选择是否启用 Qos，启用后可以在 Qos 页面做相应配置 |
| 服务模式 | 路由模式下，可以选择 INTERNET、TR069、VOIP、Other 或它们的组合，这应该和当前配置的业务保持一致 |
| 绑定端口 | 可以选择端口与绑定到这个 WAN 连接 |

具体配置参数如图 10-28 所示。

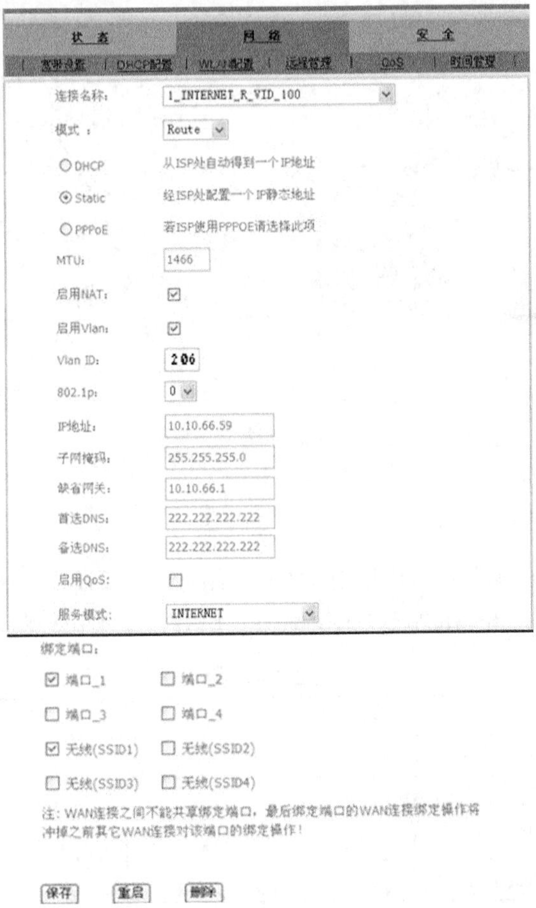

图 10-28　F460 宽带业务配置

④ 此外可以根据实际网络情况，设置 DHCP 地址池及无线网络连接（Wi-Fi）。

⑤ 保存数据，并重启 ONU，配置完成。

归纳思考

- 总结一下中兴 ZXA10 C200 设备宽带业务配置步骤。
- 中兴 F460 配置与华为 HG813e 有何不同？

### 10.2.5 中兴 EPON 设备组播业务配置案例

探讨

- 配置中兴 ZXA10 C200 设备组播业务，应做哪些准备工作？
- 应如何考虑实验数据规划？

#### 1. 中兴设备组播业务调测组网图

EPON 组播业务的开通需要依赖宽带数据业务，所以完成本任务前请先参照 10.2.4 小节完成 EPON 宽带业务配置。下例为中兴 ZXA10 C200 设备配置组播业务案例。组播业务调测组网图如图 10-29 所示。

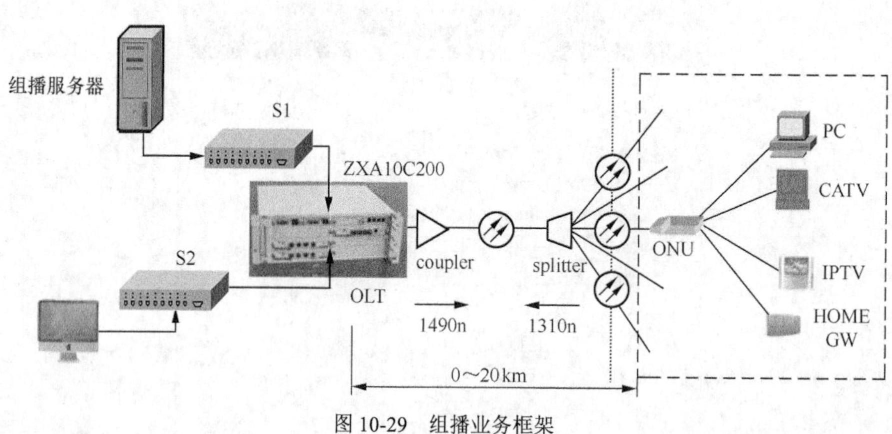


图 10-29 组播业务框架

#### 2. 数据规划

组播服务器采用 VLC 软件播放组播视频流。按组网图连接设备并且设备工作正常。调测终端通过串口或网口登录设备，并能正常进行维护操作。EPON 组播业务数据规划如表 10-20 所示。

表 10-20 组播业务数据规划

| 配置项 | 数据 | 备注 |
|---|---|---|
| OLT | EPFC 端口：0/1/1 | |
| | 组播业务 VLAN：100 | |
| | 上行端口：0/4/3 | |
| ONU | ONT ID：1 | |
| | ONT 组播 VLAN：100 | |

续表

| 配置项 | 数据 | 备注 |
|---|---|---|
| 组播 | 组播协议：IGMP snooping | |
| | 组播节目 IP：224.1.1.1 | |
| | 组播接受端口：gei_0/4/3 | |
| | 组播发送端口：epon-onu_0/1/1:1 | |

### 3. 配置步骤

（1）使能全局组播控制

```
ZXAN(config)#igmp enable
ZXAN(config)#interface epon-onu_0/1/1:1
ZXAN(config-if)#igmp enable
ZXAN(config-if)#exit
```

（2）创建全局组播 VLAN，添加全局组播 VLAN 成员端口

```
ZXAN(config)#vlan 100
ZXAN(config-vlan)#exit
ZXAN(config)#interface epon-onu_0/1/1:1   （将 pon 口加入 VLAN 100）
ZXAN(config-if)#switchport mode trunk
ZXAN(config-if)#switchport vlan 100 tag
ZXAN(config-if)#exit
ZXAN(config)#interface gei_0/4/3
ZXAN(config-if)#switchport mode trunk
ZXAN(config-if)#switchport vlan 100 tag
ZXAN(config-if)#exit
```

（3）增加 MVLAN

```
ZXAN(config)#igmp mvlan 100          （此 vlan 需提前创建好）
ZXAN(config)#igmp mvlan 100 enable       （开启 MVLAN 的 IGMP 协议）
```

（4）设置 IGMP 工作模式

```
ZXAN(config)#igmp mvlan 100 work-mode snooping      （设置 IGMP 工作模式）
```

（5）添加 MVLAN 源端口和接收端口

```
ZXAN(config)#igmp mvlan 100 source-port gei_0/4/3       （设置 MVLAN 源端口）
ZXAN(config)#igmp mvlan 100 receive-port epon-onu_0/1/1:1     （增加
MVLAN 接收端口）
```

（6）设置 MVLAN 管理组使能，增加 MVLAN 组播地址

```
ZXAN(config)#igmp mvlan 100 group-filter enable       （设置 MVLAN 管理
组使能）
ZXAN(config)#igmp mvlan 100 group 224.1.1.1       （增加 MVLAN 组播地址）
ZXAN(config)#exit
```

（7）组播服务器端配置

首先打开 VLC 视频软件，选择“媒体→流”，然后选择“添加”（需要播放的视频），单击“串流”。

这里不选择“激活转码”，可选择“在本地显示”，组播服务器支持以下 3 种组播方式播放。

① HTTP。

② RTP / MPEG Transport Stream。

③ UDP (legacy)。

选择相应组播模式后，单击“添加”（这里以 RTP / MPEG Transport Stream 为例），输入组播地址及端口号，例如这里输入的“224.1.1.1”端口号为“5004”，填写完毕后直接单击“串流”，服务器配置完毕。

（8）客户端配置

在 VLC 软件中选择“媒体→打开网络串流”，这里以 RTP / MPEG Transport Stream 为例，根据服务器填写的组播地址及端口号，填写的网络 URL 为 rtp://224.1.1.1:5004，单击“播放”即可。此处组播地址必须与 OLT 上设置的组播地址一致。

归纳思考

- 总结一下中兴 ZXA10 C200 设备组播业务配置步骤。
- IGMP Proxy 与 IGMP Snooping 模式有何异同？

## 小结

1．华为 MA5680T 局端机是一款支持三网合一和光纤到户的综合业务接入设备。它采用电信级宽窄带一体化接入方式，将数据网、电话网和电视网三者的接入融为 一体。

2．华为MA5680T 机框可以配置 EPON/GPON 业务单板、主控板、上行板单板等单板。

3．华为 MA5680T 设备可以通过维护串口、带内维护网口和带外维护网口对设备进行维护管理。

4．中兴 ZXA10 C200 是一款中小容量，体积紧凑的高密度无源光接入局端设备。支持话音业务、数据业务和视频业务三网合一的 Triple-Play 业务的开展。

5．中兴 ZXA10 C200 可以插入 5 个 PON 板，至少配置 1 块主控交换板。支持的上联网络接口有：10 GE、GE/FE、E1 和 STM-1 接口。

6．中兴 ZXA10 C200 设备可以通过维护串口、带内维护网口和带外维护网口对设备进行维护管理。

## 思考与练习题

10-1 简述 MA5680T 硬件的功能结构。

10-2 MA5680T 设备常用单板包括哪些？

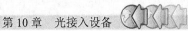

10-3　简述华为 HG813 与中兴 F460 设备硬件的异同。

10-4　命令行的模式有哪些？如何在各模式下切换？

10-5　简述华为 MA5680T 宽带接入业务配置步骤。

10-6　简述华为 MA5680T 语音接入业务配置步骤。

10-7　简述华为 MA5680T 组播接入业务配置步骤。

10-8　简述中兴 ZXA10 C200 硬件功能结构。

10-9　中兴 ZXA10 C200 设备常用单板各包括哪些？

10-10　简述中兴 ZXA10 C200 组播接入业务配置步骤。

10-11　简述华为中兴 ZXA10 C200 宽带接入业务的配置步骤。

# 第 11 章 WLAN 接入设备

**本章教学说明**

- 重点介绍 AP 和 AC 设备
- 简要介绍无线接入典型组网
- 概括介绍无线接入设备操作和配置

**本章内容**

- AP 和 AC 设备
- 无线接入典型组网
- 无线接入设备操作和配置

**本章重点、难点**

- AP 和 AC 设备
- 无线接入典型组网

**本章目的和要求**

- 熟悉 AP 和 AC 设备
- 了解无线接入典型组网
- 熟悉无线接入设备操作和配置

**本章学时数：4 学时**

## 11.1 WLAN 系统设备简介

### 11.1.1 AP 设备简介

现在很多 AP 设备支持 Fat 和 Fit 两种工作模式，根据网络规划的需要，可灵活地在 Fat 和 Fit 两种工作模式中切换。并且安装方式灵活，适用于壁挂、桌面、吸顶等安装方式。

DCWL-ZF-7942AP-L/DCWL-ZF-7962AP-L 是神州数码网络（以下简称 DCN）的 DCWL-ZF-7900 系列中的一款桌面型 AP 设备，采用内置天线，支持 IEEE 802.11A/b/G/n。

#### 1. 产品外观

（1）指示灯

DCWL-ZF-7942AP-L/DCWL-ZF-7962AP-L 的指示灯如图 11-1 所示。

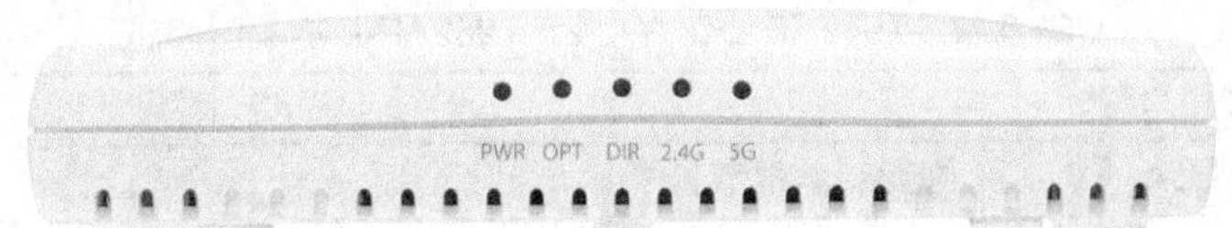


图 11-1　DCWL-ZF-7942AP-L/DCWL-ZF-7962AP-L 的指示灯

DCWL-ZF-7942AP-L/DCWL-ZF-7962AP-L 的指示灯说明见表 11-1。

表 11-1　DCWL-ZF-7942AP-L/DCWL-ZF-7962AP-L 指示灯描述

| LED/按钮 | 说明 |
|---|---|
| PWR | • 灭：此 AP 还未加电，或者 AP 未连接到电源<br>• 琥珀色：表示 AP 正在启动中<br>• 绿色：表示此 AP 已经启动完毕并可操作 |
| OPT | 备用灯。此版本中不起作用 |
| DIR | • 灭：此 AP 工作在独立模式下，未接受无线控制器管理<br>• 绿色：此 AP 正接受无线控制器管理<br>• 缓慢闪烁绿色（每 2 秒闪 1 次）：此 AP 正接受无线控制器管理，但当前无法与无线控制器联系<br>• 快速闪烁绿色（每秒闪 2 次）：此 AP 正接受无线控制器管理，当前正在接收配置信息（被动地）或者正在升级固件 |
| 2.4G LED（WLAN） | • 绿色：无线服务启用并至少有一个无线客户端连接到此 AP<br>• 快速闪绿色（每秒闪 2 次）：无线服务启用，但没有无线客户端连接到此 AP<br>• 灭：无线服务未启用 |
| 5G LED（WLAN） | • 绿色：无线服务启用并至少有一个无线客户端连接到此 AP<br>• 快速闪绿色（每秒闪 2 次）：无线服务启用，但没有无线客户端连接到此 AP<br>• 灭：无线服务未启用<br>注意：5G LED 灯只有在 DCWL-ZF-7962AP-L 上才有 |

（2）端口

DCWL-ZF-7942AP-L/DCWL-ZF-7962AP-L 的端口如图 11-2 所示。

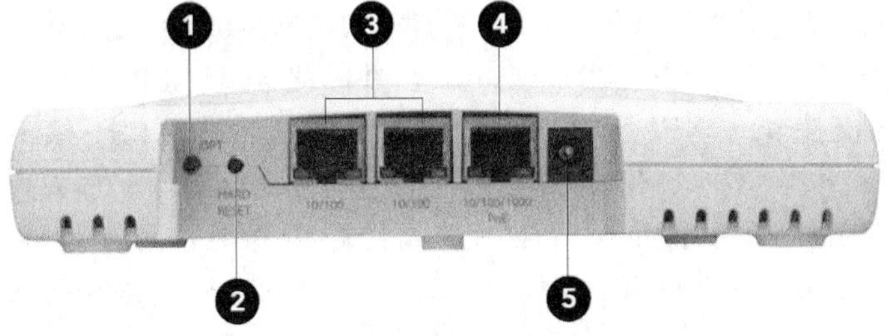


图 11-2　DCWL-ZF-7942AP-L/DCWL-ZF-7962AP-L 的端口

DCWL-ZF-7942AP-L/DCWL-ZF-7962AP-L 的端口说明见表 11-2。

表 11-2 DCWL-ZF-7942AP-L/DCWL-ZF-7962AP-L 的端口描述

| 图中编号 | 端口/按钮 | 说明 |
|---|---|---|
| 1 | OPT 按钮 | 在此版本中不起作用 |
| 2 | HARD RESET 按钮 | 使用尖头针，按住此按钮，重启设备并恢复出厂设置<br>按一下，重新启动设备<br>连续按住 6 秒以上，设备恢复出厂设置<br>**警告**：恢复出厂设置将清空所有配置，包括 IP 地址、密码、ACL 设置及无线设置 |
| 3 | 10/100Mbit/s 端口 | 2 个 10/100Mbit/s RJ-45 端口 |
| 4 | 10/100/1000Mbit/s 端口 | 1 个 10/100/1000Mbit/s PoE（802.3af）RJ-45 端口 |
| 5 | 电源接口 | 连接到电源适配器（输入：110～240V AC，输出：12V 1.25A DC），设备也可通过 10/100/1000Mbit/s PoE 端口实现以太网供电 |

DCWL-ZF-7942AP/DCWL-ZF-7962AP 与 DCWL-ZF-7942AP-L/DCWL-ZF-7962AP-L 的区别一是采用外置天线，DCWL-ZF-7942AP 有一对，DCWL-ZF-7962AP 有两对；二是只有一个 10/100/1000Mbit/s PoE 端口和一个 RJ-45 的 Console 口。

#### 2. AP 的 Web 管理

如果需要管理 AP，可执行以下步骤登录到 AP。

在管理 PC 上打开一般网络浏览器（IE 等）。在浏览器的地址栏写入 AP 的 IP 地址，并敲回车键。AP 的默认 IP 地址是：192.168.0.1。如果出现 Windows 安全警告对话框，单击 OK/Yes 继续，直到出现登录页面。Web 管理界面使用方便，参照手册操作即可。

### 11.1.2 AC 设备简介

AC 可集中管理多台 AP 设备，具有精细的用户控制管理、完善的 RF 管理及安全机制、超强的 QoS、真正的无缝漫游，与现有网络融合一体的认证机制等多项功能，提供强大的 WLAN 接入控制功能。基于集群智能管理技术，对每个 AP 的射频环境进行实时监测、管控，从而实现 AP 功率，信道的自动调节以及基于用户数或流量的负载均衡策略，最大程度减少对无线信号的干扰，使无线网络的负载能力均衡、稳定。

DCWS-6028（AC）是 DCN 的盒式高性能万兆上联智能无线控制器，配合 DCN 智能无线 AP，组成集中管理的多媒体 WLAN 解决方案。DCWS-6028 采用全千兆的端口形态，端口配置灵活，支持 24 个 1000Base-T 千兆电口，并固化 4 个 SFP 复用光口，同时支持 2 个扩展插槽，最多可支持 4 个 XFP 万兆端口，或 4 个 SFP 千兆端口，AC＋DC 冗余电源组合供电。DCWS-6028 采用硬件 ASIC 芯片，可全线速转发 IPv4/IPv6 的 2/3 层数据包，DCWS-6028 保证了完整的 IPv6 功能支持。支持丰富的路由功能，可支持静态、RIP、OSPF，BGP，PIM 等路由协议，且支持 IPv6 版本的 RIPng、OSPFv3、PIM6 动态路由协议。

#### 1. 产品外观

（1）前面板

前面板示意图如图 11-3 所示。

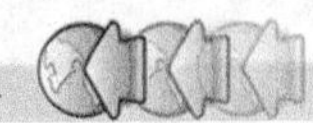

图 11-3　DCWS-6028 前面板示意

DCWS-6028 有线无线智能一体化控制器的前面板如下表所列说明，其中 1 个 Combo 口是由 1 个 SFP 端口和 1 个 RJ-45 端口形成的。DCWS-6028 前面板说明见表 11-3。

表 11-3　DCWS-6028 前面板说明

| 型号 | RJ-45 端口 | Combo 口 | Console 口 | LED 指示灯 |
|---|---|---|---|---|
| DCWS-6028 | 20 | 4 | 1 个 RJ-45 型接口的串行控制口 | 24 个端口指示灯和 5 个系统功能指示灯 |

DCWS-6028 提供了一个 RJ-45 型接口的串行控制口（Console），通过这个接口，用户可完成对交换机的本地或远程配置。

控制口支持异步模式，设置参数为数据位为 8，停止位为 1，奇偶校验为无，默认支持的波特率为 9 600bit/s。

另外，控制口在 Bootrom 模式下支持如下波特率 14 400bit/s、19 200bit/s、38 400bit/s、57 600bit/s、115 200bit/s，但需要注意的是重启后此波特率设置将失效。

（2）后面板

DCWS-6028 后面板包括 1 个 220V 交流电源插座，1 个直流备份电源（–48V）插座，1 个接地端子，2 个万兆扩展模块插槽，如图 11-4 所示。

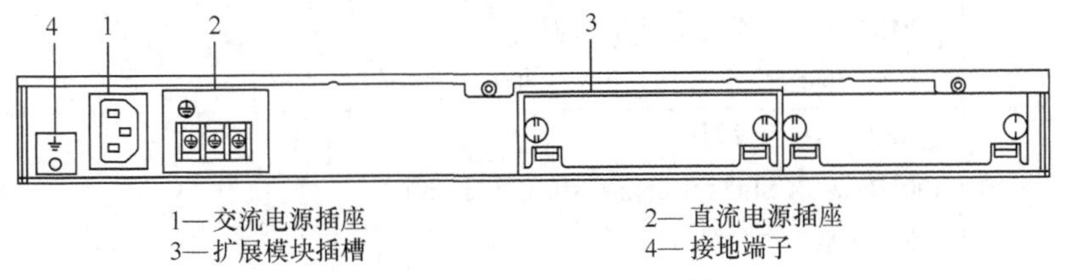


图 11-4　DCWS-6028 后面板

（3）LED 指示灯说明

DCWS-6028 前面板指示灯有 24 个端口指示灯，电源指示灯，直流电源指示灯，系统自动诊断检测状态指示灯，扩展模块 1/2 状态指示灯，其含义说明见表 11-3。

表 11-4　DCWS-6028 指示灯说明

| 指示灯 | 面板标示 | 状态 | 含义 |
|---|---|---|---|
| 电源指示灯 | Power | 绿灯 | 内部电源正常运行 |
| | | 灭 | 无电源或出错 |
| 冗余电源指示灯 | RPU | 绿灯 | 冗余电源单元接受能量 |
| | | 灭 | 冗余电源单元关闭或出错 |
| 系统自动诊断检测状态指示灯 | DIAG | 闪烁的绿灯 | 系统自动诊断检测正在进行 |
| | | 绿灯 | 系统自动诊断检测成功完成 |
| | | 琥珀灯 | 系统自动诊断检测诊断出错误 |

续表

| 指示灯 | 面板标示 | 状态 | 含义 |
|---|---|---|---|
| 扩展模块指示灯 | Module1/<br>Module2 | 绿灯 | 安装了扩展模块 |
| | | 琥珀灯 | 安装的扩展模块接入出错或失败 |
| | | 灭 | 没有安装扩展模块 |

端口指示灯说明见表 11-5。

表 11-5　　端口指示灯说明

| LED 指示灯 | 状态 | 说明 |
|---|---|---|
| Link/Activity | 琥珀灯 | 端口处在 10M 或 100M 的连接状态 |
| | 绿灯 | 端口处在 1 000M 的连接状态 |
| | 闪烁的琥珀灯 | 端口处在 10M 或 100M 的活动状态 |
| | 闪烁的绿灯 | 端口处在 1 000M 的活动状态 |
| | 灭 | 没有连接或连接失败 |

（4）端口说明

DCWS-6028 提供了 20 个 RJ-45 端口，4 个 Combo 端口（4 个 SFP 端口和 4 个 RJ-45 端口）。端口说明见表 11-6。

表 11-6　　DCWS-6028 端口说明

| 端口形式 | 规格 |
|---|---|
| RJ-45 口 | 10/100/1000Mbit/s 自适应<br>MDI/MDI-X 网线类型自适应<br>5 类非屏蔽双绞线（UTP）：100m |
| SFP | SFP-SX-L 收发器：<br>1000Base-SX SFP（850nm，MMF，550m）<br>SFP-LX-L 收发器：<br>1000Base-LX SFP 接口卡模块（1310nm，SMF，10km 或 MMF，550m）<br>SFP-LX-20-L 收发器：<br>1310nm 光波，9/125μm 单模光纤：20km<br>SFP-LX-40 收发器：<br>9/125μm 单模光纤：40km<br>SFP-LH-70-L 收发器：<br>9/125μm 单模光纤：70km<br>SFP-LH-120-L 收发器：<br>9/125μm 单模光纤：120km |

## 2．电源系统

（1）交流电源

交流额定电压范围：100V～240V。

输入频率要求：50/60Hz(±3Hz)。

（2）备份电源（RPS）

直流额定电压范围：-48V～-60V。

直流输入：-48V。

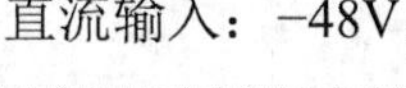

重点掌握

掌握 AP 与 AC 的指示灯和端口说明。

# 11.2　设备操作与配置

## 11.2.1　设备配置基础

### 1．设备登录

登录设备的方式有 Console 口和以太网口 2 种方式。

（1）Console 口方式

将配置用 PC 通过串口与 Console 口相连，打开超级终端软件建立一个新连接，连接属性设置为：波特率 9 600，数据位 8，奇偶校验位无，停止位 1，流控无，即可进入命令行 CLI 操作环境。

（2）以太网口方式

将配置用 PC 配置成和被配置设备的以太网口在同一网段，使用 Telnet 命令登录也可进入命令行 CLI 操作环境。

### 2．命令行 CLI 的模式

DCN 的 AP 和 AC 设备的命令行 CLI 的模式一般有普通用户模式、特权模式和配置模式等。如图 11-5 所示。具体命令参考设备的命令手册，这里不多做介绍。

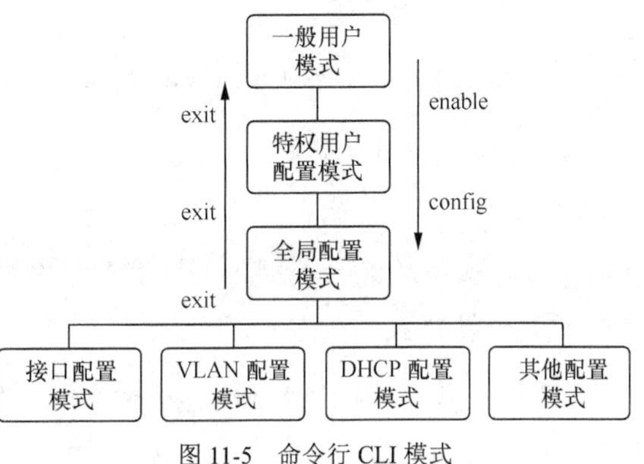


图 11-5　命令行 CLI 模式

## 11.2.2　AP 设备基本操作

AP 在胖 AP 模式下使用 Web 界面配置，参考 AP 产品使用说明书即可。

在瘦 AP 模式下需要使用配置命令进行配置操作。

下面是神州数码的 7900 系列 AP 的一些常用维护命令。命令行下设置需要先 telnet 到 AP 上，AP 默认 IP 是 192.168.1.10，账号密码都是 admin。

### 1．AP 基本参数设置

AP 基本参数设置包括以下几个方面。

（1）AP 的 IP 地址/子网掩码

① 读取 AP 地址信息。

```
MAIPU-WLAN-AP# get management
Property                    Value
------------------------------------------
vlan-id                     1
interface                   brtrunk
static-ip                   192.168.1.10
static-mask                 255.255.255.0
ip                          192.168.1.1
mask                        255.255.255.0
mac                         00:03:0F:19:C1:50
dhcp-status                 up
ipv6-status                 down
ipv6-autoconfig-status      up
static-ipv6                 ::
static-ipv6-prefix-length   0
```

② 设置IP地址。

```
MAIPU-WLAN-AP# set management static-ip 192.168.1.10
```

③ 设置子网掩码。

```
MAIPU-WLAN-AP# set management static-mask 255.255.255.0
```

（2）设置DHCP状态

① 设置DHCP状态为关。

```
MAIPU-WLAN-AP# set management dhcp-status down
```

② 设置DHCP状态为开。

```
MAIPU-WLAN-AP# set management dhcp-status up
```

（3）设置路由

```
MAIPU-WLAN-AP# set static-ip-route gateway 1.1.1.254
```

（4）设置主、备AC地址的方法（如主AC地址为9.9.9.9，备AC为8.8.8.8）

```
MAIPU-WLAN-AP# set managed-ap switch-address-1 9.9.9.9
MAIPU-WLAN-AP# set managed-ap switch-address-2 8.8.8.8
```

（5）设置AP的国家代码为中国或美国

MAIPU-WLAN-AP# **set system country cn**/us　//cn为中国，即13个信道；us为美国，即11个信道。

（6）设置AP的管理VLAN

```
MAIPU-WLAN-AP# set untagged-vlan vlan-id vlanid   //vlanid为管理VLAN。
```

（7）保存配置

```
MAIPU-WLAN-AP# save running
```

## 2. 查看 AP 注册状态

（1）AC 发现 AP 方式下的 AP 注册状态

```
MAIPU-WLAN-AP# get managed-ap
Property                Value
----------------------------
mode                   up
ap-state                 up
switch-address-1
switch-address-2
switch-address-3
switch-address-4
dhcp-switch-address-1
dhcp-switch-address-2
dhcp-switch-address-3
dhcp-switch-address-4
managed-mode-watchdog  0
ip-base-port            57775
MAIPU-WLAN-AP#
```

（2）AP 发现 AC 方式下的 AP 注册状态

```
MAIPU-WLAN-AP# get managed-ap
Property                Value
----------------------------
mode                   up
ap-state                 up
switch-address-1          9.9.9.9
switch-address-2          8.8.8.8
switch-address-3
switch-address-4
dhcp-switch-address-1
dhcp-switch-address-2
dhcp-switch-address-3
dhcp-switch-address-4
managed-mode-watchdog  0
ip-base-port            57775
MAIPU-WLAN-AP#
```

### 3. AP 复位方法

MAIPU-WLAN-AP# **factory-reset**

### 4. AP 版本信息查看

```
DCN-WLAN-AP# get system
Property          Value
------------------------------------------------------------------
model            DCN Wireless Infrastructure Platform Reference AP
version           0.0.2.20
altversion         0.0.2.20
protocol-version  2
base-mac          00:03:0f:19:9c:d0
serial-number      E6WL0230BC20000064
system-name        DCN AP
system-contact     800-810-9119
system-location    China
DCN-WLAN-AP#
```

其中 version 为当前工作的 AP 状态

### 5. AP 版本升级

```
DCN-WLAN-AP# firmware-upgrade tftp://192.168.1.1/7900r3.rar
```

## 11.2.3 AC+AP 系统业务配置流程

一般瘦 AP 在不方便供电的情况下，是从 PoE 交换机取电的，因此需要事先在 PoE 交换机上配置 PoE 功能，对 AP 进行供电。瘦 AP 不需要直接配置，而是在 AC 上配置 AP 属性参数，当 AP 启动时，配置在连接成功后下发到 AP 上。通过在 AC 上配置 IPv4 DHCP Server，AP 和无线终端用户都可使用自动获取地址的方法得到 IP 地址。

DCN 的 AC+AP 系统业务配置流程包括以下步骤（注：步骤 1、2、3、4 和步骤 7 这几步可以不分先后）。

### 1. 开启无线功能

```
DCWS-6028(config)#wireless                    !进入无线视图
DCWS-6028(config-wireless)#enable             !开启无线功能
```

注：为了防止忘记，建议先开启

### 2. 配置 DHCP 相关参数

```
DCWS-6028(config)#service dhcp
DCWS-6028(config)#ip dhcp excluded-address 172.16.100.1     ！不分配
```

```
的地址
    DCWS-6028(config)#ip dhcp pool 1
    DCWS-6028(dhcp-config)#network-address 172.16.100.0 255.255.255.0
                                                          !分配的地址
    DCWS-6028(dhcp-config)#default-router 172.16.100.254     !默认网关
    DCWS-6028(dhcp-config)#dns-server 202.99.160.68         !DNS 服务器地址
```

### 3．配置事先规划好的网段：VLAN 和 interface 参数

```
    DCWS-6028(config)#vlan 1;101-103;1000
    DCWS-6028(config)#interface vlan1
    DCWS-6028(config-if-vlan1)#ip address 192.168.68.110 255.255.255.0
```

### 4．配置 AC 和接入交换机的互联端口（一般为 trunk）．接入交换机与 AP 互联的端口（trunk 配合 native vlan）

例如，在接入交换机上

```
    DCWS-6028(config)#interface ethernet1/3                  !进入接口
    DCWS-6028(config-if-ethernet1/3)#switchport mode trunk  !配置接口为
trunk（默认允许所有 VLAN 通过，可以手工修改）
    DCWS-6028(config-if-ethernet1/3)#switchport trunk native vlan 1000
!配置缺省 VLAN 为 1000
```

说明：为什么要加缺省 VLAN，因为无线 AP 的管理 VLAN 为 1000，而业务 VLAN 为其他 VLAN，故需要把其他 VLAN 的数据透传到 AP 下面，在 AP 侧再完成 VLAN 的拆标签过程。

### 5．在无线视图下配置基本参数

```
    DCWS-6028(config)#wireless                          !进入无线视图
    DCWS-6028(config-wireless)#discovery vlan-list 1000      !指定 VLAN 发
现列表
    DCWS-6028(config-wireless)#static-ip 172.16.100.1        !配置 AP 注册
到 AC 的三层可达地址，这个地址在 AC 上，且必须 up
    DCWS-6028(config-wireless)#network 10                 !进入 network 视图
（注：network 1-15 为 profile 1 的内容，network 16 以后才可以绑定到 profile 2）
    DCWS-6028(config-network)#security mode wpa-personal     !设置加密方式
为 WPA 个人版
    DCWS-6028(config-network)#ssid SJZYD                 !设置 SSID
    DCWS-6028(config-network)#vlan 101                   !指定 VLAN 的号码
    DCWS-6028(config-network)#wpa key encrypted efff20d4cff83d576627a29287ab8a95a3
6fdb23b0556dd9f25a84410f8a37766aea54a2ddef9079fc6889e8281591b2ea3a2a0baca64b2817da
5b448ca07c80                                            !设置加密密码
```

注意：AP 上面 VAP0 是始终开启的，且不能关闭。所以在不同 AP 广播不同 SSID 的应用场景下，不要使用 Network1 配置 SSID，并将 Network1 的默认 SSID 隐藏！

```
DCWS-6028(config-wireless)#network 1
DCWS-6028(config-network)#hide-ssid
```

### 6. 在无线视图下配置 profile

内容：配置硬件类型、信道带宽、并绑定之前定义好的 network。

```
DCWS-6028(config-wireless)#ap load-balance template 1  !配置负载均衡模板
DCWS-6028(config-wireless)#ap profile 2              !绑定 profile 2
DCWS-6028(config-ap-profile)#name SJZYDDXX          !添加描述
DCWS-6028(config-ap-profile)#hwtype 5        ! hwtype 是硬件类型：DCWL-7942AP(R4)的 hwtype 值为 5，而 DCWL-7962AP(R4)的 hwtype 值为 7
DCWS-6028(config-ap-profile)#ap escape
DCWS-6028(config-wireless)#radio 1
DCWS-6028(config-wireless-radio)#dot11n channel-bandwidth 20
DCWS-6028(config-wireless-radio)#vap 0
DCWS-6028(config-ap-profile-vap)#enable
DCWS-6028(config-wireless)#network 20
```

### 7. 配置 ap database（为了让 AP 注册到 AC），并调用相应的 profile

注：在配置 database 时候可以手工配置信道和描述，便于维护。

```
DCWS-6028(config-wireless)#ap database 00-03-0f-20-7f-e0      !MAC 认证
DCWS-6028(config-ap)#location sushe 1-1                  !描述
DCWS-6028(config-ap)#radio 1 channel 6                   !设置 AP 的信道
DCWS-6028(config-ap)#profile 2     !把 AP 与某个 profile 绑定（需要重启 AP）
```

重点掌握

AC＋AP 系统业务配置流程。

## 11.3 设备配置案例

### 任务一 在 AC 上使用模板配置 AP

如图 11-6 所示的拓扑，在 AC 上面对与之关联的 AP 进行配置。配置 AP 的位置信息为“here”，profile id 为 2。

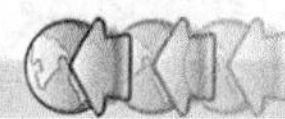

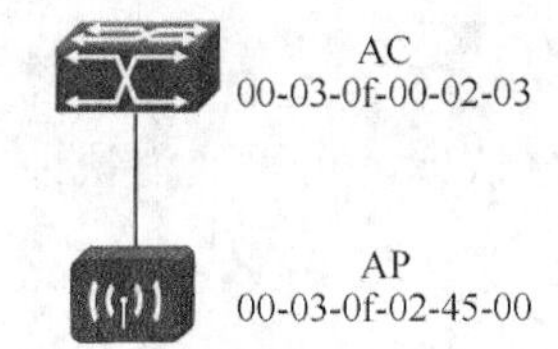

图 11-6　最简单的 AC＋AP 组网图

超级终端登录 AC，波特率为 9 600。

AC 的配置过程如下。

```
AC#config
AC(config)#wireless
AC(config-wireless)#ap database 00-03-0f-02-45-00
AC(config-ap)#location here
AC(config-ap)#profile 2
AC(config-ap)#exit
AC(config-wireless)#exit
AC(config)#
```

### 任务二　二层模式 AP 注册

组网要求：一台无线控制器，型号为 DCWS-6028；一台 AP，型号为 DCWL-7962AP(R3)。具体如图 11-7 所示。

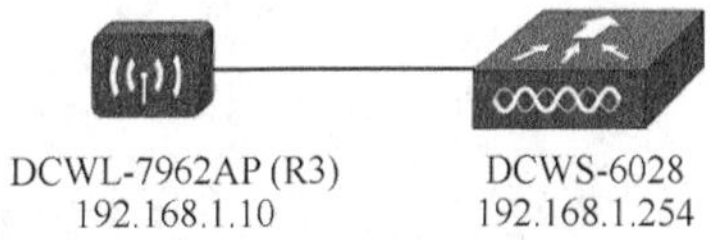

DCWL-7962AP (R3)
192.168.1.10
DCWS-6028
192.168.1.254

图 11-7　二层模式组网图

超级终端登录 AC，波特率为 9 600。

AC 上的配置步骤如下。

① 有线网络配置部分。

```
DCWS-6028(config)#interface vlan1
DCWS-6028(config-if-vlan1)# ip address 192.168.1.254 255.255.255.0
```

② 开启无线功能。

```
DCWS-6028(config)#wireless
DCWS-6028(config-wireless)#enable
```

③ 指定 VLAN 发现列表。

```
DCWS-6028(config-wireless)# discovery vlan-list 1
```

④ 查看 AP 注册状态。

```
DCWS-6028#show wireless ap status
No managed APs discovered
DCWS-6028#show wireless ap failure status
   MAC Address   IP Address      Last Failure Type      Age
   (*)Peer Managed
------------------ --------------- ------------------------ ------
```

```
    00-03-0f-19-71-e0  192.168.1.10   No Database Entry     0d:00:00:29
```

⑤ AP 认证方式：默认为 MAC 认证，可以取消认证。

```
DCWS-6028(config-wireless)#ap database 00-03-0f-19-71-e0
DCWS-6028(config-wireless)#ap authentication none
```

**任务三　三层模式 AP 注册**

组网要求：一台无线控制器，型号为 DCWS-6028；一台 AP，型号为 DCWL-7962AP(R3)；经一台三层交换机连接。具体如图 11-8 所示。

图 11-8　三层模式组网图

超级终端登录 AC，波特率为 9 600。

AC 上的配置步骤如下。

① 查看 AP 注册状态。

```
DCWS-6028#show wireless ap status
No managed APs discovered
DCWS-6028#show wireless ap failure status
No failed APs exist
```

② 指定 IP 发现列表。

```
DCWS-6028(config-wireless)#discovery ip-list 192.168.2.10
```

③ 查看已配置的 IP 发现列表。

```
DCWS-6028#show wireless discovery ip-list
IP Address        Status
---------------  ------------------
192.168.2.10      Discovered
```

**任务四　AC＋AP 实际应用配置**

组网要求：控制终端计算机（Console Terminal）可通过串口连接到 AC（DCWS-6028）上的 Console 口，或者直接用双绞线连接 AC 的 RJ45 口，用于 AC 的配置。AC 下网络交换机 DCS-5650 和 DCS-3650。网络交换机下接 AP，AP 分布在某学校宿舍楼和教学楼的走廊。AC＋AP 应用拓扑图如图 11-9 所示。宿舍楼的 AP 型号为 DCWL-ZF-7942AP，教学楼的 AP 型号为 DCWL-ZF-7962AP。宿舍楼和教学楼 AP 分布如图 11-10 所示。

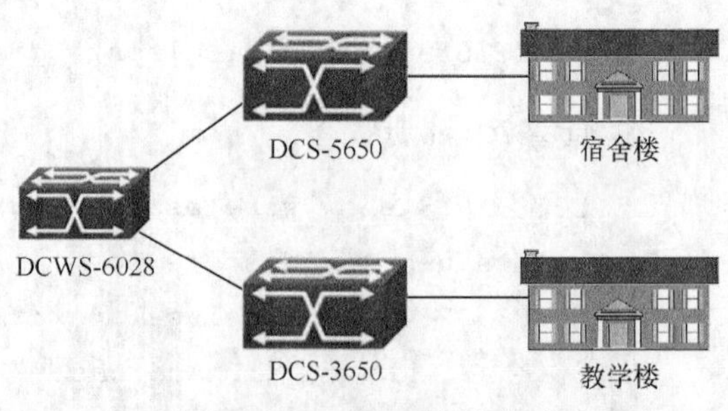

图 11-9　AC＋AP 应用拓扑图

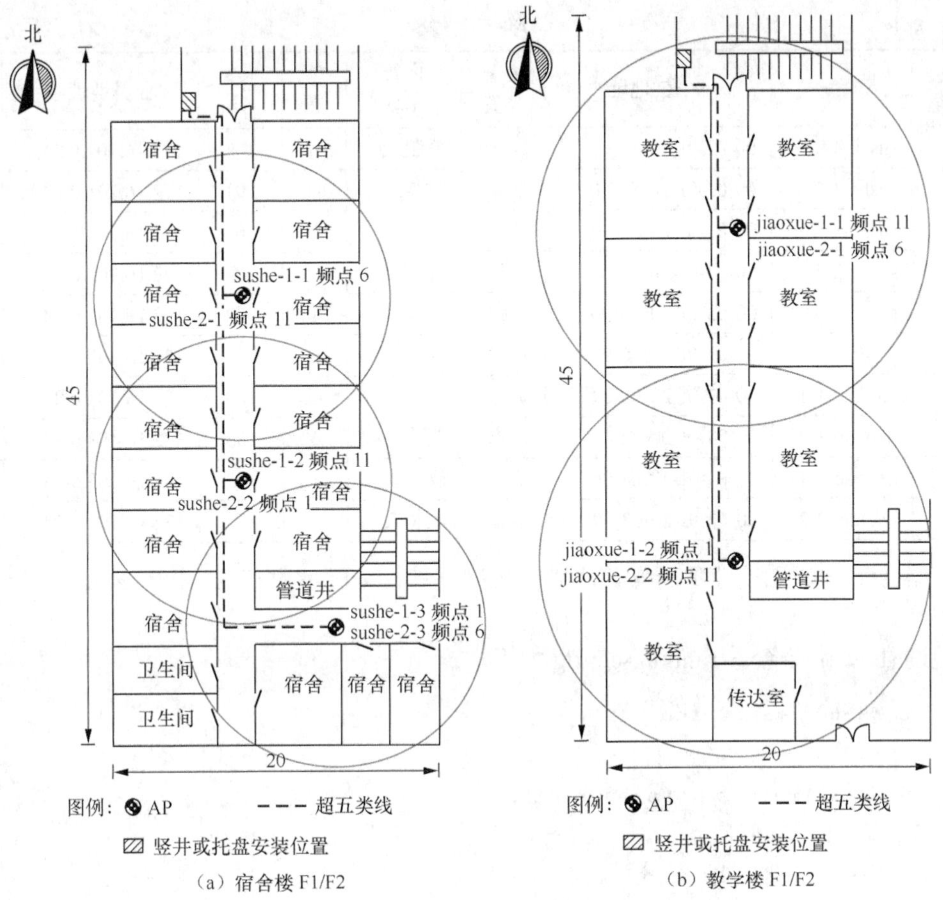


图 11-10　宿舍楼和教学楼 AP 分布示意

基础网络地址分配参数和 AP 相关参数如表 11-7 和表 11-8 所示。

表 11-7　基础网络地址分配参数

| 网段用途 | VLAN ID | 网段 | 注释 | 接口连接 |
| --- | --- | --- | --- | --- |
| 无线设备管理 | 1000 | 172.16.100.0/24 | AC 的 IP 地址为：172.16.100.1/24<br>AP 均为自动获取（172.16.100.2～172.16.100.255） | e1/1 连接 8606 port3/5 |
| 无线用户业务 | 101～103 | 172.16.101.0/24～172.16.103.0/24 | | |
| 设备管理地址 | 1 | 192.168.68.0/24 | | |
| 无线相关服务器 | IP 地址 | 访问方式 | 用户名/密码 | 注释 |
| DHCP Server | 172.16.100.1 | telnet | dcn/dcn | N/A |
| PoE 交换设备型号 | 用途 | 设备名称 | IP 地址 | 注释 |
| DCWS-6028 | AC | DCWS-6028 | 192.168.68.110 | |
| DCS-5650 | 交换机 | DCS-5650 | 192.168.68.111 | N/A |
| DCS-3650 | 交换机 | DCS-3650 | 192.168.68.112 | |

表 11-8　　　　AP 相关参数

| 楼名 | 楼层 | AP 编号 | MAC 地址 | 安装位置 | 设备类型 | 信道 | 业务 vlan | 业务地址段 | AP 功率 |
|---|---|---|---|---|---|---|---|---|---|
| 宿舍 | 1 | sushe-1-1 | 00-03-0f-20-7f-e0 | 走廊 | 放装式 | 6 | 101 | 172.16.101.0/24 | 100% |
| | | sushe-1-2 | 00-03-0f-20-80-50 | 走廊 | 放装式 | 11 | 101 | 172.16.101.0/24 | 100% |
| | | sushe-1-3 | 00-03-0f-20-82-30 | 走廊 | 放装式 | 1 | 101 | 172.16.101.0/24 | 100% |
| | 2 | sushe-2-1 | 00-03-0f-20-83-30 | 走廊 | 放装式 | 11 | 102 | 172.16.102.0/24 | 100% |
| | | sushe-2-2 | 00-03-0f-20-88-90 | 走廊 | 放装式 | 1 | 102 | 172.16.102.0/24 | 100% |
| | | sushe-2-3 | 00-03-0f-20-78-90 | 走廊 | 放装式 | 6 | 102 | 172.16.102.0/24 | 100% |
| 教学楼 | 1 | jiaoxue-1-1 | 00-03-0f-20-28-e0 | 走廊 | 放装式 | 11 | 103 | 172.16.103.0/24 | 100% |
| | | jiaoxue-1-2 | 00-03-0f-20-2d-e0 | 走廊 | 放装式 | 6 | 103 | 172.16.103.0/24 | 100% |
| | 2 | jiaoxue-2-1 | 00-03-0f-20-88-90 | 走廊 | 放装式 | 1 | 103 | 172.16.103.0/24 | 100% |
| | | jiaoxue-2-2 | 00-03-0f-20-23-e0 | 走廊 | 放装式 | 11 | 103 | 172.16.103.0/24 | 100% |

根据 AC＋AP 系统业务配置流程和基础网络地址分配参数和 AP 相关参数进行配置，具体过程略。

通过 show 命令查看 running-config 如下。

```
DCWS-6028#show run
!
no service password-encryption
!
hostname HB_SJZYD_DXX_WS6028
sysLocation China
sysContact 800-810-9119
!
username admin privilege 15 password 0 admin
username dcn privilege 15 password 0 dcn
!
service dhcp
!
ip dhcp excluded-address 172.16.100.1
ip dhcp excluded-address 172.16.101.1
ip dhcp excluded-address 172.16.102.1
ip dhcp excluded-address 172.16.103.1
!
ip dhcp pool 1
 network-address 172.16.100.0 255.255.255.0
 default-router 172.16.100.254
 dns-server 202.99.160.68
!
```

```
ip dhcp pool 11
 network-address 172.16.101.0 255.255.255.0
 default-router 172.16.101.254
 dns-server 202.99.160.68
!
ip dhcp pool 12
 network-address 172.16.102.0 255.255.255.0
 default-router 172.16.102.254
 dns-server 202.99.160.68
!
ip dhcp pool 13
 network-address 172.16.107.0 255.255.255.0
 default-router 172.16.103.254
 dns-server 202.99.160.68
!
vlan 1;101-103;1000
!
interface ethernet1/0/1
 switchport mode trunk
（注：中间 1/0/2 到 1/0/10，由于与 1/0/1 是同样的配置，为省略未写出）
!
interface ethernet1/0/11
 switchport mode trunk
 switchport trunk native vlan 1000
!
interface ethernet1/0/12
 switchport mode trunk
（注：中间 1/0/13 到 1/0/24，由于与 1/0/12 是同样的配置，为省略未写出）
!
interface ethernet1/0/25
!
interface ethernet1/0/26
!
interface ethernet1/0/27
!
interface ethernet1/0/28
!
interface vlan1
 ip address 192.168.68.110 255.255.255.0
!
```

```
interface vlan101
 ip address 172.16.101.1 255.255.255.0
!
interface vlan102
 ip address 172.16.102.1 255.255.255.0
!
interface vlan103
 ip address 172.16.103.1 255.255.255.0
!
interface vlan1000
 ip address 172.16.100.1 255.255.255.0
!
!
login
wireless
 no auto-ip-assign
 enable
!
 discovery vlan-list 1000
!
 static-ip  172.16.100.1
 network 1
  hide-ssid
!
 network 2
(注：从network 2到network 9无配置操作，中间的省略未写出)
!
 network 9
!
 network 10
  security mode wpa-personal
!
  ssid SJZYDDXX
!
  vlan 101
!
  wpa key encrypted efff20d4cff83d576627a29287ab8a95a36fdb23b0556dd9f25
84410f 8a37766aea54a2ddef9079fc6889e8281591b2ea3a2a0baca64b2817da5b448ca07c80
!
 network 11
```

```
（注：从 network 11 到 network 16 无配置操作，中间的省略未写出）
!
network 16
!
network 20
 security mode wpa-personal
 ssid SJZYDDXX
 vlan 102
 wpa key encrypted efff20d4cff83d576627a29287ab8a95a36fdb23b0556dd9f25a84410f
8a37766aea54a2ddef9079fc6889e8281591b2ea3a2a0baca64b2817da5b448ca07c80
!
network 30
 security mode wpa-personal
 ssid SJZYDDXX
 vlan 103
wpa key encrypted efff20d4cff83d576627a29287ab8a95a36fdb23b0556dd9f25a84410f
8a37766aea54a2ddef9079fc6889e8281591b2ea3a2a0baca64b2817da5b448ca07c80
!
ap load-balance template 1
!
ap profile 1
 name SJZYDDXX
 hwtype 5
!
 ap escape
 radio 1
  dot11n channel-bandwidth 20
  vap 0
（注：从 vap 0 到 vap 15，中间的省略未写出）
!
  vap 15
!
ap profile 2
 name SJZYDDXX
 hwtype 5
 ap escape
 radio 1
  dot11n channel-bandwidth 20
  vap 0
   network 20
```

```
!
   vap 1
(注：从 vap 1 到 vap 15，中间的省略未写出)
!
   vap 15
!
 ap profile 3
  name jiao xue lou 7962
  hwtype 7
!
  ap escape
  radio 1
   dot11n channel-bandwidth 20
   vap 0
    network 30
!
   vap 1
!(注：从 vap 1 到 vap 15，中间的省略未写出)
!
   vap 15
!
  radio 2
   dot11n channel-bandwidth 40
   vap 0
!(注：从 vap 0 到 vap 15，中间的省略未写出)
!
   vap 15
!
 ap database 00-03-0f-20-7f-e0
!
  location sushe 1-1
  radio 1 channel 6
!
 ap database 00-03-0f-20-80-50
  location sushe 1-2
  radio 1 channel 11
!
 ap database 00-03-0f-20-82-30
  location sushe 1-3
  radio 1 channel 1
```

```
!
ap database 00-03-0f-20-83-30
 location sushe 2-1
 profile 2
 radio 1 channel 11
!
ap database 00-03-0f-20-88-90
 location sushe 2-2
 profile 2
 radio 1 channel 1
!
ap database 00-03-0f-20-78-90
 location sushe 2-3
 profile 2
 radio 1 channel 6
!
ap database 00-03-0f-20-28-e0
 location jiaoxue 1-1
 profile 3
 radio 1 channel 11
!
ap database 00-03-0f-20-2d-e0
 location jiaoxue 1-2
 profile 3
 radio 1 channel 6
!
ap database 00-03-0f-20-89-10
 location jiaoxue 2-1
 profile 3
 radio 1 channel 1
!
ap database 00-03-0f-20-23-e0
 location jiaoxue 2-2
 profile 3
 radio 1 channel 11
!
captive-portal
!
end
```

## 小结

1．很多 AP 设备支持 Fat 和 Fit 两种工作模式，根据网络规划的需要，可灵活地在 Fat 和 Fit 两种工作模式中切换。并且安装方式灵活，适用于壁挂、桌面、吸顶等安装方式。

2．恢复出厂设置将清空所有配置，包括 IP 地址，密码，ACL 设置及无线设置。

3．AP 设备可通过 10/100/1000Mbit/s PoE 端口实现以太网供电。

4．AC 提供了一个 RJ-45 型接口的串行控制口（Console），通过这个接口，用户可完成对交换机的本地或远程配置。

5．登录设备的方式有 Console 口和以太网口 2 种方式。

6．瘦 AP 不需要直接配置，而是在 AC 上配置 AP 属性参数，当 AP 启动时，配置在连接成功后下发到 AP 上。通过在 AC 上配置 IPv4 DHCP Server，AP 和无线终端用户都可使用自动获取地址的方法得到 IP 地址。

7．DCN 的 AC＋AP 系统业务配置流程包括以下步骤：开启无线功能；配置 DHCP 相关参数；配置事先规划好的网段：VLAN 和 interface 参数；配置 AP、AC 和接入交换机的互联端口；在无线视图下配置基本参数；在无线视图下配置 profile 和配置 ap database（为了让 AP 注册到 AC），并调用相应的 profile。

## 思考与练习题

11-1　AP 设备都有哪些指示灯和端口？

11-2　AC 设备都有哪些指示灯和端口？

11-3　简述登录设备的 2 种方式。

11-4　简述 AC＋AP 系统业务的配置流程。